高等职业教育“互联网+”创新型系列教材

供配电系统运行与维护

主　编　姜洪有　李秋芳　侯艳霞
副主编　纪文杰　赵静静　荣瑞芳
参　编　杨学勇　彭兴杨　龙腾远　刘　励

机械工业出版社

本书是由北京经济管理职业学院和北京燃气集团共同合作开发的现代学徒制教材，主要内容包括供配电系统的认识、电力负荷和短路故障分析、变配电所电气设备的运行与维护、电气主接线及其倒闸操作、供配电线路的运行与维护、供配电系统继电保护的运行与维护以及供配电系统的防雷与接地。

本书的工程性与实践性较强，简明实用，对供配电系统用户具有较大的参考价值。本书教学练一体化，可作为职业院校学生学习供配电技术的实训教材，也可供工程技术人员进行系统设计和应用时参考。

为方便教学，本书配套 PPT 课件、电子教案、习题答案及动画视频资源（以二维码形式呈现于书中），选择本书作为授课教材的教师可登录 www. cmpedu. com，注册并免费下载。

图书在版编目（CIP）数据

供配电系统运行与维护 / 姜洪有，李秋芳，侯艳霞主编．—北京：机械工业出版社，2021. 12（2025. 2 重印）

高等职业教育“互联网+”创新型系列教材

ISBN 978-7-111-70030-2

Ⅰ. ①供…　Ⅱ. ①姜…　②李…　③侯…　Ⅲ. ①供电系统-电力系统运行-高等职业教育-教材②配电系统-电力系统运行-高等职业教育-教材③供电系统-维修-高等职业教育-教材④配电系统-维修-高等职业教育-教材　Ⅳ. ①TM732

中国版本图书馆 CIP 数据核字（2022）第 007033 号

机械工业出版社（北京市百万庄大街 22 号　邮政编码 100037）

策划编辑：赵红梅　　　　责任编辑：赵红梅　王　荣

责任校对：潘　蕊　王明欣　封面设计：王　旭

责任印制：单爱军

北京中科印刷有限公司印刷

2025 年 2 月第 1 版第 6 次印刷

210mm×285mm · 13. 5 印张 · 376 千字

标准书号：ISBN 978-7-111-70030-2

定价：39. 80 元

电话服务　　　　网络服务

客服电话：010-88361066　　机　工　官　网：www. cmpbook. com

010-88379833　　机　工　官　博：weibo. com/cmp1952

010-68326294　　金　　书　　网：www. golden-book. com

封底无防伪标均为盗版　　机工教育服务网：www. cmpedu. com

前言

PREFACE

为进一步贯彻教育部《国家中长期教育改革和发展规划纲要（2010—2020年）》的重要精神，适应新形势下人才需求和我国电力系统不断发展的需要，本书以“以行业需求为导向、以能力培养为本位”的先进教育理念为指导，本着“着力推进教育与产业、学校与企业、专业设置与职业岗位、课程教材与职业标准、教学过程与生产过程的深度对接”的培养目标，以培养技能型人才为出发点，围绕职业院校教学和企业需求而编写。

本书在动态修订过程中，严格贯彻落实党的二十大报告中“加快规划建设新型能源体系，统筹水电开发和生态保护，积极安全有序发展核电，加强能源产供储销体系建设，确保能源安全”的部署，融知识学习、技能提升、素质培育于一体，落实立德树人根本任务。

本书主要依托北京燃气集团的项目，介绍供配电系统运行与维护的专业知识，以操作技能为主，从实际情况出发，注重培养动手能力，将技能考核作为重要的学习任务。本书共分为7个项目，每个项目采用任务驱动式，按“知识目标、能力目标、素质目标、职业能力”编写，增强教材的可读性。本书项目包括供配电系统的认识、电力负荷和短路故障分析、变配电所电气设备的运行与维护、电气主接线及其倒闸操作、供配电线路的运行与维护、供配电系统继电保护的运行与维护、供配电系统的防雷与接地。通过对各项目任务的学习，读者能够熟悉工矿企业供配电系统的相关知识，掌握其运行、维护、安装、检修及设计等方面的基本技能，具备供配电系统的初步设计、安装和检修能力。

项目内容介绍如下：

1）知识目标：把相关知识串联起来，呈现给读者，激活读者的知识储备，并供读者在完成项目的职业技能考核任务时参考。

2）能力目标：列出本项目考核后必须要掌握的能力。

3）素质目标：具备电气从业良好的职业道德、勤奋踏实的工作态度和吃苦耐劳的品质，遵守电气安全操作规程和劳动纪律，文明生产，树立良好的安全操作意识，具备良好的团队合作能力。

4）职业能力：按技能操作的步骤，让学生实际动手操作，在实践中掌握操作技能。

为方便教学过程，本书配有动画及视频二维码，方便扫码观看。同时根据课程的内容特点，配备了相应的电子教学课件、习题答案等教学资源。

本书由北京经济管理职业学院姜洪有、李秋芳、侯艳霞担任主编，纪文杰、赵静静、荣瑞芳担任副主编，杨学勇、彭兴杨、龙腾远、刘励参与编写，姜洪有负责统稿。本书编写过程中得到北京燃气能源发展有限公司领导和相关技术人员的大力支持，在此表示衷心的感谢。

由于编者水平有限，书中若有疏漏和不妥之处，恳请读者批评指正。

编　者

二维码清单

名称	图形	名称	图形
三相有功电度表经 CT 接线		低压柜的用途和作用	
低压配电系统的接地形式		供配电系统的基本概念	
南校区供电系统图与安全装备检查		发电系统之发电机	
变压器的结构操作和检修		变配电所的防雷	
带时限的过电流保护及速断保护		照明供电系统的敷设与维护	
电气主接线倒闸操作		电流互感器的运行与维护	
电缆的敷设与维护		能源中心功能系统图	
能源中心发电机		车间配电线路的敷设与维护	
配电系统及运行方式		高压开关柜	
高压柜的注意事项		高压隔离开关的运行与维护	

目录 CONTENTS

前言
二维码清单
项目1　供配电系统的认识 ………… 1
任务1　供配电技术的基础知识 ………… 2
任务概述 ………… 2
知识准备 ………… 2
子任务1　电力系统的发展概况及前景 ………… 2
子任务2　供配电系统的基本概念 ………… 3
子任务3　供配电系统的基本要求 ………… 6
子任务4　电力系统的额定电压 ………… 8
子任务5　电力系统中性点的运行方式 ………… 10
子任务6　低压配电系统的接地形式 ………… 13
职业技能考核 ………… 16
考核　认岗实习——参观中国石油科技创新基地的供配电系统 ………… 16
任务2　供配电系统的基本认识 ………… 17
任务概述 ………… 17
知识准备 ………… 17
子任务1　供配电系统的组成 ………… 17
子任务2　供配电电压的选择 ………… 19
职业技能考核 ………… 20
考核　消弧线圈的巡视检查与维护 ………… 20
项目小结 ………… 21
问题与思考 ………… 22
项目2　电力负荷和短路故障分析 ………… 23
任务1　电力负荷与负荷曲线 ………… 23
任务概述 ………… 23
知识准备 ………… 24
子任务1　电力负荷的分级方法及对供电电源的要求 ………… 24
子任务2　用电设备的工作制 ………… 25
子任务3　负荷曲线 ………… 25
子任务4　有关负荷的物理量 ………… 27
任务2　短路故障分析 ………… 28
任务概述 ………… 28
知识准备 ………… 28
子任务1　短路故障的原因 ………… 28
子任务2　短路的危害 ………… 29
子任务3　短路的种类 ………… 29
职业技能考核 ………… 30
考核　供配电系统单相接电故障的处理 ………… 30
项目小结 ………… 31
问题与思考 ………… 31
项目3　变配电所电气设备的运行与维护 ………… 33
任务1　变压器的认识、运行与维护 ………… 34
任务概述 ………… 34
知识准备 ………… 34
子任务1　变压器的认识 ………… 34
子任务2　变压器的运行与维护 ………… 42
职业技能考核 ………… 48
考核1　变压器绝缘电阻的测量 ………… 48
考核2　变压器负荷电流的测量 ………… 49
考核3　油浸式变压器切换分接开关的操作 ………… 50
考核4　变压器运行状况的检查 ………… 51
任务2　高压电气设备的运行与维护 ………… 52
任务概述 ………… 52
知识准备 ………… 52
子任务1　互感器的运行与维护 ………… 52
子任务2　高压熔断器的运行与维护 ………… 59
子任务3　高压隔离开关的运行与维护 ………… 62
子任务4　高压负荷开关的运行与维护 ………… 64
子任务5　高压断路器的运行与维护 ………… 65
子任务6　高压开关柜的运行与维护 ………… 69
子任务7　母线的运行与维护 ………… 72
子任务8　电力电容器的运行与维护 ………… 73
职业技能考核 ………… 74
考核1　电流互感器的操作运行与巡视检查 ………… 74
考核2　电压互感器的操作运行与巡视检查 ………… 75

考核 3　高压跌落式熔断器的操作 …………… 76
考核 4　高压跌落式熔断器的巡视检查 ……… 77
考核 5　高压隔离开关的巡视检查 ………… 77
考核 6　高压隔离开关的维护 ……………… 78
考核 7　高压负荷开关的巡视检查 ………… 78
考核 8　高压断路器的运行与维护 ………… 79
考核 9　高压断路器的巡视检查 …………… 80
考核 10　高压断路器的操作 ………………… 81
考核 11　GIS 设备的巡视检查与维护 ……… 82
考核 12　母线的巡视检查 …………………… 84
考核 13　母线常见故障的原因及处理 ……… 84
考核 14　电力电容器的巡视检查 …………… 85
任务 3　低压配电柜的运行与维护 ………… 86
任务概述 ………………………………………… 86
知识准备 ………………………………………… 86
子任务 1　低压熔断器 ……………………… 86
子任务 2　低压隔离开关 …………………… 86
子任务 3　低压负荷开关 …………………… 87
子任务 4　低压断路器 ……………………… 87
子任务 5　低压成套配电装置的认识 ……… 88
职业技能考核 …………………………………… 89
考核　变配电所值班人员对电气设备的巡查 ………………………………………… 89
项目小结 ………………………………………… 90
问题与思考 ……………………………………… 91

项目 4　电气主接线及其倒闸操作 …………… 93

任务 1　电气主接线的运行与分析 ………… 94
任务概述 ………………………………………… 94
知识准备 ………………………………………… 94
子任务 1　变配电所的认识 ………………… 94
子任务 2　电气主接线的基本要求 ………… 101
子任务 3　电气主接线的类型及分析 ……… 104
职业技能考核 …………………………………… 110
考核 1　高压配电所主接线图的识读 ……… 110
考核 2　识读车间变电站主接线图 ………… 112
任务 2　电气作业安全用具、安全措施及事故处理 ……………………………………… 113
任务概述 ………………………………………… 113
知识准备 ………………………………………… 114
子任务 1　电气安全用具的使用 …………… 114
子任务 2　触电急救 ………………………… 120
子任务 3　电气火灾事故的处理 …………… 121
子任务 4　电气作业的安全措施 …………… 121
子任务 5　倒闸操作 ………………………… 126
职业技能考核 …………………………………… 132
考核 1　验电、挂接地线 …………………… 132
考核 2　演练触电急救 ……………………… 133
考核 3　变配电所的典型倒闸操作 ………… 134
项目小结 ………………………………………… 142
问题与思考 ……………………………………… 143

项目 5　供配电线路的运行与维护 ………… 145

任务　供配电线路的接线方式、运行与维护 ………………………………………… 145
任务概述 ………………………………………… 145
知识准备 ………………………………………… 146
子任务 1　供配电线路的接线方式 ………… 146
子任务 2　导线和电缆形式的选择 ………… 148
子任务 3　架空线路的敷设与维护 ………… 149
子任务 4　电缆线路的敷设与维护 ………… 153
子任务 5　车间配电线路的敷设与维护 …… 157
子任务 6　照明供电系统的敷设与维护 …… 159
职业技能考核 …………………………………… 160
考核 1　三相线路的核相 …………………… 160
考核 2　架空线路的巡视检查与维护 ……… 161
考核 3　电缆线路的巡视检查 ……………… 162
考核 4　车间配电线路的运行、维护与巡视检查 ………………………………………… 163
考核 5　测量 10kV 电缆线路的绝缘电阻 …… 164
项目小结 ………………………………………… 164
问题与思考 ……………………………………… 165

项目 6　供配电系统继电保护的运行与维护 ……………………………………………… 166

任务 1　供配电系统继电保护的分析 ……… 167
任务概述 ………………………………………… 167
知识准备 ………………………………………… 167
子任务 1　继电保护的任务和要求 ………… 167
子任务 2　常用的继电保护形式分析 ……… 169
子任务 3　常用保护继电器分析 …………… 171
子任务 4　继电保护装置的接线和操作 …… 175
任务 2　供配电线路继电保护的调试与维护 … 177
任务概述 ………………………………………… 177
知识准备 ………………………………………… 177
任务 3　变压器的继电保护 ………………… 180
任务概述 ………………………………………… 180
知识准备 ………………………………………… 180
职业技能考核 …………………………………… 185
考核　检查与维护运行中的保护继电器 …… 185
项目小结 ………………………………………… 185
问题与思考 ……………………………………… 186

项目 7　供配电系统的防雷与接地 ………… 188

任务 1　过电压及雷电概述 ………………… 189

任务概述 …………………………………… 189
知识准备 …………………………………… 189
　子任务 1　变配电所的防雷 ………………… 189
　子任务 2　供配电系统的防雷设备 ………… 191
　子任务 3　供配电系统的防雷保护 ………… 196
职业技能考核 ……………………………… 198
考核　防雷设备的检查与维护 ……………… 198
任务 2　供配电系统的接地装置 …………… 199
任务概述 …………………………………… 199
知识准备 …………………………………… 199
职业技能考核 ……………………………… 205
考核　接地装置平面布置图的识读 ………… 205
项目小结 …………………………………… 205
问题与思考 ………………………………… 206
参考文献 …………………………………… 208

项目1

供配电系统的认识

项目提要

本项目主要以北京燃气集团中国石油科技创新基地项目的供配电系统为载体，介绍供配电系统的基础知识，主要内容有供配电的基本要求、电力系统的组成与要求、电力系统的电压等级、电力系统中性点的运行方式、低压配电系统的接地形式和供配电系统。

学生在培养过程中会被安排到中国石油科技创新基地项目进行参观和认岗学习，在学习相关知识技能前学生对供配电系统已经建立一定的概念，对冷、热、电三联供的供配电系统的不同环节有一个感性认识。

知识目标

（1）了解国内外电力工业的发展概况和发展前景。
（2）理解电力系统、电网和动力系统的定义。
（3）熟悉供电质量及其改善措施。
（4）掌握电力系统额定电压的选择。
（5）理解电力系统中性点的运行方式及特点。
（6）掌握低压配电系统的接地形式。

能力目标

（1）能够解释电力系统、电网和动力系统的定义。
（2）能够确定和选择电力系统的额定电压。
（3）能够分析电力系统中性点的运行方式。
（4）能够识别低压配电系统的接地形式。

素质目标

（1）具备电气从业职业道德、勤奋踏实的工作态度和吃苦耐劳的劳动品质，遵守电气安全操作规程和劳动纪律，文明生产。
（2）具备较强的沟通能力，能够协调人际关系，适应工作环境。
（3）具有较强的专业能力，能用专业术语口头或书面表达工作任务。
（4）具备积极向上的人生态度、自我学习能力和良好的心理承受能力。
（5）树立良好的文明生产、安全操作意识，具备良好的团队合作能力。

职业能力

（1）会根据供电距离、负荷大小确定电气设备的供电电压。
（2）会分析电力系统中性点的运行方式。
（3）会识别低压配电系统的接地形式。

任务 1 供配电技术的基础知识

任务概述

本次任务组织学生到北京燃气集团中国石油科技创新基地项目、清河医院项目、怀柔区雁栖湖金雁饭店项目、通州副中心项目等现场参观，以便对电力系统的发电、变电、配电、用电等不同环节有一个感性认识，以熟悉供配电系统的组成、额定电压、中性点的运行方式；了解供配电系统的基本概念和基本要求，区分供配电系统的电气一次、二次设备，为后续课程的学习奠定基础。

知识准备

为建立电力系统的整体概念，组织学生到北京燃气集团中国石油科技创新基地现场参观，以便对冷、热、电三联供的供配电系统的不同环节有一个感性认识。

中国石油科技创新基地能源中心项目情况：配置 5 台燃气内燃发电机组，单台发电功率为 3349kW，总装机容量为 16.745MW；5 台烟气热水补燃型溴化锂冷热水机组，单台制冷量为 3000kW，制热量为 2550kW，总制冷量为 15MW，总制热量为 12.75MW，4 台离心式电制冷机组，单台制冷量为 4219kW，总制冷量为 16876kW。2 台离心式电制冷机组，单台制冷量为 1758kW，总制冷量为 3516kW。2 台燃气真空热水锅炉，单台功率为 4.2MW；2 台自然冷却板换。

项目建设过程：2013 年 4 月开始建设，2014 年 9 月投产，至今稳定安全运行。

项目 2015 年全年运行情况分析：由于本项目全年对数据中心提供冷、热、电，在满足数据中心负荷要求的同时，也为数据中心周边办公建筑提供冷、热、电，提高了项目的运营经济性。

子任务 1　电力系统的发展概况及前景

电能可以方便地转换为其他形式的能量（如光能、热能、机械能等）；电能可以大规模生产，远距离输送和分配；电能易于调节、操作和控制；电能的使用十分方便和经济，在终端使用时是最清洁的能源。电能已成为现代社会使用最广、需求增长最快的能源，在技术进步和社会经济发展中起着极其重要的作用。电力工业是国民经济的一项基础工业，它是一种将煤、石油、天然气、水能、核能、风能、太阳能等一次能源转换成电能这个二次能源的工业，电力工业是国民经济发展的先行产业，其发展水平是反映一个国家经济发展程度的重要标志。

自从 20 世纪初发明三相交流电以来，供配电技术就朝着高电压、大容量、远距离、高自动化的目标不断发展。20 世纪 70 年代，欧美各国对交流 1000kV 级特高压输电技术进行了大量的研究开发，在 1985 年苏联就建成了世界上第一条 1150kV 的工业输电线路，日本随后在 20 世纪 90 年代也建成了 1000kV 输电线路。我国在近 50 年的时间内供配电技术也取得了突破性进展，如 2009 年建成的三峡水电站是世界上最大的电站，总装机容量为 2250MW，是曾经世界上最大的巴西伊泰普水电站的 1.4 倍，已建成的装机容量为 240×104kW 的广州抽水蓄能电站是世界上第二大装机容量的抽水蓄能电站，西藏的羊卓雍湖抽水蓄能电站是世界上海拔最高的抽水蓄能电站等。目前，我国水电总装机容量跃居世界第一。1994 年，浙江秦山核电站一期装机容量为 30×104kW 的国产机组和广东大亚湾核电站（装机容量为 2×90×104kW）的投产运行实现了我国核能发电零的突破。

目前，全国已有东北、华北、华东、华中、西北、南方、川渝 7 个跨省电网，还有山东、福建、新疆、海南、西藏5个独立省(区)网，在跨省电网和部分独立省(区)网中形成500kV(或330kV)的骨干网架。“西电东送，南北互供，全国联网”的发展战略，为我国电力系统的发展带来了极大的发展空间。

子任务2 供配电系统的基本概念

1. 电力系统的组成

电能是发电厂供给的，发电厂一般建在动力资源丰富的地方，往往远离负荷比较集中的大中城市和企业。因此，电能必须通过输配电线路和变电站输送。电能输送到城市和企业后，还需要进一步将电能分配到用户和车间。同时，为了提高供电的可靠性和实现经济运行，往往将许多发电厂和电网连接在一起运行。由发电厂、电网和电能用户组成的一个发电、输电、变配电和用电的整体，称为电力系统。这一系统使得电能的生产、输送、分配和使用保持严格的平衡。图1-1所示为电路系统图。

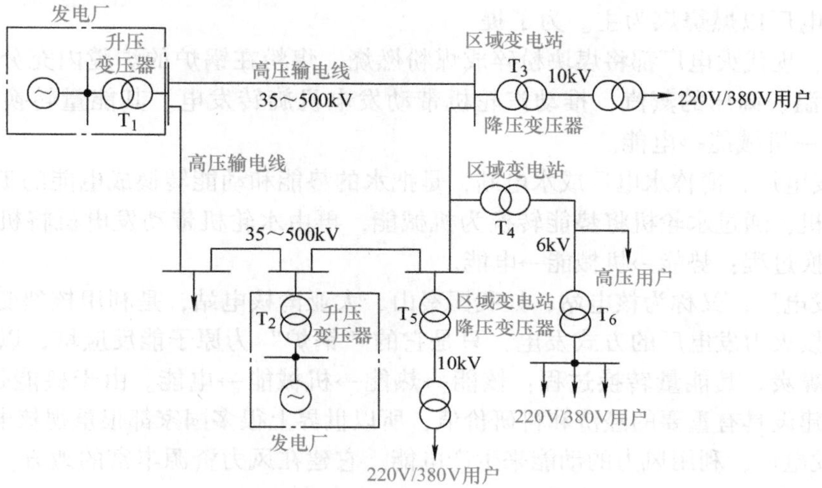

图1-1 电力系统图

电能和其他产品相比有不能存储的特点，因此电能的产生(发电厂)和消耗(用户)是随时平衡的，即供电和用电是在同一瞬间实现的。图1-2所示为电能的生产、输送、分配和使用的全过程。

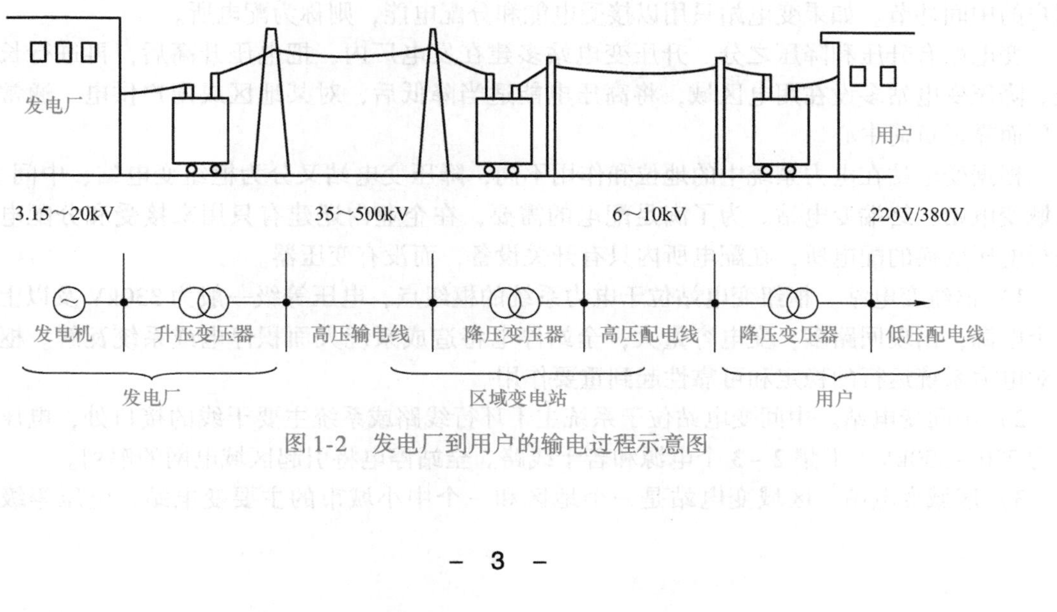

图1-2 发电厂到用户的输电过程示意图

工厂的供配电系统是指从电源线路进厂到用电设备进线端止的整个电路系统，包括变配电所和所有的高低供配电线路。图1-3所示为工厂供配电系统图。

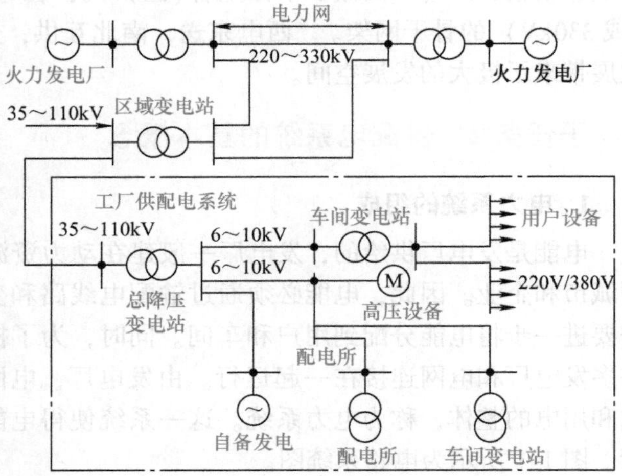

图1-3　工厂供配电系统

（1）发电厂　发电厂是生产电能的工厂，又称发电站，是将自然界中存在的各种一次能源转换为电能（二次能源）的工厂。发电厂按其所利用的能源不同，分为水力、火力、核能、风力、地热、太阳能发电厂等多种类型。我国以火力发电为主，其次是水力发电和核能发电。

1）火力发电厂，简称火电厂或火电站，是指以煤、油、天然气等为燃料的发电厂。我国火电厂以燃烧煤为主。为了提高燃料的效率，现代火电厂都将煤块粉碎成煤粉燃烧。煤粉在锅炉的炉膛内充分燃烧，将锅炉内的水变成高温、高压的蒸汽，推动汽轮机带动发电机旋转发电。其能量转换过程：燃烧的化学能→热能→机械能→电能。

2）水力发电厂，简称水电厂或水电站，是把水的势能和动能转换成电能的工厂。水电厂的原动机为水轮机，通过水轮机将势能转换为机械能，再由水轮机带动发电机将机械能转换为电能。其能量转换过程：势能→机械能→电能。

3）核能发电厂，又称为核电站，如我国秦山、大亚湾核电站，是利用核裂变产生的能量转换为热能，再按火力发电厂的方式发电，只是它的“锅炉”为原子能反应堆，以少量的核燃料代替了大量的煤炭。其能量转换过程：核能→热能→机械能→电能。由于核能是巨大的能源，而且核电站的建设具有重要的经济和科研价值，所以世界上很多国家都很重视核电建设。

4）风力发电厂，利用风力的动能来生产电能。它建在风力资源丰富的地方。风能是一种取之不尽、清洁、价廉和可再生的能源。

5）地热发电厂，利用地球内部蕴藏的大量地热能来生产电能。

6）太阳能发电厂，利用太阳的光能或热能来生产电能。太阳能是一种十分安全、经济、无污染且取之不尽的能源。

（2）变配电所　变电站起着接受电能、变换电能电压与分配电能的作用，是联系发电厂和用户的中间环节。如果变电站只用以接受电能和分配电能，则称为配电所。

变电站有升压和降压之分。升压变电站多建在发电厂内，把电压升高后，再进行长距离输送。降压变电站多设在用电区域，将高压电能适当降低后，对某地区或用户供电，通常远离发电厂而靠近负荷中心。

根据变电站在电力系统中的地位和作用不同，降压变电站又分为枢纽变电站、中间变电站、区域变电站、终端变电站。为了满足配电的需要，在企业内还建有只用来接受和分配电能而不进行电压变换的配电所，在配电所内只有开关设备，而没有变压器。

1）枢纽变电站。枢纽变电站位于电力系统的枢纽点，电压等级一般为330kV及以上，联系多个电源，出现回路多，变电容量大；全站停电将造成系统大面积停电或系统瓦解。枢纽变电站对电力系统运行的稳定和可靠性起到重要作用。

2）中间变电站。中间变电站位于系统主干环行线路或系统主要干线的接口处，电压等级一般为220～330kV，汇集2～3个电源和若干线路。全站停电将引起区域电网的解列。

3）区域变电站。区域变电站是一个地区和一个中小城市的主要变电站，电压等级一般为

220kV，全站停电将造成该地区或城市供电的紊乱。

4）终端变电站。企业变电站是大中型企业的专用变电站，电压等级为35～220kV，1～2回进线。终端变电站多位于用电的负荷中心，高压侧从地区降压变电站受电，经变压器降到6～10kV，对某个市区或农村城镇用户供电。其供电范围较小，若全站停电，则只是该部分用户中断供电。

工厂降压变电站及车间变电站又称工厂总降压变电站，与终端变电站类似，它是企业内部输送电能的中心枢纽。车间变电站接受工厂总降压变电站提供的电能，将电压降为220V/380V，对车间各用电设备直接供电。

1）工厂降压变电站。一般大型工业企业均设工厂降压变电站，把35～110kV电压降为6～10kV电压向车间变电站供电。为了保证供电的可靠性，工厂降压变电站大多设置两台变压器，由单条或多条进线供电，每台变压器容量可从几千伏安到几万千伏安。供电范围由供电容量决定，一般在几千米以内。

2）车间变电站。车间变电站将6～10kV的高压配电电压降为220V/380V，对低压用电设备供电，供电范围一般在500m以内。

在一个生产厂房或车间内，根据生产规模、用电设备的布局设立一个或几个车间变电站。几个相邻且用电量都不大的车间，可以共同设立一个车间变电站。车间变电站的位置可以选择在这几个车间的负荷中心附近，也可以选择在其中用电量最大的车间内。车间变电站一般设置一或两台变压器，单台变压器的容量通常为1000kV·A及以下，最大不宜超过2000kV·A。

变电站根据围护结构又可分为土建变电站和箱式变电站。箱式变电站又称户外成套变电站，也有称为组合式变电站。由于它具有组合灵活、便于运输和迁移、安装方便、施工周期短、运行费用低、无污染、免维护等优点，受到世界各国电力工作者的重视，被广泛应用于城区、农村10～110kV中小型变电站、配电所、厂矿及流动作业用变电站的建设与改造。因其易于深入负荷中心，减少供电半径，提高末端电压质量，特别适用于农村电网改造，被誉为21世纪变电站建设的目标模式。

箱式变电站的分类（简称箱变）如下：

1）拼装式：将高低压成套装置及变压器装入金属箱体，高低压配电装置间还留有操作走廊。这种形式的箱变体积较大，现在已较少使用。

2）组合式：组合式的箱变高低压配电装置不使用现有的成套装置，而是将高低压控制和保护电器设备直接装入箱内，使之成为一个整体。由于总体设计是按免维护型考虑的，箱内不需要操作走廊，这样可以减小箱变的体积，这种形式称为欧式箱变，是目前普遍采用的形式。

3）一体式：一体式箱变就是美式箱变。它在简化高低压控制和保护装置的基础上，将高低压配电装置与变压器主体一起装入变压器油箱，使之成为一个整体。这种形式的箱变体积更小，其体积近似于同容量的普通型油浸变压器，仅为同容量欧式箱变体积的1/3左右。

（3）电力线路　电力线路又称输电线。电力线路的作用是输送电能，并将发电厂、变配电所和电能用户连接起来。

1）电力线路按功能不同，可分为输电线路和配电线路。输电线路主要承担高电压远距离电能传输任务，主要连接发电厂和区域变电站，通常将35kV及以上的电力线路称为输电线路。配电线路主要承担电能的分配任务，主要连接用户或设备，通常将10kV及以下的电力线路称为配电线路。

2）电力线路按照线路结构不同，可分为架空线路和电缆线路。

3）电力线路按照传输电流的种类不同，可分为交流线路和直流线路。

（4）电能用户　电能用户又称电力负荷。在电力系统中，一切消费电能的用电设备均称为电能用户。电能用户是电力系统的一部分，也是其主要的服务对象。用电设备按其用途可分为动力设备和照明设备等，它们分别将电能转换为机械能、光能等，以适应不同形式的生产、生活和工作场所所需要的能量。

2. 电网

电力系统中各级电压的电力线路及其连接的变电站总称为电网，又称电力网。电网是电力系统的一部分，是输电线路和配电线路的统称，是输送和分配电能的通道。电网是把发电厂、变电站和电能用户联系起来的纽带。

电网由各种不同电压等级和不同结构类型的线路组成。按电压等级不同电网分为低压（1kV及以下）、高压（1～330kV）、超高压（330～1000kV）和特高压（1000kV以上）。

按电压高低和供电范围可分为地方电网和区域电网。地方电网一般电压等级为110kV及以下，供电范围小。区域电力网的电压等级则为110kV以上，供电范围广，输送功率大。

3. 动力系统

电力系统加上带动发电机转动的动力装置构成的整体称为动力系统。动力系统、电力系统、电网三者的联系与区别如图1-4所示。

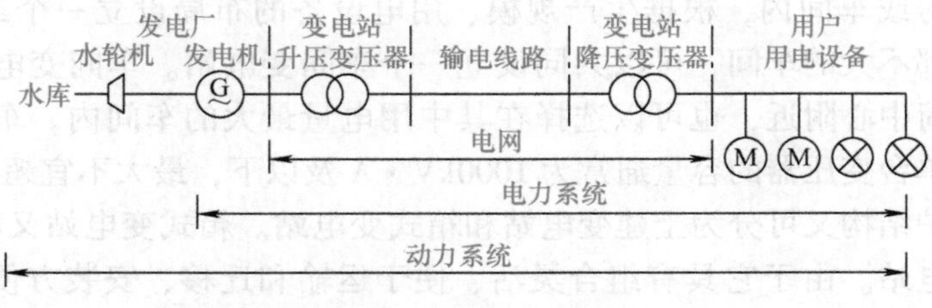

图1-4　动力系统、电力系统、电网三者关系

子任务3　供配电系统的基本要求

电是社会现代化的基石，电能作为最基本的能源，是现代工业生产和人们生活的主要能源和动力。电能的合理、正确使用，关系到整个国民经济的发展。因此，搞好电能的生产和供应就显得特别重要。

1. 电能的特点

（1）易于能量转换　电能属于二次能源，它是由煤炭、石油、天然气、水力等一次能源转换而来的，而电能通过一定的设备或装置又能很方便地转换为其他形式的能，如将电能转换成光能、机械能等。

（2）易于远距离输送　通过输电、变电及配电设备，电能可以很方便地进行远距离输送。例如，我国规模较大的“西电东送”工程，就是将一次能源比较集中的西部发电厂发出的电能通过输电线路输送到东部发达地区。

（3）易于实现生产自动化　电能通过一定的设备可以很容易地实现电压高低调整、交直流变换和信号转换，以满足输送、配电的需要，实现生产过程的自动控制功能。

（4）易于提高经济效益　电能在现代化生产中虽然占有很重要的地位，但电能在产品生产成本中占有的比例却很小（除电化工业外）。在一般机械产品生产中，电费开支仅占产品成本的5%左右。电能的应用有利于增加产量，提高产品质量，提高劳动生产效率，减轻工人劳动强度，降低生产成本，提高经济效益。

可见，电能作为基本能源之一，具有很多优于其他能源的特点。

2. 供配电系统需达到的基本要求

为了保证生产和生活用电的需要，并做好安全用电、节约用电、计划用电等工作，对供配电系统的设计和运行需要达到以下基本要求。

（1）保证供电的安全可靠性　供电的可靠性是指电力系统应满足用户连续供电的要求。衡量供电安全可靠性的指标一般用全部用户平均供电时间占全年时间的百分数表示。例如，全年时间为 8760h，用户平均停电时间为 8.76h，则停电时间占全年时间的 0.1%，供电可靠性为 99.9%。

从某种意义上讲，绝对可靠的电力系统是不存在的。但应借助保护装置把故障隔离，防止事故扩大，尽快恢复供电，维持较高的供电可靠性指标。

电力系统的供电可靠性与发供电设备和电力线路的可靠性、电力系统的结构以及发电厂与变配电所的主接线形式、备用容量、运行方式及防止事故连锁发展的能力有关。为此，提高供电的安全可靠性应采取以下措施：

1）采用高度可靠的发供电设备，做好维护保养工作，防止各种可能的误操作。

2）提高供电线路的可靠性，重要线路可采用双回路或双电源（两个不同的系统电源）供电。

3）选择合理的电力系统结构和主接线，在设计阶段就应保证有高度的可靠性，对重要用户应采用双电源供电。

4）保证适当的备用容量，使电力系统在发电设备定期检修、机组发生事故时均不会使用户停电。

5）制定合理的电力系统运行方式，必须满足系统稳定和可靠性要求。

6）对高压输电线路采用自动重合闸装置、变配频率自动减负荷装置等。

7）采用快速继电保护装置和以计算机为核心的自动安全监视和控制系统。

（2）保证供电的安全性　保证供电的安全性是对供电系统的最基本的要求。

供电系统如果发生故障或遇到异常情况，将影响整个电力系统的正常运行，造成对用户供电的中断，甚至造成重大或无法挽回的损失。例如 1977 年 7 月 13 日，美国纽约市的电力系统由于遭受雷击，供配电系统的保护装置出现了误动作，致使全系统瓦解，至少造成3.5 亿美元的经济损失；又如我国湖北电力系统，在 1972 年 7 月 27 日出现了继电保护错误操作，造成武汉和黄石两地区电压崩溃，使受端系统全部瓦解，经济损失达 2700 万元；还有 2008 年 1 月的冰灾，南方相当多的输电网被覆冰大规模压垮，引发南方电力系统的大面积瘫痪，特别是湖南电网 500kV 线路几乎全部瘫痪，造成的直接经济损失超过百亿元。因此，电力先行，安全第一。

（3）保证良好的电能质量　供配电系统应满足用户对电能质量的要求。

电压和频率是衡量电能质量的重要指标。电压和频率过高或过低都会影响电力系统的稳定性，对用电设备造成危害。按《供电营业规则》规定，在电力系统正常状况下，用户受电端的供电电压允许偏差：35kV 及以上供电电压偏差不超过额定电压的 ±10%，10kV 及以下三相供电电压允许偏差为 ±7%，220V 单相供电电压允许偏差为 −10% ~ +5%。在电力系统非正常状况下，用户受电端的电压最大允许偏差不应超过额定电压的 ±10%。

我国交流电气设备的额定频率为 50Hz（工频）。按《供电营业规则》规定，在电力系统正常状况下，工频的频率偏差一般不允许超过 ±0.5Hz。如果电力系统容量达到 3000MW 或以上时，频率偏差则不得超过 ±0.2Hz。在电力系统非正常状况下，频率偏差一般不允许超过 ±1Hz。

此外，三相系统中三相电压或三相电流是否平衡也是衡量电能质量的一个指标。

（4）保证电力系统运行的经济性　电能的经济性指标主要体现在发电成本和网络的电能损耗上。

为了保证电能利用的经济合理性，供配电系统要做到技术合理、投资少、运行费用低，尽可能地节约电能和有色金属消耗量。另外，还要处理好局部和全局、当前和长远的关系，既要照顾到局部和当前利益，又要有全局观念，按照统筹兼顾、保证重点、择优供应分配的原则，做好供配电工作。

子任务 4　电力系统的额定电压

电力系统中所有设备的额定电压在我国已经统一标准化，发电机和电气设备的额定电压分成若干标准等级，电力系统的额定电压也与电气设备的额定电压相对应，它们统一组成了电力系统的标准电压等级。

标准电压等级是根据国民经济发展的需要，考虑技术经济上的合理性以及电机、电器的制造技术水平和发展趋势等一系列因素而制定的。为使电气设备实现标准化和系列化，按 GB/T 156—2017《标准电压》规定了交流电网和电气设备的额定电压等级，见表 1-1。表中变压器一次、二次绕组的额定电压是依据我国变压器标准产品规格确定的。

表 1-1　我国交流电网和电气设备的额定电压（线电压）　　单位：kV

电气设备与电网的额定电压	发电机额定电压	变压器额定电压		
		一次绕组		二次绕组
		接电网	接发电机	
0.22	0.23	0.22	0.23	0.23
0.38	0.40	0.38	0.40	0.40
3	3.15	3	3.15	3.15、3.3
6	6.3	6	6.3	6.3、6.6
10	10.5	10	10.5	10.5、11
35		35		38.5
60		60		66
110		110		121
220		220		242
330		330		363
500		500		550
750		750		825

1. 电网（线路）的额定电压

电网的额定电压（标称电压）等级是国家根据国民经济发展的需要和电力工业发展的水平，经全面的技术经济分析后确定的。当电气设备按额定电压运行时，一般可使其技术性能和经济效果为最好。它是确定各类电气设备额定电压的基本依据。

供配电电压的高低对电能质量及降低电能损耗均有重大的影响。在输送功率一定的情况下，若提高供电电压，就能减少电能损耗，提高用户端电压质量。但从另一方面讲，电压等级越高，对设备的绝缘性能要求随之增高，投资费用相应增加。因此，供配电电压的选择主要取决于用电负荷的大小和供电距离的长短。各级电压电网的经济输送容量与输送距离的参考值见表 1-2。

表 1-2　各级电压电网的经济输送容量与输送距离

额定电压/kV	传输方式	输送容量/kW	输送距离/km	额定电压/kV	传输方式	输送容量/kW	输送距离/km
0.38	架空线路	<100	<0.25	6	架空线路	<2 000	3～10
0.38	电缆线路	<175	<0.35	6	电缆线路	<3 000	<8

（续）

额定电压/kV	传输方式	输送容量/kW	输送距离/km	额定电压/kV	传输方式	输送容量/kW	输送距离/km
10	架空线路	<3 000	5～15	220	架空线路	100 000～500 000	200～300
10	电缆线路	<5 000	<10	66	架空线路	3 500～30 000	30～100
35	架空线路	2 000～10 000	20～50	110	架空线路	10 000～50 000	50～150

线路首端与末端的平均电压即电网的额定电压，同一电压等级的线路允许电压损耗为±5%。由于输送电能时在线路和变压器等元器件上产生的电压损失，会使线路上各处的电压不相等，使各点的实际电压偏离额定电压，即线路首端的电压将高出额定电压，线路末端的电压将低于额定电压。通常采用线路首端和末端电压的算术平均值，作为电网的额定电压。目前，我国电网的额定电压等级有0.4kV、3kV、6kV、10kV、35kV、60kV、110kV、220kV、330kV、500kV、750kV等。

2. 发电机的额定电压

发电机的额定电压规定高于同级电网额定电压5%。电力线路允许的电压偏差一般为±5%，即整个线路允许有10%的电压损耗值。为了使线路的平均电压维持在额定值，线路首端（电源端）的电压宜较线路额定电压高5%，而线路末端的电压则较线路额定电压低5%，如图1-5所示。

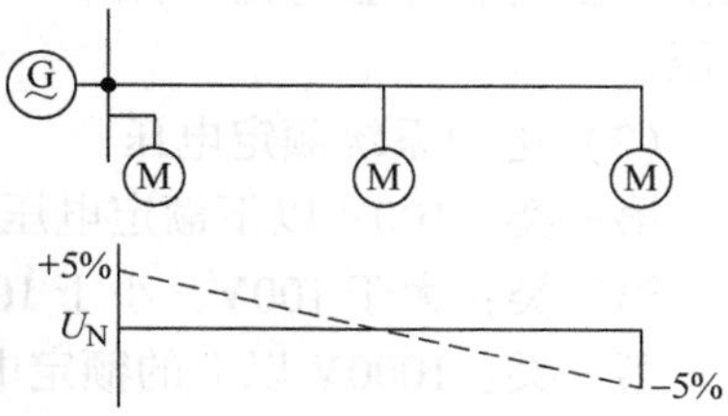

图1-5 发电机和电气设备额定电压的说明

3. 电气设备的额定电压

电气设备的额定电压一般规定与同级电网的额定电压相同。由于线路运行时会产生电压降，所以线路上各点的电压都略有不同，因此用线路首端和末端电压的算术平均值作为电气设备的额定电压，这个电压也是电网的额定电压。

4. 变压器的额定电压

变压器的一次绕组是接受电能的，相当于用电设备；其二次绕组是送出电能的，相当于发电机。因此，对其额定电压的规定有所不同。

（1）变压器一次绕组的额定电压　变压器一次绕组的额定电压分两种情况。

1）当变压器直接与发电机相连时，如图1-6中的变压器T_1，其一次绕组额定电压应与发电机额定电压相同，都高于同级电网额定电压的5%。

2）当变压器不与发电机相连而是连接在线路上时，如图1-6中的变压器T_2，则可看成是线路的用电设备，因此其一次绕组额定电压应与电网额定电压相同。

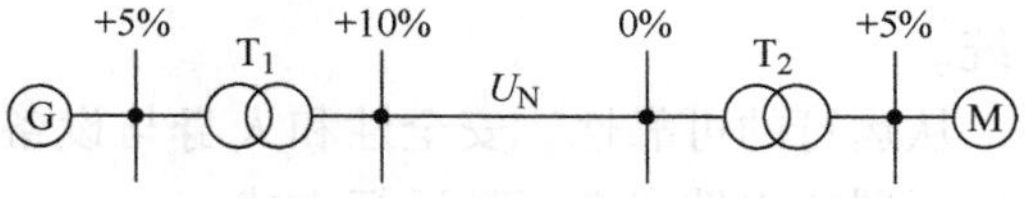

图1-6 变压器额定电压说明

（2）变压器二次绕组的额定电压　变压器二次绕组的额定电压也分两种情况。

1）变压器二次侧供电线路较长时，如图1-6中的变压器T_1，其二次绕组额定电压应比相连电网额定电压高10%，其中有5%用于补偿变压器满载运行时绕组本身约5%的电压降，另外5%用于补偿线路上的电压降。

2）变压器二次侧供电线路不长时，如图1-6中的变压器T_2，其二次绕组额定电压只需高于电网额定电压5%，仅考虑补偿变压器满载运行的5%电压降。

5. 各级电压等级的适用范围

（1）电压等级划分及适用范围

1）高、低压的划分按照电力行业标准DL 408—1991《电业安全工作规程（发电厂和变电所电气部分)》的规定：低压指设备对地电压在250V及250V以下，高压指设备对地电压在250V以上。此划分主要是从人身安全角度考虑的。

实际上，我国的一些设计、制造和安装规程通常是以1kV为界限来划分高、低压的。因此，通常工厂所指高压即为1kV及以上电压。

2）我国电力系统中，220kV及其以上电压等级为输电电压，主要用于大型电力系统的主干线，用来完成电能的远距离输送；110kV电压既用于中小型电力系统的主干线，也用于大型电力系统的二次网络；110kV及以下电压一般为配电电压，完成对电能进行降压处理并按一定的方式分配至电能用户。35~110kV配电网为高压配电网，10~35kV配电网为中压配电网，1kV以下为低压配电网。35kV多用于中小型城市或大型企业的内部供电网络，也广泛用于农村电网。3kV、6kV、10kV是工矿企业高压电气设备的供电电压。

一般企业内部多采用6~10kV的高压配电电压，且10kV电压用得较多。当企业6kV设备数量较多时，才会考虑采用6kV作为配电电压。220V/380V电压等主要作为企业的低压配电电压。

（2）电力系统额定电压

第一类：100V以下额定电压，用于蓄电池和安全照明用具等电气设备。

第二类：大于100V、小于1000V的额定电压，用于一般工业和民用电气设备。

第三类：1000V以上的额定电压，用于高压电气设备。

子任务5　电力系统中性点的运行方式

中性点在电力系统中是一个很重要的概念，中性点的运行方式对于整个电网都至关重要。本次任务要求熟悉电力系统中性点的三种运行方式的特点及适用范围。

为保证电力系统安全、经济、可靠运行，必须正确选择电力系统中性点的运行方式，即中性点的接地方式。能否合理选择电力系统的中性点运行方式，将直接影响到电网的绝缘水平、保护的配置、系统供电的可靠性和连续性、对通信线路的干扰及发电机和变压器的安全运行等。

电力系统的中性点是指发电机或变压器的中性点。

电力系统中性点运行方式分为两大类：

1）中性点直接接地或经低阻抗接地的大接地电流系统，也称中性点有效接地系统。

2）中性点绝缘或经消弧线圈及其他高阻抗接地的小接地电流系统，也称中性点非有效接地系统。

从运行的可靠性、安全性和人身与设备安全考虑，在电力系统中，作为供电电源的发电机和变压器的中性点有三种运行方式：

1）中性点不接地的方式。

2）是中性点经消弧线圈接地的方式。

3）中性点直接接地的方式。

前两种属于小接地电流系统，后一种属于大接地电流系统。

在我国电力系统中，中性点运行方式一般采用以下三种：

1）3~66kV系统，特别是3~10kV系统，为提高供电可靠性，一般采用中性点不接地的运行方式。

2）单相接地电流大于一定数值（3~10kV系统中接地电流大于30A，20kV及以上系统中接地电流大于10A）时，则应采用中性点经消弧线圈接地的运行方式，但现在有的10kV系统甚至采用中性点经低阻抗接地的运行方式。

3）110kV及以上系统和1kV以下的低压配电系统，都采用中性点直接接地的运行方式。

1. 中性点不接地的电力系统

我国3～10kV电网一般采用中性点不接地方式，这是因为在这类电网中，单相接地故障占的比例很大，采用中性点不接地方式可以减少单相接地电流，从而减轻其危害。中性点不接地电网中，单相接地电流基本上由电网对地电容决定。

电源中性点不接地的电力系统在正常运行时的电路图和相量图如图1-7所示，其中的三相交流相序代号统一采用A、B、C。

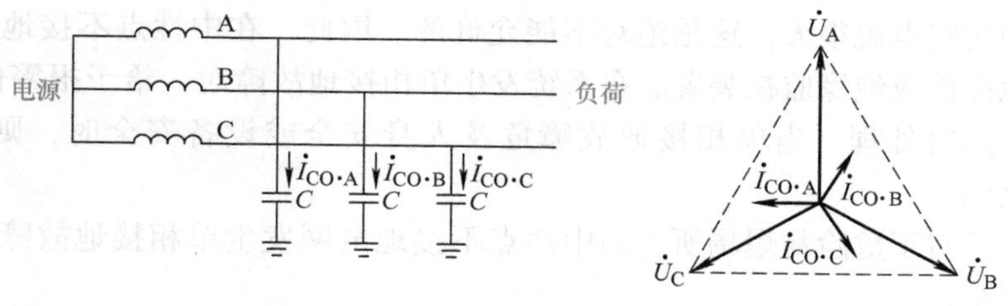

a) 电路图　　b) 相量图

图1-7　中性点不接地正常运行时的电力系统

（1）正常运行的电力系统　三个相的相电压$\dot{U}_A$、$\dot{U}_B$、$\dot{U}_C$是对称的，三个相的对地电容电流$\dot{I}_{CO}$也是平衡的，如图1-7b所示。因此，三个相的电容电流的相量和为零，地中没有电流流过，中性点N的电位应为零。各相的对地电压就是各相的相电压。

（2）单相接地的电力系统　当中性点不接地系统由于绝缘损坏发生单相接地时，各相对地电压、对地电容电流都要发生改变。假设C相发生接地，如图1-8a所示，这时C相对地电压变为零，而A相对地电压$\dot{U}'_A=\dot{U}_A+(-\dot{U}_C)=\dot{U}_{AC}$，B相对地电压$\dot{U}'_B=\dot{U}_B+(-\dot{U}_C)=\dot{U}_{BC}$。这表明，中性点不接地的电网发生一相接地时，而完好的A、B两相对地电压将由原来的相电压升高到线电压，即升高为原对地电压的$\sqrt{3}$倍，因而易使电网绝缘薄弱处击穿，造成两相接地短路。这是中性点不接地方式的缺点之一。其相量图如图1-8b所示。

当C相接地时，系统的接地电流（电容电流）I_C应为A、B两相对地电容电流相量之和。由图1-8b的相量图可知，$I_C=3I_{CO}$，即一相接地的电容电流为正常运行时每相对地电容电流的3倍。

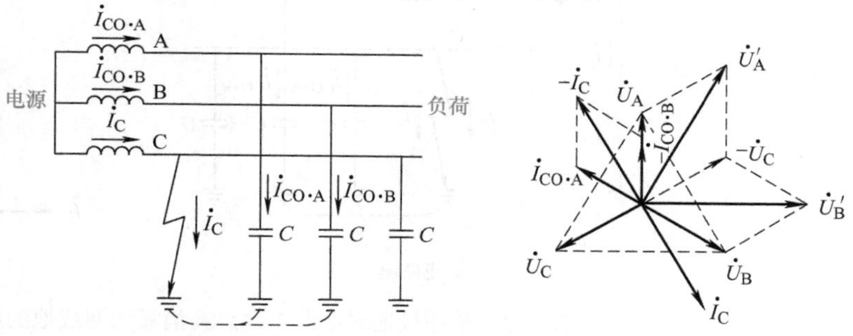

a) 电路图　　b) 相量图

图1-8　单相接地时中性点不接地的电力系统

（3）不完全接地的电力系统　此时，故障相对地电压将大于零而小于相电压，而其他完好两相的对地电压则大于相电压而小于线电压，接地电容电流也比完全接地时略小。

对于短距离、电压较低的输电线路，因对地电容小，接地电流小，瞬时性故障往往能自动消除，故对电网的危害小，对通信线路的干扰也小。对于高电压、长距离输电线路，单相接地电流一般较大，在接地处容易发生电弧周期性的熄灭与重燃，出现间歇电弧，使电网产生高频振荡，形成过电压，可能击穿设备绝缘，造成短路故障。为了避免发生间歇电弧，要求3～10kV电网单相接地电流小于30A，35kV及以上电网单相接地电流小于10A。因此，中性点不接地方式对高电压、长距离输电线路不适宜。

必须指出：当电源中性点不接地系统发生单相接地时，三相用电设备的正常工作并未受到影响，因为线路的线电压的相位和量值均未发生变化，因此系统中的三相用电设备仍能正常运行。但是这种线路不允许在单相接地故障情况下长期运行（规定单相接地后带故障运行时间最多不超过 2h），如果企业有备用线路，应将负荷转移到备用线路上去。当 2h 后接地故障仍未消除时，就该切除此故障线路。因为如果再有一相发生接地故障，就会形成两相接地短路，这时的短路电流很大，这是绝对不能允许的。因此，在中性点不接地系统中，应装设专门的单相接地保护或绝缘监视装置。在系统发生单相接地故障时，给予报警信号，提醒供电值班人员注意并及时处理。当单相接地故障危及人身安全或设备安全时，则单相接地保护装置应动作于跳闸。

对于危险易爆场所，当中性点不接地电网发生单相接地故障时，应立即跳闸断电，以确保安全。

2. 中性点经消弧线圈接地的电力系统

在中性点不接地的电力系统中，当接地电流较大时，则可能形成周期性熄灭和重燃的间歇性电弧，这是非常危险的。单相接地电流超过规定数值时，电弧不能自行熄灭。电弧可能会引起相对地谐振过电压，其值可以达到相电压的 2.5 ~ 3 倍，可能造成两相短路。一般采用经消弧线圈接地措施来减小接地电流，使故障电弧自行熄灭。因此，在单相接地电流大于一定值的电力系统中，电源中性点必须采取经消弧线圈接地的运行方式。

目前，我国 35 ~ 60kV 的高压电网大多采用中性点经消弧线圈接地的运行方式。如果消弧线圈能正常运行，则是消除因雷击等原因而发生瞬间单相接地故障的有效措施之一。消弧线圈其实就是一个具有可调铁心的电感线圈，其电阻很小，感抗很大，用于消除单相接地故障点的电弧。

图 1-9 为单相接地时电源中性点经消弧线圈接地的电力系统的电路图和相量图。

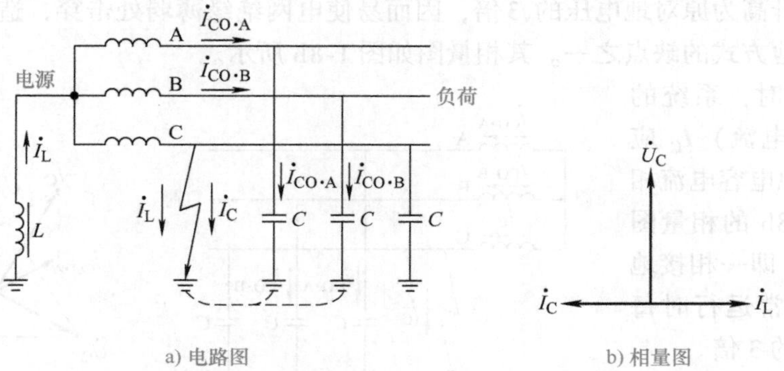

图 1-9　单相接地时电源中性点经消弧线圈接地的电力系统

在正常运行情况下，三相系统是对称的，中性点电流为零，消弧线圈中没有电流流过。当发生一相接地时（如 C 相），就把相电压 U_C 加在消弧线圈上，使消弧线圈有电感电流 I_L 流过。因为电感电流 I_L 和电容电流 I_C 相位相反，因此在接地处互相补偿。如果消弧线圈电感选用合适，会使接地电流减到很小，而使电弧自行熄灭。

与中性点不接地方式一样，当中性点经消弧线圈接地方式发生单相接地时，其他两相对地电压也要升高到线电压，但三相线电压正常，也允许继续运行 2h 用于查找故障。

在各级电压网络中，当单相接地故障时，通过故障点总的电容电流超过下列数值时，必须尽快安装消弧线圈。

1）对 3 ~ 6kV 的电网，故障点总电容电流超过 30A。

2）对 10kV 的电网，故障点总电容电流超过 20A。

3）对 22 ~ 66kV 的电网，故障点总电容电流超过 10A。

目前电力系统中已广泛应用了具有自动跟踪补偿功能的消弧线圈装置，避免了人工调节消弧线圈的诸多不便，不会使电网的部分或全部在调谐过程中暂时失去补偿，并有足够的调谐精度。自动跟踪补偿装置一般由驱动式消弧线圈和自动测控系统配套构成，自动完成在线跟踪测量和跟踪补偿。当被补偿的电网运行状态改变时，装置自动跟踪测量电网的对地电容，将消弧线圈调谐到合理的补偿状态；或者当电网发生单相接地故障时，迅速将消弧线圈调谐到接近谐振点的位置，使接地电弧变得很小而快速熄灭。

在中性点经消弧线圈接地的三相系统中，与中性点不接地的系统一样，允许在发生单相接地故障时短时（一般规定为2h）继续运行，但保护装置应能及时发出单相接地报警信号。运行值班人员应抓紧时间查找和处理故障，在暂时无法消除故障时，应设法将负荷（特别是重要负荷）转移到备用电源线路上去。当单相接地故障危及人身和设备的安全时，则保护装置应动作于跳闸。

中性点经消弧线圈接地的电力系统在单相接地时，其他两相对地电压也要升高到线电压，即升高为原对地电压的$\sqrt{3}$倍。

3. 中性点直接接地或经低阻抗接地的电力系统

中性点直接接地的系统称为大接地电流系统。电源中性点直接接地的电力系统发生单相接地时的电路图如图1-10所示。这种系统的单相接地即通过接地中性点形成单相短路。单相短路电流$I_k^{(1)}$比线路的负荷电流大得多，因此在系统发生单相短路时保护装置应动作于跳闸，切除短路故障，使系统的其他部分恢复正常运行。

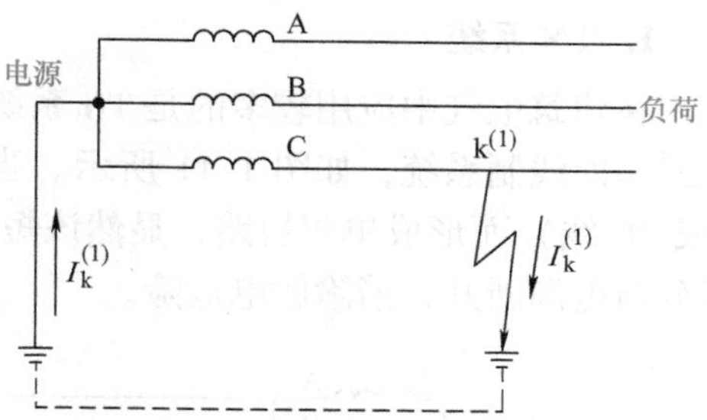

图1-10 单相接地时电源中性点直接接地的电力系统

中性点直接接地的系统发生单相接地时，非故障相对地电压不变，电气设备绝缘按相电压考虑，而不需要按线电压考虑，这对110kV及以上超高压系统是很有经济技术价值的。因此，我国110kV及以上的超高压系统中性点通常都采取直接接地的运行方式。

此外，在中性点直接接地的低压配电系统中，如三相四线制供电，可提供380V和220V两种电压，供电方式更为灵活。低压配电系统采用中性点直接接地后，当发生一相接地故障时，由于能限制非故障相对地电压的升高，从而保证了单相用电设备的安全。中性点直接接地后，一相接地故障电流较大，一般可使漏电保护或过电流保护装置动作，切断电流，造成停电。发生人体单相对地触电时，危险也较大。此外，在中性点直接接地的低压电网中可接入单相负荷。

在低压配电系统中，我国广泛采用的TN系统及在国外应用较多的TT系统，均为中性点直接接地系统，在发生单相接地故障时，一般能使保护装置迅速动作，切除故障部分。

中性点经低阻抗接地的运行方式主要用于城市电网的电缆线路。它接近于中性点直接接地的运行方式，但必须装设单相接地故障保护装置。在系统发生单相接地故障时，动作于跳闸，迅速切除故障线路，同时系统的备用电源装置动作，投入备用电源，及时恢复对重要负荷的供电。

子任务6 低压配电系统的接地形式

低压配电系统是电力系统的末端，我国的220V/380V低压配电系统，广泛采用中性点直接接地的运行方式，而且中性点引出线有N线（中性线）、PE线（保护线）或PEN线（保护中性线）。

（1）N线（中性线）的功能

1）用来连接额定电压为系统相电压的单相用电设备。

2）用来传导三相系统中的不平衡电流和单相电流。

3）减小负荷中性点的电位偏移。

（2）PE 线（保护线）的功能　为保障人身安全、防止发生触电事故而采用的接地线。系统中所有电气设备的外露可导电部分（指正常时不带电，但在故障情况下可能带电的易被人体接触的导电部分，如金属外壳、金属构架等）通过 PE 线接地，可在设备发生接地故障时减少触电危险。

（3）PEN 线（保护中性线）的功能　PEN 线，我国过去习惯称为零线，俗称地线，兼有 N 线和 PE 线的功能。

我国低压配电系统接地制式，采用国际电工委员会（IEC）标准，按其保护接地形式分为 TN 系统、TT 系统和 IT 系统。

1）第一个字母表示电源端与地的关系。T——电源变压器中性点直接接地；I——电源变压器中性点不接地或通过高阻抗接地。

2）第二个字母表示电气装置的外露可导电部分与地的关系。T——电气装置的外露可导电部分直接接地，此接地点在电气上独立于电源端的接地点；N——电气装置的外露可导电部分与电源端接地点有直接电气连接。

1. TN 系统

在建筑电气中应用较多的是 TN 系统。TN 系统中的电源中性点直接接地，并引出 N 线，属于三相四线制系统，如图 1-11 所示。当设备带电部分与外壳相连时，短路电流经外壳和 N 线（或 PE 线）而形成单相短路，显然该短路电流较大，可使保护设备快速而可靠地动作，将故障部分与电源断开，消除触电危险。

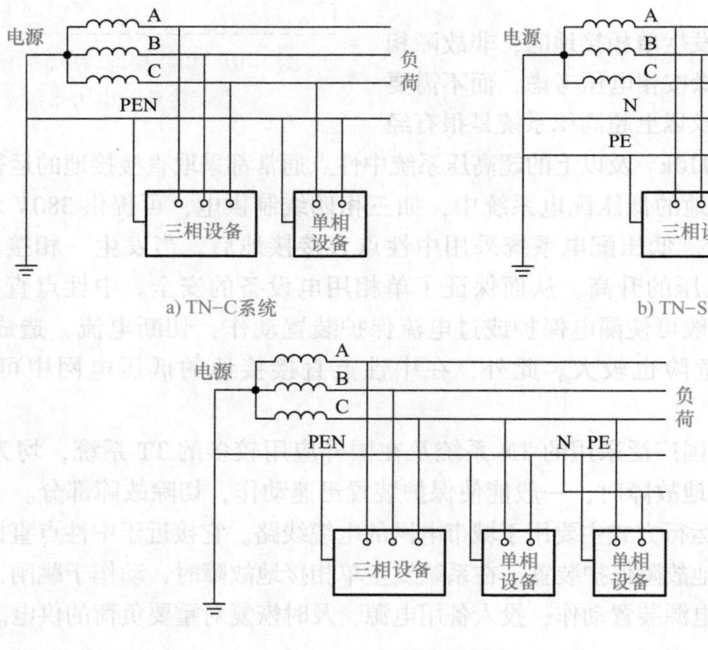

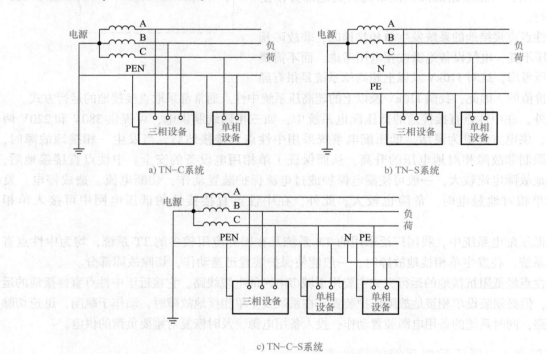

图 1-11　低压配电 TN 系统

其中，N 线与 PE 线完全共用的系统称为 TN－C 系统；N 线和 PE 线完全分开的系统称为 TN－S系统；N 线与 PE 线前段共用，后段分开的系统称为 TN－C－S 系统。

（1）TN－C 系统　TN－C 系统中的 N 线与 PE 线合为一根 PEN 线，投资较省。所有设备的外露可导电部分均接PEN线，如图1-11a所示。其PEN线中有电流通过，因此容易打火引起火灾和爆炸，还可能会对某些设备产生电磁干扰。如果PEN线断线，则还会使接PEN线的设备外露可导电部分（如外壳）带电，对人造成触电危险，可使单相设备烧坏。在一相接壳或接地故障时，过电流保护装置动作，将切除故障线路。因此，该系统不适用于安全要求较高的场所。但由于N线与PE线合一，从而可节约一些有色金属和投资。该系统过去在我国低压系统中应用最为普遍，但目前在安全要求较高的场所（包括住宅建筑、办公大楼等）及要求抗电磁干扰的场所均不允许采用。

（2）TN－S系统　TN－S系统中的N线与PE线完全分开，PE线中无电流流过，所有设备的外露可导电部分均接PE线，如图1-11b所示。PE线中没有电流通过，因此对接PE线的设备不会产生电磁干扰。如果PE线断线，则在正常情况下也不会使接PE线的设备外露可导电部分带电。但在有设备发生单相接外壳故障时，将使其他接PE线的设备外露可导电部分带电，对人体仍有触电危险。在一相接壳或接地故障时过电流保护装置动作，将切除故障线路。由于N线与PE线分开，与上述TN－C系统相比，在有色金属和投资方面均有增加。该系统现广泛应用在对安全要求及抗电磁干扰要求较高的场所，如重要办公地点、实验场所和居民住宅等。

（3）TN－C－S系统　TN－C－S系统的前一部分全为TN－C系统，而后面则一部分为TN－C系统，另一部分为TN－S系统，如图1-11c所示。此系统比较灵活，在对安全要求和抗电磁干扰要求较高的场所采用TN－S系统配电，而其他场所则采用较经济的TN－C系统。它广泛应用于分散的民用建筑中，特别适合一台变压器对几幢建筑物供电的系统。

2. TT系统

TT系统的电源中性点直接接地，也引出N线，属于三相四线制系统，用电设备外露可导电部分均各自经PE线单独接地，如图1-12所示。通常将电源中性点的接地叫作工作接地，而设备外露可导电部分的接地叫作保护接地。

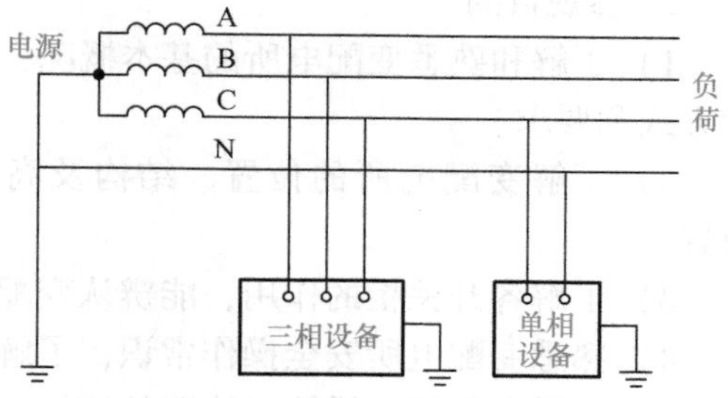

图1-12　低压配电TT系统

TT系统中，这两个接地必须是相互独立的。设备接地可以是每一设备都有各自独立的接地装置，也可以是若干设备共用一个接地装置。

由于各设备的PE线之间无电气联系，因此相互之间无电磁干扰。此系统适用于对安全要求及抗电磁干扰要求较高的场所。当发生一相接地故障时则形成单相短路，但短路电流不大，影响保护装置动作，此时设备外壳对地电压近1/2相电压（110V），危及人身安全。TT系统省去了公共PE线，较TN系统经济，但单独装设PE线，又增加了麻烦。

TT系统适用于以低压供电、远离变电站的建筑物，对环境要求为防火防爆的场所，以及对接地要求高的精密电子设备和数据处理设备等。我国低压公用电推荐采用TT系统。

国外这种系统应用比较普遍，现在我国也开始推广应用。GB 50096—2011《住宅设计规范》就规定住宅供电系统应采用TT、TN－C－S或TN－S接地方式。

3. IT系统

IT系统中所有设备的外露可导电部分也都各自经PE线单独接地，IT系统中的电源中性点不接地或经约1000Ω阻抗接地，且通常不引出中性线，如图1-13所示。此系统中各设备之间也不会发生电磁干扰，因此它又被称为三相三线制系统。

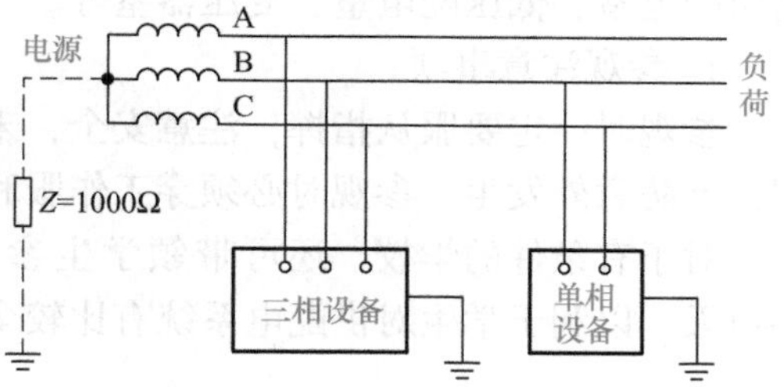

图1-13　低压配电IT系统

在IT系统中，当电气设备发生单相接地故障时，接地电流将通过人体和电网与大地之间的电容构成回路，三相用电设备及连接额定电压为线电压的单相设备仍可继续运行，人体又误触及另一相正常导体，这时人体所承受的电压将是线电压，其危险程度不言而喻。因此，为确保安全必须在系统内安装绝缘监察装置，当发生单相接地故障时，及时发出报警信号，提醒工作人员迅速清除故障，以绝后患。该系统应用于对连续供电要求高及有易燃易爆危险的场所，如矿山、井下等地。

低压配电系统中，凡是引出有中性线（N线）的三相系统，包括TN系统（含TN－C、TN－S和TN－C－S系统）及TT系统，都属于三相四线制系统，正常情况下不通过电流的PE线不计算在内。没有中性线（N线）的三相系统，如IT系统，则属于三相三线制系统。

职业技能考核

考核　认岗实习——参观中国石油科技创新基地的供配电系统

认岗实习是现代学徒制教学过程中的一个重要环节，现场参观就是一项很好的技能考核实践活动。通过认岗参观实习，可对供配电系统有初步的了解，能认识和熟悉各种高低压电气设备和各种规章制度，提高安全用电的意识。根据具体条件，可完成下列考核任务。

1. 参观内容

参观内容为变配电所供配电系统及高低压电气设备。

2. 参观目的

1）了解和熟悉变配电所的基本概况，认识各种高低压电气设备及高低压电缆输电线路的敷设方式和要求。

2）了解变配电所的位置、结构及高压配电室、变压器室、低压配电室和电容器室等的布置。

3）了解各开关柜的作用，能辨认变配电所电气设备的外形和名称。

4）熟悉变配电所安全操作常识，了解10kV配电线路的运行管理及有关规章制度。

5）熟悉高低压电缆输电线路的结构、形式。

6）初步尝试看变配电所图样等资料。

7）了解变配电所常用的操作工具、检修工具与仪表。

8）了解变配电所运行值班人员的工作职责和工作程序。

9）了解和熟悉低压配电系统的基本概况，认识各种低压电气设备及车间动力、照明线路的架设方式和要求。

10）能正确分析低压配电系统的接地形式。

3. 参观方式

首先，听取创新基地变配电所运行值班负责人介绍变配电所的基本概况及其运行管理的规章制度和操作规程，特别是倒闸操作的基本要求和操作程序；然后由运行值班负责人带领参观高压配电室、低压配电室、变压器室等。

4. 参观注意事项

参观时一定要服从指挥，注意安全，未经许可不得进入禁区，决不允许摸、动任何开关按钮，严防意外发生。参观时必须穿工作服和绝缘鞋，戴安全帽，做好相应的安全措施。

对于有条件的学校，还可带领学生参观大型室外变电站，或让学生到变配电所跟班实习3～4天，以利于学生对供配电系统有比较全面深入的了解。

任务2 供配电系统的基本认识

任务概述

为了建立电力系统的整体概念，本次任务组织学生到北京燃气集团中国石油科技创新基地项目、清河医院项目、怀柔区雁栖湖金雁饭店项目、通州副中心项目等现场参观，以便对电力系统的发电、变电、配电、用电等不同环节有一个感性认识，以熟悉供配电系统的组成、额定电压、中性点的运行方式；了解供配电系统的基本概念和基本要求，区分供配电系统的电气一次、二次设备，为后续课程的开展奠定基础。

知识准备

子任务1 供配电系统的组成

1. 供配电系统的总体布置要求

1）便于运行、维护和检修。值班室一般应尽量靠近高低压配电室，特别是靠近高压配电室，且有直通门或与走廊相通。

2）运行要安全。变压器室的大门应向外开并避开露天仓库，以利于在紧急情况下人员出入和处理事故。门最好朝北开，不要朝西开，以防“西晒”。

3）进出线方便。如果是架空线进线，则高压配电室宜位于进线侧。而变压器一般宜安装在低压配电室。

4）节约占地面积和建筑费用。当供配电场所有低压配电室时，值班室可与其合并。但这时低压配电屏的正面或侧面离墙不得小于3m。

5）高压电力电容器组应装设在单独的高压电容器室内，该室一般临近高压配电室，两室之间砌防火墙。低压电力电容器柜装在低压配电室内。

6）留有发展余地，且不妨碍车间和工厂的发展。在确定供配电场所的总体布置方案时应因地制宜，合理设计，通过几个方案的技术经济比较，力求获得最优方案。

2. 供配电系统的概况

一般中型工厂的电源进线电压是6~10kV。电能先经高压配电所，由高压配电线路将电能分送至各个车间变电站。车间变电站内装有变压器，将6~10kV的高压降为一般低压用电设备所需的电压，通常是降为220V/380V。如果工厂拥有6~10kV的高压用电设备，则由高压配电所直接以6~10kV电压对其供电。

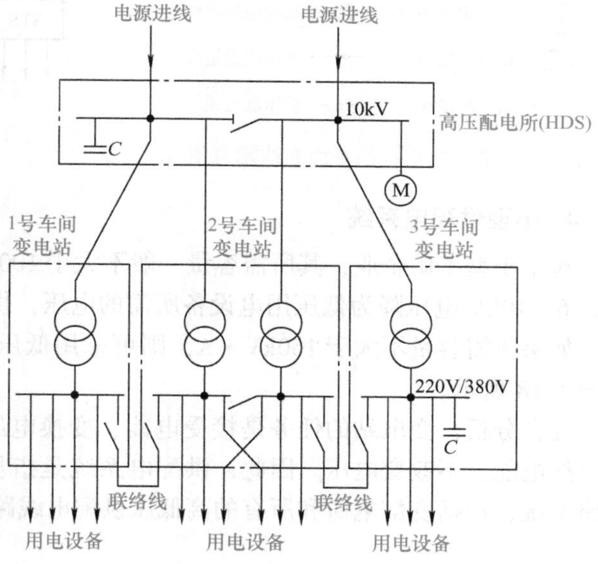

图1-14 中型工厂供配电系统简图

图1-14所示为典型的中型工厂供配电系统简图。该图只用一根线来表示三相线路，即绘成单线图的形式，而且该图除母线分段开关和低压联络线上装设的开关外，未绘出其他开关电器。图中

母线又称汇流排，其任务是用来汇集和分配电能。

图 1-14 所示的高压配电所有四条高压配电出线，供电给三个车间变电站。其中，1 号车间变电站和 3 号车间变电站各装有一台配电变压器，而 2 号车间变电站装有两台配电变压器，并分别由两段母线供电，其低压侧又采用单母线分段制，因此对重要的低压用电设备可由两段低压母线交叉供电。各车间变电站的低压侧均设有低压联络线且相互连接，以提高供电系统运行的可靠性和灵活性。此外，该高压配电所还有一条高压配电线路，直接供电给一组高压电动机，另有一条高压配电线路直接与一组高压并联电容器相连。3 号车间变电站低压母线上也连接了一组低压并联电容器。这些并联电容器都是用来补偿系统的无功功率、提高功率因数的。

图 1-15 所示为供配电系统的平面布线示意图。从平面布线示意图上可以看到高压配电所、低压变电站、控制屏、配电屏的分布位置及其进线、出线情况。

3. 大中型供配电系统

对于大型工厂及某些电源进线电压为 35kV 及以上的中型工厂，通常需要经过两次降压，也就是电源进厂以后，先经总降压变电站的较大容量变压器，将 35kV 及以上的电源电压降为 6 ~ 10kV 的配电电压，然后通过 6 ~ 10kV 的高压配电线将电能送到各车间变电站，也有的经过高压配电所再送到车间变电站。车间变电站装有配电变压器，再将 6 ~ 10kV 电压降为一般低压用电设备所需的电压 220V/380V。其系统图如图 1-16 所示。

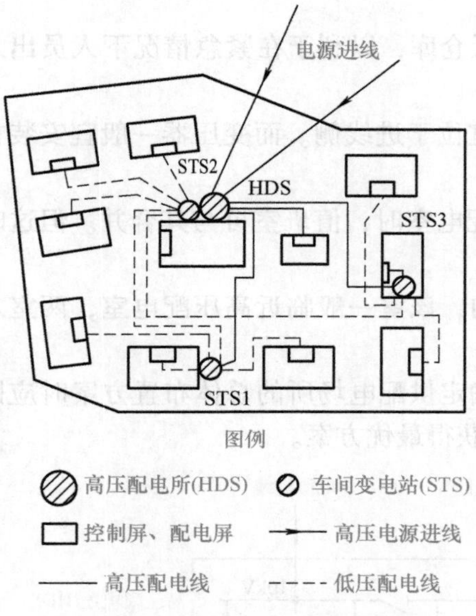

图 1-15　供配电系统的平面布线示意图

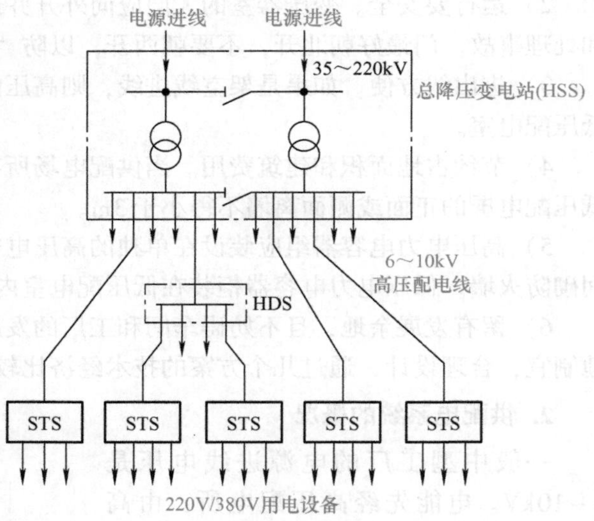

图 1-16　总降压变电站的供配电系统图

4. 小型供配电系统

对于小型工矿企业，其所需容量一般不大于 1000kV · A，一般情况下只设一个降压变电站，它将 6 ~ 10kV 电压降为低压用电设备所需的电压，供配电系统如图 1-17 所示。

如果所需容量不大于 160kV · A，则可采用低压电源进线，因此只需要设一个低压配电间，如图 1-18 所示。

综合分析，变电站的任务是接受电能、变换电压和分配电能；而配电所的主要任务是接受和分配电能，不改变电压。因此，供配电系统是指从电源线路进厂到用电设备进线端止的整个电路系统，包括变配电所和所有的高低压供配电线路。

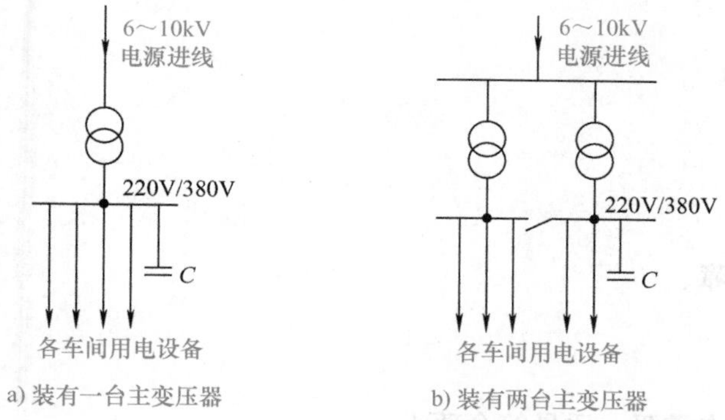

a) 装有一台主变压器　　b) 装有两台主变压器

图1-17　小型工厂供配电系统图

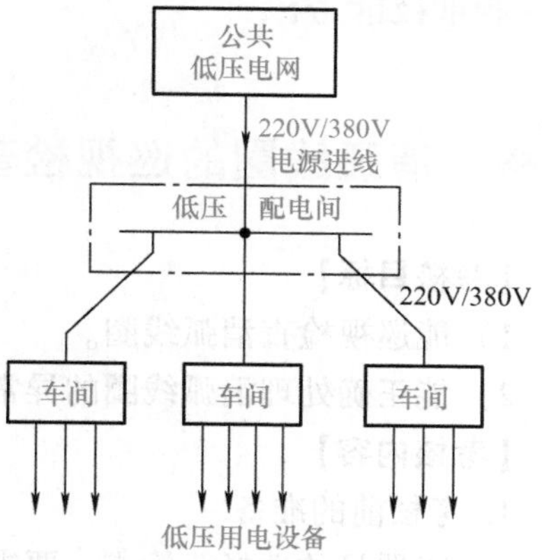

图1-18　小型工厂低压进线供配电系统图

子任务2　供配电电压的选择

1. 供电电压的选择

供电电压的选择，主要取决于当地电网的供电电压等级，同时也要考虑用电设备的电压、容量和供电距离等因素。由于在输送功率和输送距离相同的条件下，线路电压越高，线路电流就越小，因而线路采用的导线或电缆截面就越小，从而可减少线路的初期投资和有色金属消耗量，并可降低线路的电能损耗和电压损耗。

我国的《供电营业规则》规定供电企业供电的额定电压，低压供电时单相为220V、三相为380V，高压供电时为10kV、35kV（66kV）、110kV、220kV，并规定除发电厂直配电压可采用3kV或6kV外，其他等级的电压应逐步过渡到上述额定电压。如果用户需要的电压等级不在上述范围，则应自行采用变压措施解决。用户需要的电压等级在110kV及以上时，其受电装置应作为终端变电站设计，其方案需要经省电网经营企业审批。

2. 高压配电电压的选择

高压配电电压的选择主要取决于高压用电设备的电压及其容量、数量等因素。

工矿企业采用的高压配电电压通常为10kV。如果工矿企业拥有相当数量的6kV用电设备，或者供电电源电压就是6kV，则可考虑采用6kV电压作为工矿企业的高压配电电压。如果6kV用电设备数量不多，则应选择10kV作为工矿企业的高压配电电压，而6kV高压设备则可通过专用的10/6.3kV的变压器单独供电。

如果供电电源电压为35kV，而厂区环境条件又允许采用35kV架空线路和较经济的35kV设备，则可考虑采用35kV作为高压配电电压送入到各车间负荷中心，并经车间变电站直接降低为低压用电设备所需的电压。但是，必须考虑厂区要有满足35kV架空线路送入负荷中心的“安全走廊”，以确保电气安全。

3. 低压配电电压的选择

一般工矿企业低压配电电压通常采用220/380V。其中，线电压380V接三相动力设备和380V的单相设备，相电压220V接一般照明灯具和其他220V的单相设备。但是，某些场合宜采用660V甚至更高的1140V作为低压配电电压。

职业技能考核

考核　消弧线圈的巡视检查与维护

【考核目标】

1）能巡视检查消弧线圈。

2）能正确处理消弧线圈的异常运行及故障。

【考核内容】

1. 考核前的准备

1）工器具的选择、检查：要求能满足工作需要，质量符合要求。

2）着装、穿戴：工作服、绝缘鞋、安全帽。

2. 考核内容

（1）巡视检查消弧线圈　消弧线圈运行时，应定期巡视检查下列项目。

1）检查油位是否正常，油色是否透明不发黑。

2）检查油箱是否清洁，有无渗油、漏油现象。

3）检查套管及隔离开关的绝缘子是否清洁，有无破损、裂纹，防爆门是否完好。

4）检查各引线是否牢固，外壳接地和中性点接地是否良好。

5）检查消弧线圈上层油温是否超过85℃（极限值为95℃）。

6）消弧线圈正常运行时应无声音，系统出现接地故障时，消弧线圈会有“嗡嗡”声，但无杂音。

7）检查吸湿器内的吸潮剂是否潮解。

8）检查接地指示灯及信号装置是否正常。

9）检查气体继电器，应无空气，有空气应放尽。

（2）消弧线圈的异常运行处理　消弧线圈运行中，发生下列缺陷之一时为消弧线圈发生异常。

1）油位异常。油位计内的油面过低或看不见油位。造成油面过低的原因有：渗油、漏油，检修人员放油后没有补油，天气突然变冷，且原来储油柜中油量不足等。

2）接地线折断或接触不良。其原因有：接地线腐蚀或机械损伤造成断线，接地线螺钉松动造成接触不良等。

3）分接开关接触不良。其原因有：消弧线圈多次调整匝数及检修安装不良，造成分接开关松动，压力不够使其接触不良。

4）消弧线圈的隔离开关严重接触不良或根本不接触。其原因有：隔离开关本身存在多方面的缺陷，使触头接触不良或根本不接触。

处理上述缺陷时，应确认补偿网络运行正常，无接地故障，在得到调度同意后，拉开消弧线圈的隔离开关，再处理上述缺陷。

（3）消弧线圈的事故处理　消弧线圈运行中，发生下列故障之一则为消弧线圈发生事故。

1）消弧线圈防爆门破裂，向外喷油。

2）消弧线圈动作（带负荷运行）后，上层油温超过95℃，且超过允许运行时间。

3）消弧线圈本体内有剧烈不均匀的噪声或放电声。

4）消弧线圈冒烟或着火。

5）消弧线圈套管放电或接地。

处理上述故障时，应先向调度汇报，在得到调度同意后，拉开有接地故障的线路，再停用与故障消弧线圈相连接的变压器，最后拉开消弧线圈的隔离开关。严禁在系统发生故障或消弧线圈本身有故障的情况下，直接拉开隔离开关进行处理。

3. 巡视检查记录

按要求进行巡视检查、维护记录（在相应的记录簿上记录时间、人员姓名及设备状况等），记录表见表1-3。

表1-3 设备巡视检查、维护记录表

<table>
<tr><td colspan="5">正常或缺陷、障碍、异常情况记录表</td></tr>
<tr><td colspan="2">检查开始日期　　年　　月　　日</td><td colspan="3">检查结束日期　　年　　月　　日</td></tr>
<tr><td>检查顺序</td><td>检查项目</td><td>正常或缺陷、障碍、异常运行情况</td><td>原因及分析</td><td>处理对策</td></tr>
<tr><td></td><td></td><td></td><td></td><td></td></tr>
<tr><td></td><td></td><td></td><td></td><td></td></tr>
<tr><td></td><td></td><td></td><td></td><td></td></tr>
<tr><td></td><td></td><td></td><td></td><td></td></tr>
<tr><td></td><td></td><td></td><td></td><td></td></tr>
<tr><td>评价</td><td colspan="4"></td></tr>
<tr><td colspan="2">检查人（填写人）：</td><td colspan="3">审核人（监护人）：</td></tr>
</table>

项目小结

本项目主要介绍了电能的特点及对供配电的基本要求、电力系统的组成与要求、电力系统的电压等级、电力系统中性点的运行方式、低压配电系统的接地形式和工厂供配电系统等，这些内容是学习本课程的预备知识。

1. 对供配电的基本要求是保证供电的安全可靠、良好的电能质量、灵活的运行方式，以及具有经济性。

2. 电力系统是通过各级电压的电力线路，将发电厂、变配电所和电力用户连接起来的一个发电、输电、变电、配电和用电的整体。

3. 电力系统的电压包括电力系统中各种供电设备、用电设备和电力线路的额定电压。

4. 电力系统中性点的运行方式有中性点不接地、中性点经消弧线圈接地和中性点直接接地或经低阻抗接地。

5. 低压配电系统按其保护接地形式分为TN系统（TN－C、TN－S、TN－C－S）、TT系统和IT系统。

6. 供配电系统主要由外部电源系统和内部变配电系统组成。一般电源进线电压是6～10kV。电能先经高压配电所，由高压配电线路将电能分送至各个车间变电站，再由车间变电站将电压降为一般低压用电设备所需的电压，供配电电压应按《供电营业规则》规定执行。

问题与思考

一、填空题

1. 一般110kV以上的电力系统均采用中性点________运行方式。6～10kV的电力系统一般采用________运行方式。

2. ________用以变换电能、接受电能和分配电能，________用以接受电能和分配电能。

3. 影响电能质量的两个主要因素是________和________。

4. 一般工厂的高压配电电压选择为________V，低压配电电压选择为________V。

5. 大型工厂一般采用________电压供电，中小型工厂可采用________电压供电，一般小型工厂可选用________电压供电。

6. N线称为________线，PE线称为________线，PEN线称为________线。

7. 低压配电系统采用三种中性点运行方式，即________系统、________系统和________系统。

8. 低压配电TN系统又分为三种方式，即________、________和________。

二、判断题

1. 电力系统就是电网。 (　　)

2. 发电厂与变电站距离较远，一个是电源，一个是负荷中心，所以频率不同。 (　　)

3. 火力发电厂是将燃料的热能转变为电能的能量转换方式。 (　　)

4. 中性点不接地的电力系统在发生单相接地故障时，可允许继续运行2h。 (　　)

5. 工厂的配电电压常用10kV。 (　　)

6. 变压器二次侧额定电压要高于后面所带电网额定电压的5%。 (　　)

7. 我国采用的中性点工作方式有：中性点直接接地、中性点经消弧线圈接地和中性点不接地。 (　　)

三、简答题

1. 供配电系统有哪些基本要求？

2. 电力系统由哪几个部分组成？

3. 衡量供电电能质量的指标有哪些？各有什么要求？

4. 我国电网的额定电压等级有哪些？为什么用电设备的额定电压一般规定与同级电网的额定电压相同？

5. 三相交流电力系统的电源中性点有哪些运行方式？

6. 低压配电系统中的N线（中性线）、PE线（保护线）和PEN线（保护中性线）各有哪些功能？

7. 低压配电的TN－C系统、TN－S系统、TN－C－S系统、TT系统及IT系统各有哪些特点？

8. 说明供配电系统的任务、主要组成和供配电电压选择的方法。

项目 2 电力负荷和短路故障分析

项目提要

本项目主要依托北京燃气集团中国石油科技创新基地项目的负荷情况，介绍电力负荷的分级、各级电力负荷对供电电源的要求、用电负荷的工作制及短路的原因、类型、后果，对电力负荷和短路故障进行分析，为将来从事供配电系统运行、维护奠定坚实基础。

知识目标

（1）掌握电力负荷的分级方法及对供电电源的要求。
（2）了解工厂用电设备的工作制、负荷曲线的概念及有关物理量和参数。
（3）掌握短路的定义、原因、类型及危害。

能力目标

（1）能够分析三相及不对称短路故障。
（2）能够判断、处理单相接地故障。

素质目标

（1）具备电气从业职业道德，勤奋踏实的工作态度和吃苦耐劳的劳动品质，遵守电气安全操作规程和劳动纪律，文明生产。
（2）具备较好的沟通能力，能够协调人际关系，适应工作环境。
（3）培养学生具有优良学风、创新理念及科学家严谨的工作精神。
（4）具备积极向上的人生态度、自我学习能力和良好的心理承受能力。
（5）树立良好的文明生产、安全操作意识，具备良好的团队合作能力。

职业能力

（1）会判断电力负荷的种类。
（2）会分析负荷的工作制和负荷曲线。
（3）会分析三相及不对称短路故障。
（4）会判断、处理单相接地故障。

任务 1 电力负荷与负荷曲线

任务概述

供配电系统设计是整个工厂设计的重要组成部分。供配电系统设计的质量直接影响到工厂的生产及其发展。作为从事工厂供配电工作的工程技术人员，必须了解和学习有关工厂供配电设计的相关知识、掌握电力负荷的分级方法及对供电电源的要求，了解工厂用电设备的工作制、负荷曲线的概念及有关物理量和参数，掌握短路的定义、原因、类型及危害，以便使供配电系统工作安全可靠，运行与维护方便，投资经济合理。通过本项目中某工厂企业供配电系统方案的设计考核，希望能够达到以下目标：

1）了解工厂供配电系统设计的基本原则。

2）熟悉工厂供电设计的基本内容、程序与要求。

3）熟悉工厂年电能消耗量的计算方法，掌握工厂计算负荷的确定。

4）熟悉供配电系统短路的原因，了解短路的后果及短路的形式，并能用标幺值法进行短路电流的计算。

5）了解选择电气设备的一般条件，掌握各类电气设备的选择和校验方法。

知识准备

由于中国石油科技创新基地项目是国家级重点工程项目，全年对中国石油数据中心提供冷、热和电。在满足数据中心负荷要求的同时，也为数据中心周边办公建筑提供冷、热、电，提高了项目的运营经济性。数据中心室内全年保持恒温，设备不允许停电，属于重要负荷，对供配电系统提出非常高的要求。

子任务1　电力负荷的分级方法及对供电电源的要求

1. 电力负荷

电力负荷有两种含义：

1）指耗用电能的用电设备或用电单位（用户），如重要负荷、动力负荷、照明负荷等。

2）指用电设备或用电单位所耗用的电功率或电流大小，如满载、轻载、重载、空载等。因此，电力负荷的具体含义视其使用的具体场合而定。

2. 电力负荷的分级

电力负荷，按 GB 50052—2009《供配电系统设计规范》规定，根据其对供电可靠性的要求及其中断供电所造成的损失或影响分为三级。

（1）一级负荷　符合下列情况之一的，应视为一级负荷。

1）中断供电将造成人身伤亡事故的。

2）中断供电将在经济上造成重大损失的。例如，重大设备损坏、重大产品报废、用重要原料生产的产品大量报废、国民经济中重点企业的连续生产过程被打乱，需要长时间才能恢复的电力负荷。

3）中断供电将影响重要用电单位的正常工作。例如，重要的交通枢纽、通信枢纽、大型体育场、经常用于国际政治活动的大量人员集中的公共场所等用电单位中的重要电力负荷。

在一级负荷中，中断供电将造成人员伤亡或重大设备损坏或发生中毒、爆炸和火灾等情况和不允许中断供电的特别重要场所的负荷，应视为特别重要的一级负荷。

（2）二级负荷　符合下列情况之一的，应视为二级负荷。

1）中断供电将在经济上造成较大损失的。例如，主要设备损坏、大量产品报废、连续生产过程被打乱，需要较长时间才能恢复，导致重点企业大量减产。

2）中断供电将影响较重要用电单位的正常工作的。例如，交通枢纽、通信枢纽、大型影剧院、大型商场等用电单位中的重要电力负荷就属于二级负荷，中断供电将造成这些较多人员集中的重要公共场所秩序混乱。

（3）三级负荷　三级负荷为一般电力负荷，指所有不属于上述一级、二级负荷者。

另外，还有一种负荷称为事故保安负荷，它是在事故情况下保证安全的负荷。在一些大型、连续生产的石油化工企业，当停电时为保证设备安全必须进行一系列操作，这些操作和控制设备的用电负荷就称为保安负荷，也属于特别重要的一级负荷。

3. 电力负荷对供电电源的要求

（1）一级负荷对供电电源的要求　一级负荷（包括事故保安负荷）属于特别重要的负荷，如果中断供电则会造成十分严重的后果，因此要求不允许停电。一级负荷可以由两个电源独立供电，当其中一个电源发生故障时，另一个电源应不会同时受到损坏。对于一级负荷中的特别重要的负荷，除上述两个电源外，还必须增设应急电源。为保证对特别重要的一级负荷的供电，严禁将其他负荷接入应急供电电源。常用的应急电源主要有独立于正常电源的柴油发电机组、供电网络中独立于正常电源的专门供电线路、蓄电池、干电池等。

（2）二级负荷对供电电源的要求　二级负荷也属于重要负荷，仅允许极短时间的停电。二级负荷要求由两条回路供电，供电变压器也应有两台（但不一定在同一变电站）。在其中一条回路或一台变压器发生常见故障时，二级负荷应不会中断供电，或中断供电后能迅速恢复供电。只有当负荷较小或当地供电条件困难时，二级负荷可由一条6kV及以上的专用架空线路供电，这是考虑到架空线路发生故障时，较之电缆线路发生故障时易于发现且易于检查和修复。如果采用电缆线路，则必须采用两根电缆并列供电，每根电缆应能承担全部二级负荷。

（3）三级负荷对供电电源的要求　对于三级负荷，它对供电可靠性无特殊要求，一般采用单回路供电即可。但当容量较大时，根据电源的条件，也可采用双回路供电。

子任务2　用电设备的工作制

用电设备种类繁多，用途各异，工作方式不同，按其工作制不同可划分为三类。

1. 长期工作制

用电设备大多属于长期工作制的设备。该类设备在规定的工作环境下长期连续运行时，设备的温度不会超过最高允许温度，其负荷比较稳定，如通风机、水泵、空气压缩机、电动发电机组、电炉和照明灯等。机床电动机的负荷一般变动较大，但其主轴电动机一般也是连续运行的。

2. 短时工作制

短时工作制用电设备的工作时间较短，而停歇时间相当长。在工作时间内，用电设备的温度尚未达到该负荷下的稳定温度即停歇冷却，在停歇时间内其温度又降低为周围工作环境温度，这是短时运行工作制设备的特点，如机床上的某些辅助电动机等。

3. 断续周期工作制

断续周期工作制的用电设备周期性地反复工作，时而停歇，工作时间内设备温度升高，停歇时间内温度下降，如电焊机和起重机中的电动机等。断续周期工作制的设备，通常用暂载率（又称负荷持续率）来描述其工作性质。暂载率为一个工作周期内工作时间与工作周期的百分比值，用ε表示，即

$$\varepsilon = \frac{t}{T} \times 100\% = \frac{t}{t + t_0} \times 100\%$$

式中，T为工作周期；t为工作周期内的工作时间；t_0为工作周期内的停歇时间。

子任务3　负荷曲线

电力负荷是一个随着时间不断变化的值。在一定的范围和时间阶段，电力负荷具有一定的

变化规律，为描述这个变化规律，引入了负荷曲线的概念。

负荷曲线是表征用电负荷随时间变化的一种图形，反映了电力用户用电的特点和规律。在负荷曲线中通常用纵坐标表示负荷（有功负荷或无功负荷）大小，横坐标表示对应负荷变动的时间（日、月、年），一般以小时（h）为单位。

负荷曲线可以表示某一台设备的负荷变化情况，也可以表示一个车间或一个工厂的负荷变化情况。负荷曲线按负荷对象可分为工厂、车间和设备的负荷曲线，按负荷的功率性质可分为有功和无功负荷曲线，按所表示负荷变化的时间可分为年、月、日和工作班的负荷曲线。

1. 日有功负荷曲线

图 2-1 是一班制工厂的日有功负荷曲线。其中，图 2-1a 是依点连成的连续变化的负荷曲线，图 2-1b 是依点绘成阶梯形的负荷曲线。为计算方便，负荷曲线多绘成阶梯形。其时间间隔取得越短，曲线越能反映负荷的实际变化情况。横坐标一般按 30min(0.5h) 来分格，以便确定 30min(0.5h) 的最大负荷（即计算负荷 P_{30}）。

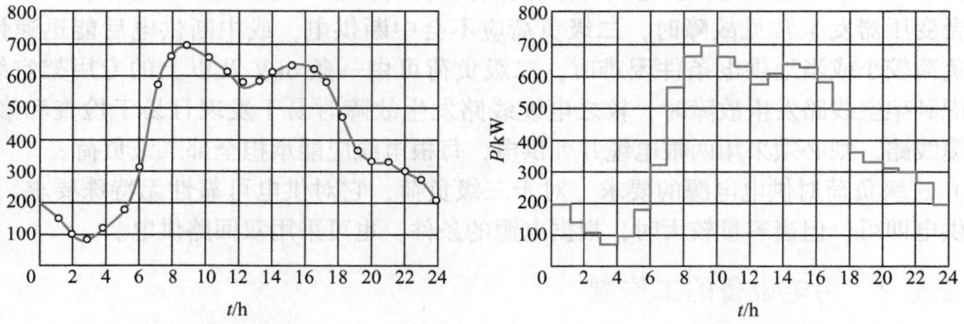

a) 依点连成的负荷曲线　　b) 依点绘成阶梯形的负荷曲线

图 2-1　日有功负荷曲线

2. 年有功负荷曲线

年有功负荷曲线反映负荷全年的变化情况，通常绘成负荷持续时间曲线，按负荷大小依次排列，如图 2-2c 所示，全年时间按 8760h 计。

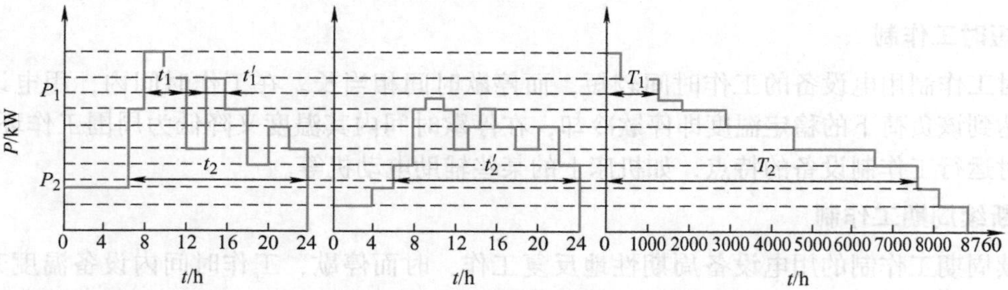

a) 夏季日负荷曲线　　b) 冬季日负荷曲线　　c) 南方某用户年负荷曲线

图 2-2　年有功负荷曲线

年负荷曲线又分为年运行负荷曲线和年持续负荷曲线。年运行负荷曲线可根据全年日负荷曲线间接制成。年持续负荷曲线的绘制，要借助一年中有代表性的冬季日负荷曲线和夏季日负荷曲线。其中，夏季和冬季在全年中所占天数视地理位置和气温情况而定。一般在北方，近似认为冬季 200 天，夏季 165 天；南方近似认为冬季 165 天，夏季 200 天。图 2-2c 是南方某用户的年负荷曲线。

图 2-3 是年负荷曲线的另一种形式，是按全年每日的最大负荷（通常取每日最大负荷的

30min 平均值）绘制的，称为年每日最大负荷曲线。横坐标依次以全年 12 个月的日期来分格。这种年每日最大负荷曲线可用来确定多台变压器在一年中不同时期宜投入几台运行，即所谓的经济运行方式，以降低电能损耗，提高供电系统的经济效益。

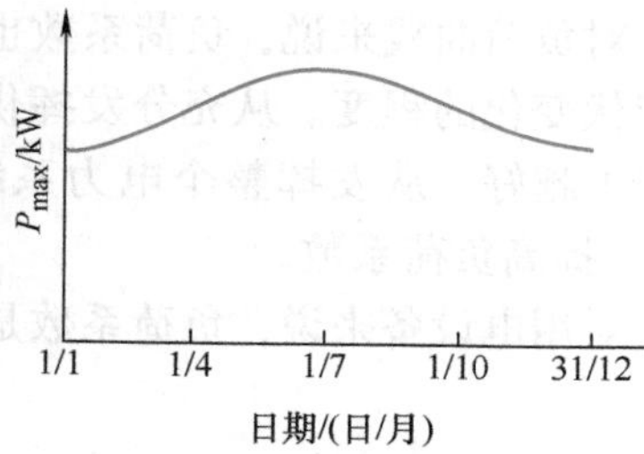

图 2-3　年每日最大负荷曲线

子任务 4　有关负荷的物理量

1. 年最大负荷和年最大负荷利用时间（单位为 h）

年最大负荷就是全年中负荷最大的工作班内消耗电能最大的 0.5h（30min）的平均功率。通常用 P_{max}、Q_{max} 和 S_{max} 表示年有功、无功和视在最大功率。因此，年最大负荷也就是某天某班的 0.5h 最大负荷 P_{30}、Q_{30} 和 S_{30}。

年最大负荷利用时间 T_{max}（h）又称年最大负荷使用时间。它是一个假想时间，是指假如工厂以年最大负荷 P_{max} 持续运行了 T_{max}，则该工厂消耗的电能恰好等于其全年实际消耗的电能 W_a，如图 2-4 所示，因此最大负荷利用时间为 $T=\dfrac{W_a}{P_{max}}$。

年最大负荷利用小时数的大小，在一定程度上反映了实际负荷在一年内变化的程度。如果年负荷曲线比较平坦，即负荷随时间的变化较小，则 T_{max} 较大；如果负荷变化剧烈，则 T_{max} 较小。年最大负荷利用小时数是反映电力负荷特征的一个重要参数，它与企业的生产班制有明显的关系。

T_{max} 的大小表明了工厂消耗电能是否均匀，最大负荷利用时间越大，则负荷越平稳。T_{max} 一般与工厂类型及生产班制有较大关系。例如，一班制工厂 $T_{max}=1800\sim3600$h，两班制工厂 $T_{max}=3500\sim4800$h，三班制工厂 $T_{max}=5000\sim7000$h，居民用户 $T_{max}=1200\sim2800$h。

2. 平均负荷和负荷系数

平均负荷 P_{av} 是电力负荷在一定时间 t 内平均消耗的功率，是电力负荷在该时间 t 内消耗的电能 W_t 除以时间 t 的值，即

$$P_{av}=\frac{W_t}{t}$$

年平均负荷 P_{av} 按全年（8760h）消耗的电能 W_a 来计算，如图 2-5 所示，即

$$P_{av}=\frac{W_a}{8760\text{h}}$$

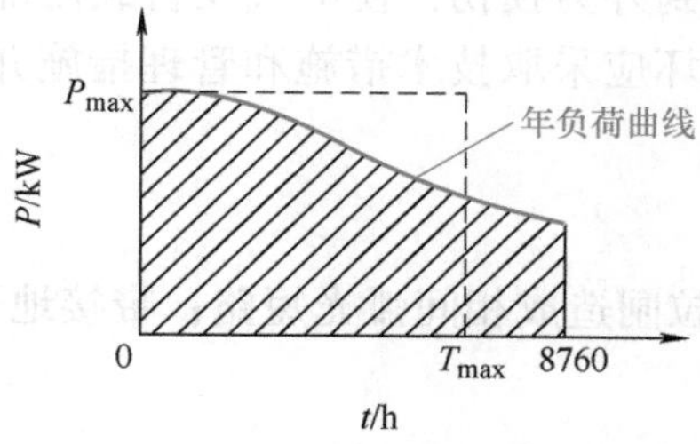

图 2-4　年最大负荷和年最大负荷利用时间

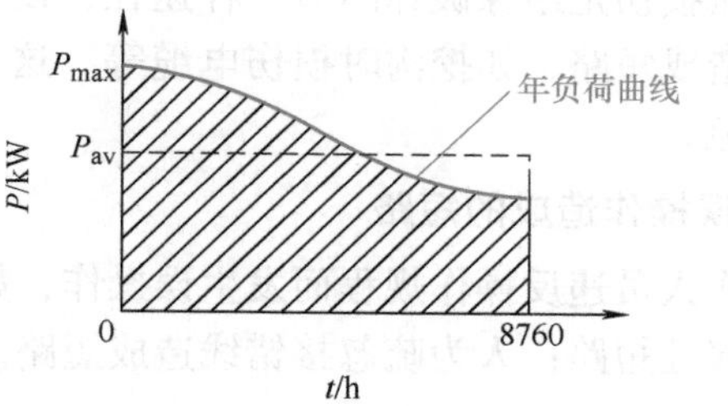

图 2-5　年平均负荷

负荷系数又称负荷率，是用电负荷的平均负荷 P_{av} 与其最大负荷 P_{max} 的比值，即

$$K_L=\frac{P_{av}}{P_{max}}$$

对负荷曲线来说，负荷系数也称负荷曲线填充系数，它表征负荷曲线不平坦的程度，即负荷起伏变化的程度。从充分发挥供电设备的能力、提高供电效率来说，希望此系数越高、越趋近于1越好。从发挥整个电力系统的效能来说，应尽量使用户的不平坦的负荷曲线“削峰填谷”，提高负荷系数。

对用电设备来说，负荷系数是设备的输出功率与设备额定容量 P_N 的比值，即

$$K_L = \frac{P}{P_N}$$

任务2 短路故障分析

任务概述

在供配电系统的设计和运行中，不仅要考虑系统的正常运行状态，还要考虑系统的不正常运行状态和故障情况，最严重的故障是短路故障。

供电系统在向负荷提供电能，保证用户生产和生活正常运行的同时，也可能由于各种原因出现一些故障，从而破坏系统的正常运行，这些故障通常是由于短路引起的。

知识准备

短路是指不同电位的导体（含零电位的大地）之间的电气短接。在供配电系统的设计和运行中，不仅要考虑系统的正常运行状态，还要考虑系统的不正常运行状态和故障情况，短路是电力系统中最常见的一种故障，也是最严重的一种故障。

子任务1　短路故障的原因

短路故障是指运行中的电力系统或供配电系统的相与相或者相与地之间发生的金属性非正常连接。

短路发生的主要原因是系统中某一部分的绝缘破坏。引起绝缘破坏的原因很多，根据长期的事故统计分析，造成短路的主要原因有以下几个方面。

1. 绝缘老化或机械损伤造成的短路

因设备长期运行，绝缘自然老化，或者因设备本身缺陷以及设计、安装、维护不当所造成的设备缺陷最终发展成短路，或者设备绝缘正常而被过电压击穿造成短路。

机械损伤是绝缘破坏的另一种途径，设备绝缘受到外力损伤，使电气设备载流部分的绝缘损坏而造成短路，如挖沟时损伤电缆等。这类绝缘破坏应采取技术措施和管理措施并重，才能有效避免。

2. 误操作造成的短路

工作人员违反操作规程而发生误操作，如带负荷拉闸造成相间弧光短路；带接地开关合闸，造成金属性短路；人为疏忽接错线造成短路。

3. 恶劣天气造成的短路

雷击或高电位侵入是电力系统常见的过电压形式，如因遭受直击雷或雷电感应使设备过电压、绝缘被击穿造成的短路，架空线路因大风或导线覆冰引起电杆倒塌等造成的短路。

4. 动、植物造成的短路

运行管理不善造成小动物进入带电设备内形成短路事故，如鸟兽跨越在裸露的相线之间或

相线与接地物体之间，或者设备和导线的绝缘被鸟兽咬坏等其他原因导致短路。

子任务 2　短路的危害

在电力系统中，发生短路时由于短路回路的阻抗很小，产生的短路电流比正常电流大数十倍，可能高达数万甚至数十万安培。同时系统电压降低，离短路点越近，电压降越大，三相短路时，短路点的电压可能降到零。因此，短路电流可对供配电系统产生极大的危害。

1. 损坏线路或设备

短路时要产生很大的电动力（称为机械效应）和很高的温度（称为热效应），而使故障元件和短路电路中的其他元件受到损害和破坏，甚至引发火灾事故。

2. 电压骤降

短路时，因线路中的电流增大，会造成供配电线路上的电压降增大，使用户及设备的端电压骤然降低，严重影响其中电气设备的正常运行。例如，异步电动机的转矩与外施电压的二次方成正比，当电压降低时，其转矩降低使转速减慢，造成电动机过热而烧坏。

3. 造成停电事故

短路时，电力系统的保护装置动作，将故障电路切除，从而造成停电，而且短路点越靠近电源，停电范围越大，造成的损失也越大。短路造成停电会给国民经济带来损失，给人民生活带来不便。

4. 影响电力系统的稳定性

严重的短路将影响电力系统运行的稳定性，使并联运行的同步发电机失去同步，严重的可能造成系统解列，甚至崩溃，这是短路最严重的后果。

5. 产生电磁干扰

不对称短路包括单相短路和两相短路，其短路电流将产生较强的不平衡交变磁场，对附近的通信线路、电子设备等产生干扰，影响其正常运行，甚至使之发生误动作。

由此可见，短路产生的后果极为严重，在供配电系统的设计和运行中应采取有效措施，设法消除可能引起短路的一切因素，使系统安全可靠地运行。

子任务 3　短路的种类

在电力系统中，短路故障对电力系统的危害最大，按照短路的情况不同，短路类型可分为三相短路、两相短路、两相接地短路和单相短路四种，三相短路用文字符号 $k^{(3)}$ 表示，如图 2-6a 所示。两相短路用文字符号 $k^{(2)}$ 表示，如图 2-6b 所示。单相短路用文字符号 $k^{(1)}$ 表示，如图 2-6c 和 d

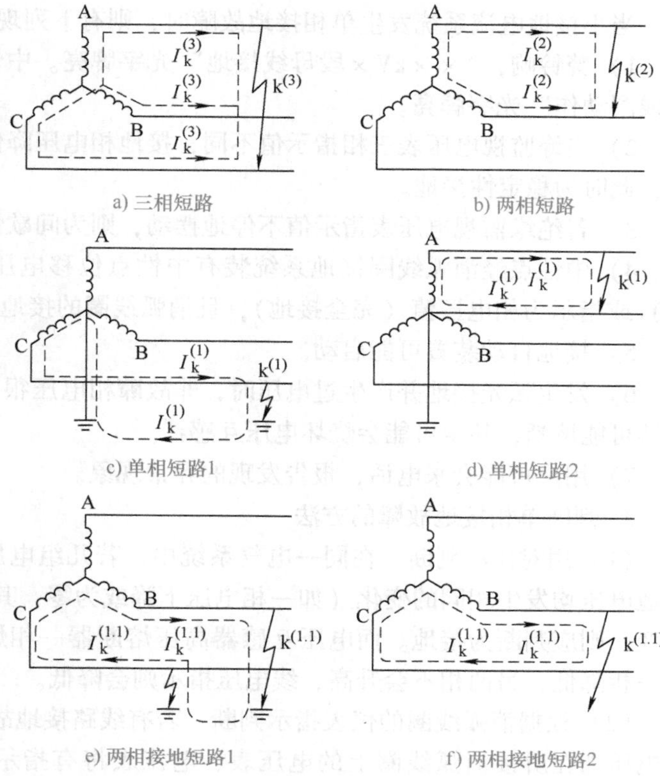

图 2-6　短路的种类

所示。两相接地短路一般用文字符号 $k^{(1.1)}$ 表示，如图 2-6e 和 f 所示，不过它实质上是两相短路，因此也可用文字符号 $k^{(2)}$ 表示。

当三相短路线路设备发生三相短路时，由于短路的三相阻抗相等，因此三相电流和电压仍是对称的，所以三相短路又称为对称短路，其他类型的短路不仅相电流、相电压大小不同，而且各相之间的相位也不相等，这些类型的短路统称为不对称短路。

电力系统中，发生单相短路的可能性最大，而发生三相短路的可能性最小，但是三相短路所造成的危害却最为严重。因此，常以三相短路时的短路电流热效应和电动力效应来检验电气设备。

职业技能考核

考核　供配电系统单相接电故障的处理

【考核目标】

1）认识发生单相接地故障时的现象。

2）掌握单相接地故障的判断及处置方法。

【考核内容】

1. 认识发生单相接地故障时的现象

当电力系统发生短路故障时，将造成断路器跳闸，事故蜂鸣器响，控制回路的监视灯（绿灯）闪烁，保护动作的光字牌点亮，有关回路的电流表、有功表、无功表的指示为零，母线故障时母线电压表指示为零等。若有上述情况发生，则说明系统发生短路故障，应按事故处理原则进行处理。

当小接地电流系统发生单相接地故障时，则有下列现象：

1）警铃响，“××kV×段母线接地”光字牌亮。中性点经消弧线圈接地系统，还会有“消弧线圈动作”光字牌亮。

2）绝缘监视电压表三相指示值不同，接地相电压降低或等于零，其他两相电压升高为线电压，此时为稳定性接地。

3）若绝缘监视电压表指示值不停地摆动，则为间歇性接地。

4）中性点经消弧线圈接地系统装有中性点位移电压表时，可看到有一定指示（不完全接地）或指示为相电压值（完全接地），且消弧线圈的接地告警灯亮。

5）接地自动装置可能启动。

6）发生弧光接地并产生过电压时，非故障相电压很高（表针打到头）。电压互感器高压熔断器可能熔断，甚至可能会烧坏电压互感器。

7）用户可能会来电话，报告发现的异常现象。

2. 判断单相接地故障的方法

（1）用对比法判断　在同一电气系统中，若几组电压互感器同时出现接地信号，绝缘监视对地电压均发生相同的变化（如一相电压下降或为零，其他两相电压升高为线电压），且线电压不变，则应判断为接地。而电压互感器高压熔断器一相熔断，虽会报出接地信号，但其对地电压一相降低，另两相不会升高，线电压指示则会降低。

（2）根据消弧线圈的仪表指示判断　若有线路接地故障，则变压器中性点将出现位移电压，该电压加在所接消弧线圈上的电压表、电流表将有指示。通过检查这些表来确定系统的接地情况。

（3）根据系统运行方式有无变化进行判断　用变压器对空载母线充电时，断路器三相合闸不同期，三相对地电容不平衡，使中性点位移，三相电压不对称，会报出接地信号。这种情况是系统中有倒闸操作时发生的，且是暂时的，当投入一条线路后即可消失。

（4）用验电器进行判断　若对系统三相带电导体验电时，发现一相不亮，其他两相亮，同时在设备的中性点上验电时验电器也亮（说明有位移电压），则说明系统中有单相接地故障，并发生在验电器验电不亮的一相上。

3. 单相接地故障的处置方法

当发生接地故障时，值班人员应记录接地时间、接地相别、零序电压、消弧线圈电压和电流。然后根据当时的具体情况穿上绝缘靴，详细检查所内设备。当发现所内有接地点时，值班人员不得靠近（即室内不得小于接地点4m，室外不得小于接地点8m）。若不是所内设备接地，则应考虑是否输电线路接地。此时，应按拉路试验进行查找，查找和处理时必须两人进行并互相配合。接地点查出后，对一般非重要用户的线路则应切除后再进行检修处理，如果接地点在带有重要用户的线路上，又无法由其他电源供电，则在通告重要用户做好停电准备后，再切除该线路进行检修处理。

在处置接地故障时，应特别注意如下事项。

应严密监视电压互感器，特别是10kV三相五柱式电压互感器，以防其发热严重。消弧线圈的顶层油温不得超过85℃。当发现电压互感器、消弧线圈故障或严重异常时应断开故障线路，不能用隔离开关断开接地点，当必须用隔离开关断开接地点（如接地点发生在母线隔离开关与断路器之间）时，可给故障相经断路器做一个辅助接地，然后使隔离开关断开接地点。

值班人员在选切联络线时，应切除两侧断路器，在切除前应考虑负荷分配。

利用重合闸试拉线路时，当重合闸没有动作时，应立即手动合闸送电。

项目小结

1. 电力负荷是指用电设备或用电单位，也可指用电设备或用电单位（用户）所消耗的功率或电流。电力负荷根据其中断供电所造成的经济损失和政治影响，可划分为三个负荷等级，即一级负荷、二级负荷和三级负荷。不同等级负荷对供电电源的要求不同，一级负荷对电源要求最高。

2. 工厂的用电设备按其工作特征分类，有长期工作制、短时工作制和断续周期工作制三类。

3. 负荷曲线是在直角坐标系上表示负荷（包括有功功率和无功功率）随时间而变化的情况，它分为日有功负荷曲线、年有功负荷曲线等，其中日有功负荷曲线是最基本的。

4. 短路是电力系统中最常见、最严重的一种故障。短路发生的主要原因是系统中某一部分的绝缘破坏。短路的形式主要有三相短路、两相短路、单相短路和两相接地短路。短路会损坏线路或设备、使电压骤降、造成停电事故、影响电力系统的稳定性和产生电磁干扰。因此，应避免发生短路事故。

问题与思考

一、填空题

1. 工厂电力负荷，根据其对供电可靠性的要求及其中断供电所造成的损失或影响分为________、________和________三级。

2. 常用的用电设备工作制有________、________和________。
3. 日负荷曲线是表明电力负荷在________内的变化情况。
4. 短路故障的主要原因有________、________、________和________几种。
5. 短路形式有________，________和________三种，其中________短路电流最大。

二、判断题

1. 在一级负荷中，突然中断供电将发生中毒、爆炸和火灾等情况和不允许中断供电的特别重要场所的负荷，应视为特别重要的一级负荷。（　　）
2. 突然中断供电将在政治、经济上造成较大损失的，应视为二级负荷。（　　）
3. 年最大负荷利用时间越少越好。（　　）
4. 高压供电的工厂最大负荷时的功率因数不得小于0.9。（　　）
5. 设备的总容量就是计算负荷。（　　）

三、简答题

1. 电力负荷按重要性分哪几级？各级电力负荷对供电电源有什么要求？
2. 工厂用电设备的工作制分哪几类？各有哪些特点？
3. 什么叫短路？
4. 短路产生的原因有哪些？它对电力系统有哪些危害？
5. 短路有哪些类型？
6. 哪种短路类型发生的可能性最大？哪种短路类型危害最为严重？
7. 发生单相接地的原因和现象是什么？
8. 如何判断单相接地故障？
9. 如何处理单相接地故障？处理单相接地故障时的注意事项有哪些？

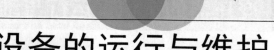

项目3 变配电所电气设备的运行与维护

项目提要

本项目主要依托北京燃气集团中国石油科技创新基地项目的电气设备，介绍变配电所常用高压一次设备及互感器等二次设备的功能、结构特点、基本原理等基础知识和运行与维护技能。学习和掌握高压电气一次设备的结构和功能，学会使用和维护电气一次设备，为从事供配电系统运行、维护和设计打下基础。

知识目标

（1）掌握变压器、互感器、高压熔断器、高压隔离开关、高压负荷开关、高压断路器、母线、电力电容器等高压一次设备的功能、结构特点、基本原理，以及使用注意事项。

（2）理解互感器的主要技术参数，掌握互感器的接线方式，熟悉互感器的使用注意事项。

（3）了解高低压成套配电装置的构成特点。

能力目标

（1）能识别常见的高压一次设备及二次设备。

（2）能运行与维护变压器、高压断路器和高压隔离开关设备。

（3）能运行与维护互感器和成套配电装置。

素质目标

（1）具备电气从业职业道德、勤奋踏实的工作态度和吃苦耐劳的劳动品质，遵守电气安全操作规程和劳动纪律，文明生产。

（2）具备较好的沟通能力，能够协调人际关系，适应工作环境。

（3）具有较强的专业能力，能用专业术语口头或书面表达工作任务。

（4）具备积极向上的人生态度，树立“科技兴国、科技强国、科技报国”的使命感。

（5）树立良好的文明生产、安全操作意识，具备良好的团队合作能力。

职业能力

（1）会测量变压器的绝缘电阻。

（2）会操作变压器无励磁调压分接开关。

（3）会测量变压器的负荷电流。

（4）会检查变压器的运行状况。

（5）会运行和维护互感器、成套配电装置。

（6）会运行和维护高压断路器、高压隔离开关设备。

高低压配电装置是供配电系统的重要电气设备，作为电气工作人员，必须能对该设备进行操作与维护。本项目主要是认识高低压电气一次设备的结构和功能，学会使用和维护电气一次设备，为从事供配电系统运行、维护打下基础。

任务1 变压器的认识、运行与维护

任务概述

在供配电系统中，为了满足用户对电力的需求，保证电力系统运行的安全稳定性和经济性，安装有变压器，从而使发电机发出的电能经发电厂输电变压器升压，变为输电线路比较高电压的电能，高压电能在传输至负荷中心区时需再经中心区变电站降压变压器降压，变为用电设备所需要的较低电压的电能，然后经配电装置和配电线路将电能送至各个用户。本任务要求学生学会做变压器投运前的各项检查和试验，熟悉变压器的常见故障现象，分析故障产生的原因，学会处理各种常见故障。

知识准备

在变配电所中承担输送和分配电能任务的电路，称为一次电路或一次回路，也称主电路、主接线。一次电路中所有的电气设备，称为一次设备。

凡用来控制、指示、监测和保护一次设备运行的电路，称为二次电路或二次回路，二次电路通常接在互感器的二次侧。二次电路中的所有设备，称为二次设备。

一次设备按其功能不同可分为以下几类：

1）变换设备。其功能是按电力系统工作的要求来改变电压或电流，例如变压器、电流互感器、电压互感器等。

2）控制设备。其功能是按电力系统工作的要求来控制一次电路的通、断，例如各种高、低压开关。

3）保护设备。其功能是用来对电力系统进行过电流和过电压等的保护，例如熔断器、避雷器等。

4）补偿设备。其功能是用来补偿电力系统的无功功率，以提高系统的功率因数，例如并联电容器。

5）成套设备。它是按一次电路接线方案的要求，将有关一次设备及二次设备组合为一体的电气装置，例如高压开关柜、低压配电屏、动力和照明配电箱等。

子任务1 变压器的认识

变压器（文字符号为T），是变电站中最关键的一次设备，其主要功能是将电力系统中的电能电压升高或降低，以利于电能的合理输送、分配和使用。变压器实物图如图3-1所示。

a) 油浸式变压器

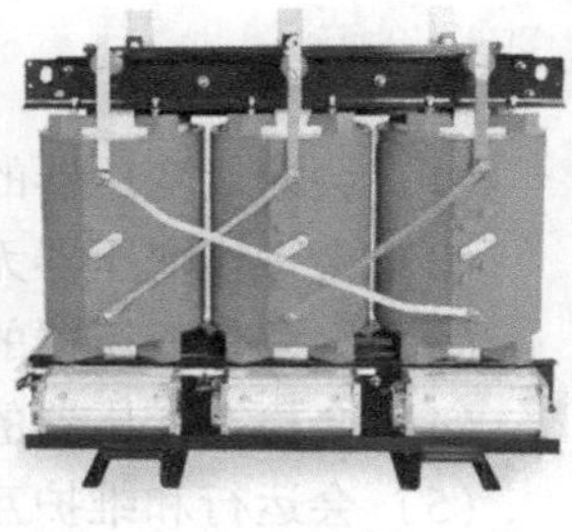
b) 干式变压器

图3-1 变压器实物图

1. 变压器的分类

变压器按功能分，有升压变压器和降压变压器两大类。在电力系统中，发电厂用升压变压器将电压升高，变配电所用降压变压器将电压降低。二次侧为低压的降压变压器，则称为配电变压器。

变压器按相数分，有三相变压器和单相变压器。在供配电系统中广泛采用的是三相变压器。

变压器按调压方式分，有无励磁调压和有载调压两大类。工厂变电站大多采用无励磁调压变压器。

变压器按绕组导体材质分，有铜绕组变压器和铝绕组变压器两大类。工厂变电站过去大多采用铝绕组变压器，但低损耗的铜绕组变压器现在得到了越来越广泛的应用。

变压器按绕组形式分，有双绕组变压器、三绕组变压器和自耦变压器。工厂变电站大多采用双绕组变压器。

变压器按绕组绝缘及冷却方式分，有油浸式、干式和充气式（SF6）等变压器。其中油浸式变压器，又分为油浸自冷式、油浸风冷式、油浸水冷式和强迫油循环冷却式等。工厂变电站大多采用油浸自冷式变压器。

变压器按用途分，有普通变压器、全封闭变压器和防雷变压器等。工厂变电站大多采用普通变压器。

变压器按容量分，有R8型和R10型两大类。所谓R8型，是指容量等级是按R8≈1.33倍数递增的变压器。在我国老的变压器容量等级采用此系列等级划分，如100kV·A、135kV·A、180kV·A、240kV·A、560kV·A、750kV·A、1000kV·A等。所谓R10型，是指容量等级按R10≈1.26倍数递增的变压器。R10型的容量等级较密，便于合理选用，这是国际电工委员会推荐的，我国新的变压器容量等级均采用此等级划分，如100kV·A、125kV·A、160kV·A、200kV·A、250kV·A、315kV·A、400kV·A、500kV·A、630kV·A、800kV·A、1000kV·A等。

2. 变压器的结构和型号

变压器主要由铁心和一、二次绕组两大部分组成。图3-2是三相油浸式变压器的基本结构。图3-3是环氧树脂浇注绝缘的三相干式变压器的基本结构。

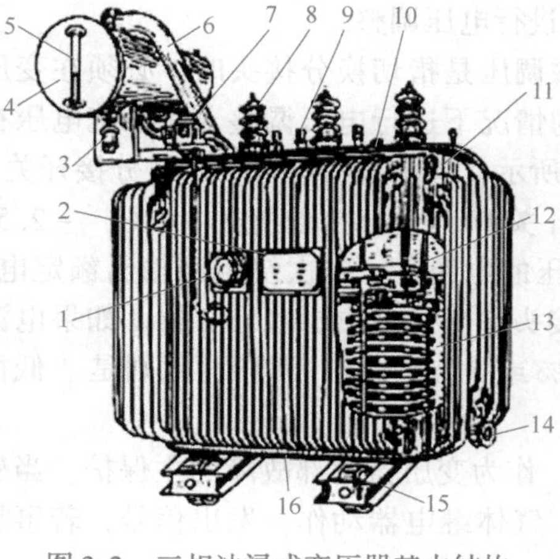

图3-2 三相油浸式变压器基本结构

1—信号温度计 2—铭牌 3—吸湿器 4—储油柜 5—油位计 6—防爆管 7—气体继电器 8—高压套管 9—低压套管 10—分接开关 11—油箱 12—铁心 13—绕组及绝缘 14—放油阀 15—小车 16—接地端子

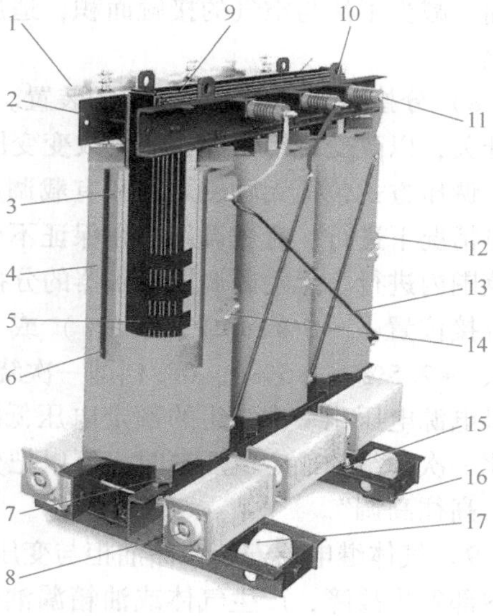

图3-3 三相干式变压器基本结构

1—低压出线铜排 2—夹件 3—低压线圈 4—高压线圈 5、9—铁心 6—冷却气道 7—垫块 8—风机 10—上轭铁 11—吊环 12—高压端子 13—高压分接头 14—高压连接杆 15—接地螺钉 16—底座 17—双向轮

(1) 油浸式变压器　油浸式变压器主要由铁心、绕组、油箱、储油柜及绝缘套管、分接开关和气体继电器等组成，如图 3-2 所示。

1) 铁心是变压器最基本的组成部分之一。铁心是用导磁性能很好的 0.35mm 或 0.5mm 厚度硅钢片叠压制成的闭合磁路，变压器的一次绕组和二次绕组都绕在铁心上。

需要注意的是，必须将铁心及各金属零部件可靠地接地，但铁心不允许多点接地，多点接地会通过接地点形成电的回路，在铁心中造成局部短路，产生涡流，使铁心多发热，严重时将使铁心绝缘损坏甚至导致变压器烧毁。

2) 绕组是变压器的电路部分，它一般用绝缘的铜或铝导线绕制。高、低压绕组一同套在铁心柱上，在一般情况下，将低压绕组放在靠近铁心处，将高压绕组放在外面。高压绕组与低压绕组之间以及低压绕组与铁心柱之间都留有高、低压引线引到箱外的绝缘装置，它有一定的绝缘间隙和散热通道（油道或气道），并用绝缘纸筒隔开。

3) 油箱是变压器的外壳，油箱内充满了绝缘性能良好的变压器油，使铁心和绕组安装和浸放在油箱内，靠纯净的变压器油对铁心和绕组起绝缘和散热作用。

4) 吸湿器由一根铁管和玻璃容器组成，内装硅胶等吸湿剂。当储油柜内的空气随变压器油的体积膨胀或缩小时，排出或吸入的空气都会经过吸湿器。吸湿器内的干燥剂吸收空气中的水分，对空气起过滤作用，从而保持变压器油的清洁。

5) 防爆管是一根钢质圆管，其端部管口用 3mm 厚玻璃片密封，当变压器内部发生故障，温度急剧上升时，使油剧烈分解产生大量气体，箱内压力剧增，当压力超过 0.5MPa 时，玻璃片破碎，气体和油从管口喷出，流入储油坑，防止了油箱爆炸、起火或变形。

6) 绝缘套管是将线圈的高、低压引线引到箱外的绝缘装置，它起到引线对地（外壳）绝缘和固定引线的作用。套管装于箱盖上，中间穿有导电杆，套管下端伸进油箱与绕组引线相连，套管上部露出箱外，与外电路连接。

7) 储油柜安装在变压器顶部，通过弯管及阀门等与变压器的油箱相连。储油柜侧面装有油位计，储油柜内油面高度随变压器油的热胀冷缩而变动。储油柜的作用是保证变压器油箱内充满油，减少了油与空气的接触面积，适应油在温度升高或降低时体积的变化，防止油的受潮和氧化。

8) 分接开关是调整电压比的装置。变压器调压的方法是在高压侧（中压侧）绕组上设置分接开关，以改变绕组匝数，从而改变变压器的电压比，进行电压调整。

调压方式包括无励磁调压和有载调压两种。无励磁调压是指切换分接头时，必须在变压器停电情况下进行；有载调压是在保证不中断负荷电流的情况下进行电压调整，使系统电压在正常范围内进行。无励磁调压变压器的分接开关如图 3-4 所示，调压范围均为 ±5%（分接开关有 3 个分接位置：−5%、0%、+5%）或 ±2.5%（分接开关有 5 个分接位置：−5%、−2.5%、0%、+2.5%、+5%），0% 档即一次绕组接在额定电压的电源上，二次绕组则输出额定电压。如果电源电压比一次绕组的额定电压低时，可以把分接头移到 −5% 或 −2.5% 档。如果电源电压比一次绕组的额定电压高时，可以把分接头移到 +5% 或 +2.5% 档。调压的原则是“低往低调，高往高调”。

9) 气体继电器安装在储油柜与变压器的联管中间，作为变压器内部故障的主保护。当变压器内部发生故障，产生气体或油箱漏油使油面降低时，气体继电器动作，发出信号，若事故严重，可使断路器自动跳闸，对变压器起保护作用。

(2) 干式变压器　简单地说，干式变压器就是指铁心和线圈不浸渍在绝缘液体（变压器油）中的变压器。

环氧树脂浇注的干式变压器是配电系统中重要的电力设备。由于环氧树脂是难燃、阻燃、自熄的固体绝缘材料，即安全又洁净，所以环氧树脂浇注的干式变压器具有无油、难燃、运行损耗低、防灾能力突出等特点，被广泛应用。

相对于油浸式变压器，干式变压器因没有油，也就没有火灾、爆炸、污染等问题，损耗和噪声降到了新的水平，更为变压器与低压屏置于同一配电室内创造了条件。

环氧树脂干式变压器有以下结构特点：

1）高、低压绕组全部采用铜带（箔）绕成。

2）高、低压绕组全部在真空中浇注环氧树脂，固化后形成坚固的整体，构成高强度玻璃钢体结构；绕组内、外表面由玻璃纤维网格布增强，机械强度高。

3）高、低压绕组根据散热要求设置有纵向通风气道，配置有低噪声幅流风机，起动后可降低绕组温度，提高负荷能力，延长变压器寿命。

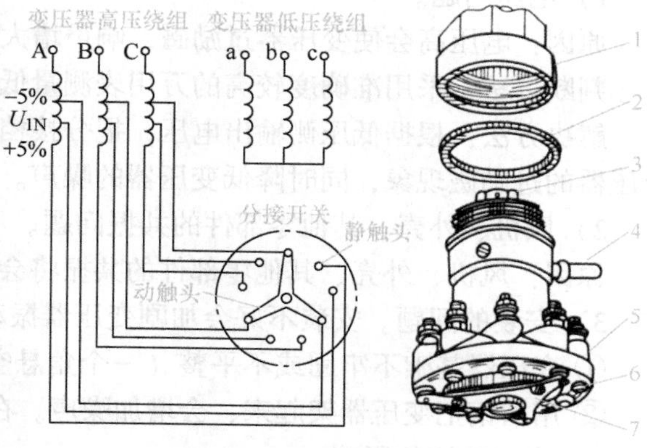

图 3-4 无励磁调压变压器的分接开关

1—帽 2—密封垫圈 3—操动螺母 4—定位钉 5—绝缘座 6—静触头 7—动触头

4）线圈不吸潮。铁心、夹件经过特殊工艺处理可在100%相对湿度和其他恶劣环境中运行。绝缘耐热等级高至155(F)或180(H)级。

5）体积小、重量轻、占地空间小、安装方便。

环氧树脂干式变压器有以下技术特点：

1）电气性能好，局部放电值低。在变压器绝缘结构中，多少会有些局部的绝缘弱点，它在电场的作用下会首先发生放电，而不随即形成整个绝缘贯穿性击穿，它可能发生在绝缘体的表面或内部，即局部放电。然而电气绝缘的破坏或局部老化，多数是从局部放电开始的，它的危害性突出表现在绝缘寿命迅速降低，最终影响安全运行。干式变压器由于其独特的结构（高、低压绕组全部采用铜带（箔）绕成）和先进的制造工艺（高、低压绕组全部在真空中浇注环氧树脂并固化），使其局部放电值低。

2）耐雷电冲击能力强。由于高、低压绕组全部采用铜带（箔）绕成，层间电压低、电容大，箔式绕组起始电压分布接近线性，因此其抗雷电冲击能力强。

3）抗短路能力强。由于高、低压绕组电抗高度相同，无螺旋角现象，线圈间的安匝平衡，高、低压绕组因短路引起的轴向力几乎为零，因此其抗短路能力强。

4）抗龟裂性能好。干式变压器采用环氧树脂"薄绝缘（1~3mm）技术"，满足了低温、高温及温度变化范围大的场合，满足了长期运行后的抗开裂要求，解决了"厚绝缘（6mm）技术"难以解决的开裂问题，使干式变压器在技术上得到了可靠的保障。

5）过负荷能力强。铜箔的面积大，填料树脂用量多，因此绕组热容性大，变压器短时过负荷能力强。

6）阻燃性能好。采用环氧树脂真空浇注工艺无环境污染，有利于环境保护，该变压器具有免维护、防潮、抗湿热、阻燃和自熄特性，适用于各种环境及条件恶劣的场合。

7）损耗低、噪声低。铁心通常采用矿物氧化物绝缘的优质冷轧硅钢片，通过先进的加工工艺，使损耗水平和空载电流降至最低，并取得非常低的噪声水平。同时，在装配好的铁心表面封涂F级树脂漆，以防尘、防腐、防烟雾和防锈蚀。

8）耐热等级高。环氧树脂干式变压器属于155(F)级或180(H)级绝缘，可长期在155℃或180℃高温下安全运行。在相同容量下，它的体积小、重量轻，可节约安装费用等。

干式变压器的运行噪声由以下几方面产生：

1）电压问题。

原因：电压高会使变压器过励磁，响声增大且尖锐。

判断方法：采用准确度较高的万用表测量低压端输出电压。

解决方法：根据低压侧输出电压，把分接档放在适合档位（降低低压输出电压），以此消除变压器的过励磁现象，同时降低变压器的噪声。

2）风机、外壳、其他零部件的共振问题。

原因：风机、外壳、其他零部件的共振将会产生噪声，一般会误认为是变压器的噪声。

3）安装的问题。安装不好会加剧变压器振动，放大变压器的噪声。

① 变压器基础不牢固或不平整（一个角悬空），或者底板太薄。对安装方式进行改造。

② 用槽钢把变压器架起来，会增加噪声。在变压器小车下面加防振胶垫，可解决部分噪声。

4）安装环境的影响。

原因：① 变压器室很大又很空旷，没有其他设备，有回音。

② 变压器离墙太近（不到1m）。变压器放在拐角处，墙面反射噪声与变压器噪声叠加，使噪声增大。

解决方法：室内可适当加装一些吸音材料。

5）母线桥架振动的问题。

6）变压器铁心自身共振。

原因：硅钢片接缝处和叠片之间存在因漏磁而产生的电磁吸引力。

7）变压器绕组自身共振。

原因：当绕组中有负荷电流通过时，负荷电流产生的漏磁引起绕组的振动。

8）变压器断相的问题。

原因：变压器不能正常励磁，产生噪声。

干式变压器维护运行包括以下几点：

1）巡视检查要点。在通常情况下，干式变压器无须特别维护。但在多尘或有害物场所，检查时应特别注意绝缘子、绕组的底部和端部有无积尘。平时运行巡视检查中禁止触摸，注视观察应注意紧固部件有无松动、发热，绕组绝缘表面有无龟裂、爬电和碳化痕迹，声音是否正常。

2）负荷监视。干式变压器有较强的过负荷能力，可容许短时间过负荷。采用自然空气冷却（AN），连续输出100%容量。采用强迫空气冷却（AF），输出容量可提高40%。

（3）变压器的型号和含义（见图3-5）

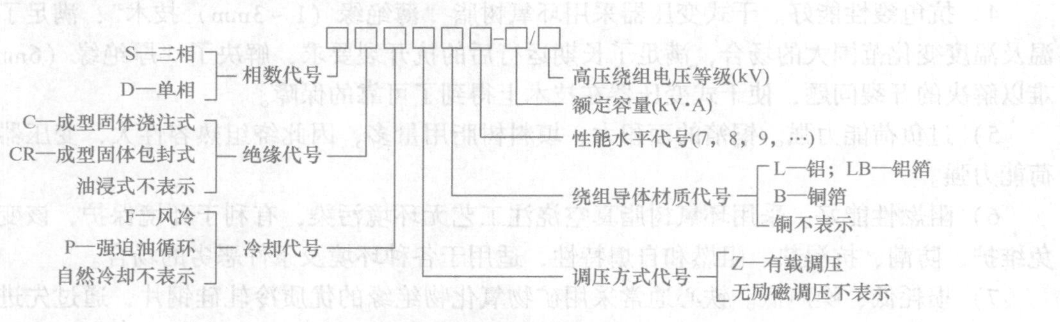

图3-5 变压器的型号和含义

例如，S9－800/10型表示三相铜绕组油浸式变压器，无励磁调压方式，其性能水平代号为9，额定容量为800kV·A，高压绕组电压等级为10kV。

3. 变压器的技术参数

（1）额定容量 S_N（kV·A） 指在额定工作状态下变压器能保证长期输出的容量，即二次侧额定视在功率。由于变压器的效率很高，规定一次侧、二次侧的容量相等。

对于单相变压器：$S_N = U_N I_N$。对于三相变压器：$S_N = \sqrt{3} U_N I_N$。

（2）额定电压 U_N（kV 或 V）　指变压器长时间运行时所能承受的工作电压。在三相变压器中，额定电压指的是空载线电压。

（3）额定电流 I_N（A）　指变压器允许长期通过的电流。三相变压器的额定电流指的是线电流。

（4）阻抗电压 U_k　将变压器二次侧短路，一次侧施加电压并慢慢升高电压，直到二次侧产生的短路电流等于二次侧的额定电流 I_{2N} 时，一次侧所加的电压称为阻抗电压 U_k，用相对于额定电压的百分数表示。

（5）空载电流 I_0　当变压器二次侧开路，一次侧加额定电压 U_{1N} 时，流过一次绕组的电流为空载电流，用相对于额定电流的百分数表示，一般为3%～5%。

（6）空载损耗 ΔP_0　指变压器二次侧开路，一次侧加额定电压 U_{1N} 时变压器的损耗，它近似等于变压器的铁损。

（7）负荷损耗 ΔP_k　指变压器一次、二次绕组流过额定电流时，在绕组的电阻上消耗的功率。

4. 变压器的联结组标号

变压器的联结组标号，是指三相变压器一次、二次绕组因联结方式的不同而形成变压器一次侧、二次侧对应线电压之间的不同相位关系。

为形象地表示一次侧、二次侧对应的线电压之间的关系，采用"时钟表示法"，即把一次绕组的线电压作为时钟的长针，并固定在"12"点，二次绕组的线电压作为时钟的短针，短针所指数字即为三相变压器的联结组标号，该标号是将二次绕组的线电压滞后于一次绕组线电压的相位差除以30°所得的值。

我国只生产下列5种标准联结组标号的变压器，即Yd11；Yyn0；YNd11；YNy0；Yy0。其中前三种最为常用。

6～10kV变压器（二次电压为220V/380V）有Yyn0和Dyn11两种常见的联结组。

（1）Yyn0　Yyn0联结示意图如图3-6所示。图中一次线电压与对应的二次线电压之间的相位差为0°。联结组标号为零点。这种联结一般用在低压侧电压为400V/220V的配电变压器中，供电给动力和照明混合负荷。三相动力负荷用400V线电压，单相照明负荷用220V相电压。yn0表示星形联结的中心点引至变压器箱壳的外面再与地连接。（图中一次、二次绕组标"·"的端子为对应的同名端，即同极性端）。

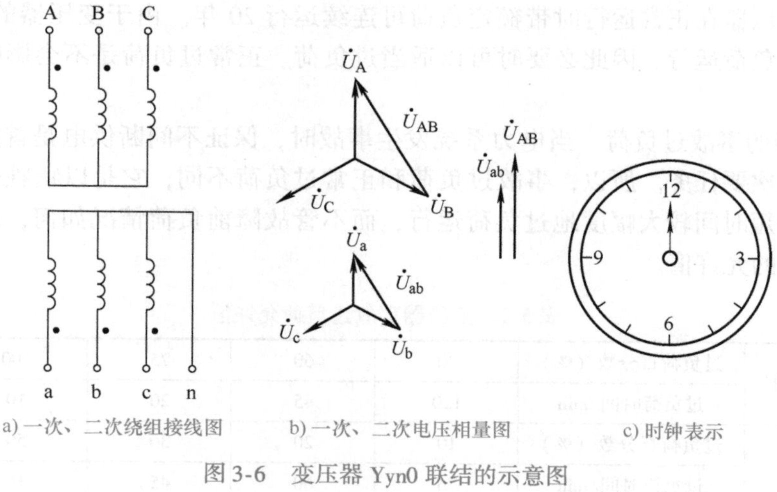

a) 一次、二次绕组接线图　b) 一次、二次电压相量图　c) 时钟表示

图3-6　变压器Yyn0联结的示意图

（2）Dyn11　Dyn11 联结示意图如图 3-7 所示。其二次绕组的线电压相位滞后于一次绕组线电压相位 30°，联结组标号为 11 点。

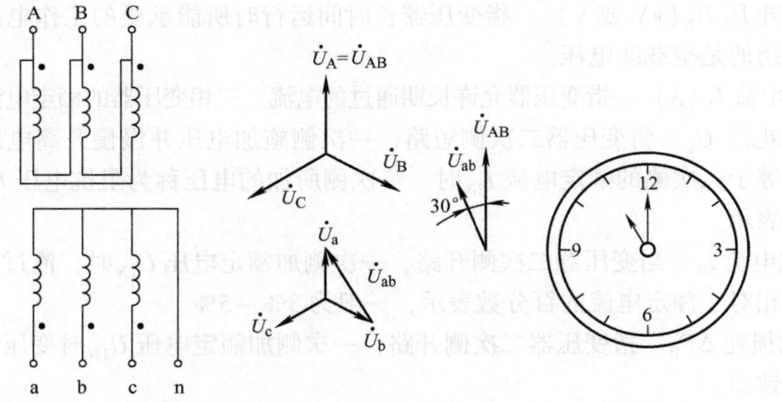

a) 一次、二次绕组接线图　b) 一次、二次电压相量图　c) 时钟表示

图 3-7　变压器 Dyn11 联结的示意图

变压器采用 Dyn11 联结较之采用 Yyn0 联结有下列优点：

1）对 Dyn11 联结变压器来说，其 3*n* 次（*n* 为正整数）谐波励磁电流在其三角形联结的一次绕组内形成环流，不会注入公共的高压电网中去，比一次绕组接成星形联结的 Yyn0 联结变压器更有利于抑制高次谐波电流。

2）Dyn11 联结变压器的零序阻抗比 Yyn0 联结变压器小得多，从而更有利于低压单相接地短路故障的保护和切除。

3）当接用单相不平衡负荷时，由于 Yyn0 联结变压器要求中性线电流不超过二次绕组额定电流的 25%，因而严重限制了接用单相负荷的容量，影响了变压器设备能力的充分发挥；但 Dyn11 联结变压器的中性线电流允许达到相电流的 75% 以上，其承受单相不平衡负荷的能力远比 Yyn0 联结变压器大。因此，标准 GB 50052—2009《供配电系统设计规范》规定：低压电网宜选用 Dyn11 联结的变压器。

5. 变压器的过负荷

变压器为满足某种运行需要而在某些时间内允许超过其额定容量运行的能力称为过负荷能力。变压器的过负荷通常可分为正常过负荷和事故过负荷两种。

（1）变压器正常过负荷　由于昼夜负荷变化和季节性负荷差异而允许变压器过负荷，称为正常过负荷。变压器在正常运行时带额定负荷可连续运行 20 年。由于变压器的负荷是变动的，在多数时间是欠负荷运行，因此必要时可以适当过负荷。正常过负荷是不会影响变压器的使用寿命的。

（2）变压器的事故过负荷　当电力系统发生事故时，保证不间断供电是首要任务，加速变压器绝缘老化是次要任务。所以，事故过负荷和正常过负荷不同，它是以牺牲变压器寿命为代价的。规定允许短时间较大幅度地过负荷运行，而不管故障前负荷情况如何，运行时间不得超过表 3-1 所规定的允许值。

表 3-1　变压器事故过负荷允许值

油浸自然冷却变压器	过负荷百分数（%）	30	60	75	100	200
	过负荷时间/min	120	45	20	10	1.5
干式变压器	过负荷百分数（%）	10	20	30	50	60
	过负荷时间/min	75	60	45	16	5

6. 变电站变压器台数与容量的选择

（1）变电站主变压器台数的选择应考虑的原则

1）应满足用电负荷对供电可靠性的要求。对于供有大量一级、二级负荷的变电站，应采用两台主变压器，以便当一台主变压器发生故障或检修时，另一台主变压器能对一、二级负荷继续供电；对于有二级负荷而无一级负荷的变电站，可只采用一台主变压器，但必须在低压侧敷设与其他变电站相联系的联络线作为备用电源，或另有自备电源。

2）对于季节性负荷或昼夜负荷变动较大而宜采用经济运行方式的变电站，也可考虑采用两台主变压器。

3）除上述情况外，一般车间变电站宜采用一台主变压器。但对于负荷集中且容量相当大的变电站，虽为三级负荷，也可采用两台或多台主变压器。同时应适当考虑负荷的发展，留有一定的余地。

（2）变电站主变压器容量的选择

1）只装一台主变压器的变电站，其容量应大于或等于全部用电设备总计算负荷的要求。

2）装有两台主变压器的变电站，任意一台主变电器的单独容量应为总计算负荷的60%～70%，且能满足全部一级、二级负荷的需要。

3）车间变电站主变压器单台容量一般不宜大于1250kV·A。

4）应适当考虑今后5～10年电力负荷的增长，留有一定的余地，同时要考虑变压器的正常过负荷能力。

最后必须指出：变电站主变压器台数和容量的最后确定，应结合变电站主连线方案的选择，对几个较合理方案做技术经济比较，择优而定。

7. 变压器的运行

变压器经济运行是指在传输电量相同的条件下，通过择优选取最佳运行方式和调整负荷，使变压器电能损失最低。换言之，经济运行就是充分发挥变压器效能，合理地选择运行方式，从而降低用电损耗。

（1）电力变压器并列运行　变压器并列运行的目的如下：

1）提高变压器运行的经济性。当负荷增加到一台变压器的容量不够用时，则可并列投入第二台变压器，而当负荷减少到不需要两台变压器同时供电时，可将其中一台变压器退出运行，这样可尽量减少变压器本身的损耗，达到经济运行的目的。

2）提高供电可靠性。当并列运行的变压器有一台损坏时，只要迅速将其从电网中切除，其他变压器仍可正常供电；检修某台变压器时，也不影响其他变压器正常运行。这样减少了故障和检修时的停电范围。

两台或多台变压器并列运行时，必须满足下列三个基本条件：

1）联结组标号相同，也就是说所有并列变压器的一次电压和二次电压的相序和相位都应分别对应且相同，否则不能并列运行。假设两台并列运行的变压器中一台为Yyn0联结，另一台为Dyn11联结，则它们的二次电压将出现30°的相位差，从而在两台变压器的二次绕组间产生电位差，这个电位差将在两台变压器的二次侧产生一个很大的环流，可能使变压器绕组烧毁。

2）电压比相等（即所有并列变压器的额定一次电压和二次电压必须对应相等）。如果并列变压器的电压比不同，则并列变压器二次绕组的回路内将出现环流，即二次电压较高的绕组将向二次电压较低的绕组供给电流，引起电能损耗，导致绕组过热甚至烧毁。所以，并列运行的变压器的电压比必须相等，允许差值范围为±5%。

3）短路阻抗相等。由于并列变压器的负荷是按其阻抗电压值成反比分配的。如果并列变压器的阻抗电压不同，将导致阻抗电压较小的变压器过负荷甚至烧毁。因此，并列变压器的阻抗电压必须相等，允许差值范围为±10%。

此外，并列运行的变压器容量应尽量相同或相近，其最大容量与最小容量之比一般不宜超过3:1。如果容量相差悬殊，不仅运行很不方便，而且在变压器性能略有差异时，变压器间的环流往往会相当显著，极易造成容量小的变压器过负荷或烧毁。

(2) 变压器的经济运行　变压器的效率很高，但在运行时变压器内部存在着铁损和铜损两部分损耗。所谓变压器的经济运行，就是指变压器的有功损耗最小且能获得最佳经济效益的运行方式。为了保证供电的可靠性和负荷有较大变化时的经济性，一般在变电站内安装两台或多台同规格及特性的变压器并列运行。

(3) 电力变压器的允许温度和温升

1) 允许温度。变压器的允许温度是根据变压器所使用的绝缘材料的耐热强度而规定的最高温度。

油浸式变压器温度最高的部件是绕组，其次是铁心，变压器油温最低。由于绕组的匝绝缘是电缆纸，故绕组的最高温度为电缆纸的允许温度。因此，油浸式变压器的绝缘等级为105 (A) 级，其允许温度为105℃。

为便于监视变压器运行时各部件的平均温度，规定用变压器上层油温来确定电力变压器的允许温度。变压器上层油温一般比绕组温度低10℃。在正常情况下，为使变压器油不过快氧化，上层油温不得超过85℃；为防止油质劣化，规定变压器上层油温最高不得超过95℃。

2) 允许温升。变压器的允许温度与周围空气最高温度之差称为允许温升。变压器在额定负荷时，各部分温升的规定如下：绕组［105 (A) 级绝缘油浸自冷或非导向强迫油循环］温升限值为65K，上层油的温升限值为55K。

3) 允许温度与允许温升的关系。允许温度=允许温升+40℃（周围环境的最高温度）。当周围环境温度超过40℃后，就不允许变压器满负荷运行了。

要保证变压器安全运行，不仅要监视电力变压器上层油温不超过允许值，而且要监视其温升不超过允许值。

(4) 变压器的过负荷运行　变压器有一定的过负荷能力，允许其在正常或事故情况下过负荷运行。

必须注意，在变压器正常过负荷前，应投入全部工作冷却器，必要时投入备用冷却器；在事故过负荷时，两者应全部投入，同时运行人员应立即汇报当班调度员，设法转移负荷，期间应每隔30min抄表一次，并加强监视。

(5) 变压器电源电压变化的允许范围　变压器外加一次电压可以比额定电压高，但不得超过相应分接开关电压的105%。无论分接开关在何位置，如果所加一次电压不超过相应额定电压的5%，则变压器二次侧可带额定负荷。

就变压器本身来讲，解决电源电压高的唯一办法是利用变压器的分接开关进行调压。

子任务2　变压器的运行与维护

1. 变压器常见故障分析及处理

变压器在运行中，由于其内部或外部的原因会发生一些异常情况，影响变压器的正常工作，造成事故的发生。因此监视变压器的运行状态，在事故出现时及时分析和处理故障是保证电力系统运行的安全性、稳定性和经济性的必要条件。变压器常见故障分析及处理办法见表3-2。

表 3-2　变压器常见故障的分析及处理办法

故障种类	故障现象	故障原因	处理办法
绕组匝间或层间短路	1. 变压器异常发热 2. 油温升高 3. 油发出特殊的“嘶嘶”声 4 电源侧电流增大 5. 三相绕组的直流电阻不平衡 6. 高压熔断器熔断 7. 气体继电器动作	1. 变压器运行年久，绕组绝缘老化 2. 绕组绝缘受潮 3. 绕组绕制不当，使绝缘局部受损 4. 油道内落入杂物，使油道堵塞，局部过热	1. 更换或修复损坏的绕组衬垫和绝缘筒 2. 进行浸漆和干燥处理 3. 更换或修复绕组 4. 清除杂物
绕组接地或相间短路	1. 高压熔断器熔断 2. 安全气道薄膜破裂、喷油 3. 气体继电器动作 4. 变压器油燃烧 5. 变压器振动	1. 绕组主绝缘老化或有破损等严重缺陷 2. 变压器进水，变压器油严重受潮 3. 油面过低，露出油面的引线绝缘距离不足而击穿 4. 绕组内落入杂物 5. 过电压击穿绕组绝缘	1. 更换或修复绕组 2. 更换或处理变压器油 3. 检修渗油、漏油部位，注油至正常位置 4. 清除杂物 5. 更换或修复绕组绝缘，并限制过电压的幅值
绕组变形与断线	1. 变压器发出异常声音 2. 断线相没有电流	1. 制造装配不良，绕组未压紧 2. 短路电流的电磁力作用 3. 导线焊接不良 4. 雷击造成断线	1. 修复变形部位 2. 拧紧压圈螺钉，紧固松脱的衬垫 3. 修补绝缘，进行浸漆干燥处理 4. 修复改善结构，提高机械强度
铁心片间绝缘损坏	1. 空载损耗变大 2. 铁心发热、油温升高、油色变深 3. 吊出变压器器身检查可见硅钢片漆膜脱落或发热 4. 变压器发出异常声音	1. 硅钢片间绝缘老化 2. 受强烈振动，片间发生位移或摩擦 3. 铁心紧固件松动 4. 铁心接地后发热，烧坏片间绝缘	1. 对绝缘损坏的硅钢片重新涂刷绝缘漆 2. 紧固铁心夹件 3. 采用铁心接地故障处理方法
铁心多点接地或者接地不良	1. 高压熔断器熔断 2. 铁心发热、油温升高、油色变黑 3. 气体继电器动作 4. 吊出变压器器身检查可见硅钢片局部烧熔	1. 铁心与穿心螺杆间的绝缘老化，引起铁心多点接地 2. 铁心接地片断开 3. 铁心接地片松动	1. 更换穿心螺杆与铁心间的绝缘管和绝缘衬 2. 更换新接地片或将接地片压紧
套管闪络	1. 高压熔断器熔断 2. 套管表面有放电痕迹	1. 套管表面积灰脏污 2. 套管有裂纹或破损 3. 套管密封不严，绝缘受损 4. 套管间掉入杂物	1. 清除套管表面的积灰和脏污 2. 更换套管 3. 更换密封垫 4. 清除杂物

（续）

故障种类	故障现象	故障原因	处理办法
分接开关烧损	1. 高压熔断器熔断 2. 油温升高 3. 触点表面产生放电声 4. 变压器油发出“咕嘟”声	1. 动触头弹簧压力不够或过渡电阻损坏 2. 开关配备不良，造成接触不良 3. 连接螺栓松动 4. 绝缘板绝缘性能变差 5. 分接开关位置错位	1. 更换或修复触头接触面，更换弹簧或过渡电阻 2. 按要求重新装配并进行调整 3. 紧固松动的螺栓 4. 更换绝缘板 5. 补注变压器油至正常油位
变压器油变差	油色变暗	1. 变压器故障造成变压器油分解 2. 变压器油长期受热氧化使油质变差	对变压器油进行过滤或换新油

2. 变压器的常见故障举例

按变压器故障原因，一般可分为磁路故障和电路故障。磁路故障一般指铁心、轭铁及夹紧件之间发生的故障，常见的有硅钢片短路、穿心螺栓及轭铁夹紧件与铁心之间的绝缘损坏以及铁心接地不良引起的放电等。电路故障主要指绕组和引线故障，常见的有线圈绝缘老化、受潮、切换器接触不良、材料质量及制造工艺不良、过电压冲击及二次系统短路引起的故障等。

（1）变压器铁心局部短路

1）造成的原因：①铁心片间绝缘严重损坏；②铁心或轭铁的螺栓绝缘损坏；③接地方法不当。

2）处理方法：①用直流伏安法测片间绝缘电阻，找出故障点并进行修理；②调换损坏的绝缘胶纸管；③改正接地错误。

（2）变压器运行中有异常响声

1）造成的原因：①铁心片间绝缘损坏；②铁心的紧固件松动；③外加电压过高；④过负荷运行。

2）处理方法：①吊出器身，检查片间绝缘电阻，进行涂漆处理；②紧固松动的螺栓；③调整外加电压；④减轻负荷。

（3）变压器绕组匝间、层间或相间短路

1）造成的原因：①绕组绝缘损坏；②长期过负载运行或发生短路故障；③引出线间或套管间短路。

2）处理方法：①吊出器身，修理或调换绕组；②减小负载或排除短路故障后修理绕组；③用绝缘电阻表测试并排除故障。

（4）变压器高低绕组间或对地击穿

1）造成的原因：①变压器受大气过电压的作用；②变压器油受潮；③主绝缘因老化而有破裂、折断等缺陷。

2）处理方法：①调换绕组；②干燥处理变压器油；③用绝缘电阻表测试绝缘电阻，必要时更换。

（5）变压器漏油

1）造成的原因：①变压器油箱的焊接有裂纹；②密封垫老化或损坏；③密封垫不正或压力不均；④密封填料处理不好，硬化或断裂。

2）处理方法：①吊出器身，将油放掉，进行补焊；②调换密封垫；③调正垫圈，重新紧固；④调换填料。

（6）变压器油温突然升高

1）造成的原因：①过负荷运行；②接头螺钉松动；③绕组短路；④缺油或油质变差。

2）处理方法：①减小负荷；②停止运行，检查各接头并加以紧固；③停止运行，吊出铁心，检查绕组；④加油或调换全部变压器油。

（7）变压器油色变黑，油面过低

1）造成的原因：①长期过负荷，油温过高；②有水漏入或有潮气侵入；③油箱漏油。

2）处理方法：①减小负荷；②找出漏水处或检查吸湿剂是否生效；③修补漏油处，加入新油。

（8）变压器气体继电器动作

1）造成的原因：①信号指示未跳闸；②信号指示开关未跳闸。

2）处理方法：①若是变压器内进入空气，造成气体继电器误动作，查出原因加以排除；②若是变压器内部发生故障，查出故障加以处理。

（9）变压器着火

1）造成的原因：①高、低压绕组层间短路；②严重过负荷；③铁心绝缘损坏或穿心螺栓绝缘损坏；④套管破裂，油在闪络时流出来，引起顶盖着火。

2）处理方法：①吊出器身，局部处理或重绕线圈；②减小负荷；③吊出器身，重新涂漆或调换穿心螺栓；④调换套管。

（10）变压器分接开关触头灼伤

1）造成的原因：①弹簧压力不够，接触不可靠；②动静触头不对位，接触不良；③短路使触头过热。

2）处理方法：测量直流电阻，吊出变压器本体后检查处理。

3. 变压器的运行与维护

（1）变压器的检查周期　在有人值班的变电站，站内变压器每天至少检查一次，每周应有一次夜间检查；在无人值班的变电站，站内变压器每周至少检查一次；室外柱上变压器应每月巡视检查一次；新安装或检修后的变压器在投运72h内、变压器负荷变化剧烈时、天气恶劣时、变压器运行异常或线路故障后，应增加特殊巡查。

（2）变压器的外部检查　变压器的外部检查项目如下。

1）储油柜和充油套管的油位、油色是否正常，有无渗油、漏油现象。

2）上层油温有无超过85℃。

3）运行声音是否正常。

4）套管是否清洁，有无破损、裂纹和放电痕迹。

5）各冷却器手感温度是否相近，风扇、油泵运转是否正常，油流继电器是否正常。

6）引线是否过松、过紧，接头接触是否良好，有无发热、烧伤痕迹。

7）电缆和母线有无异常，各部分电气距离是否符合要求。

8）接地线是否完整，接地是否良好。

9）吸湿器是否畅通，吸湿剂是否饱和、变色。

10）压力释放器或安全气道防爆膜是否完好无损。

11）气体继电器的油阀是否打开，有无渗油、漏油。

12）对于变压器在室内的情况，门、窗是否完整，照明和温度是否合适，通风是否良好。

（3）变压器的负荷检查

1）应经常监视变压器电源电压的变化，其变化范围应在额定电压的±5%以内，确保二次电压质量。若电源电压长期过高或过低，则应通过调整变压器的分接开关，使二次电压趋于正常。

2）对安装在室外无计量装置的变压器，应测量典型负荷曲线；对有计量装置的变压器，应记录小时负荷，并画出日负荷曲线。

3）测量三相电流的平衡情况。对于 Yyn0 联结组标号的三相四线制变压器，其中性线电流不应超过低压绕组额定电流的 25%，超过时应调节每相负荷，使各相负荷趋向平衡。

（4）变压器的停电清扫　变压器的停电清扫属于定期检查，一般每年两次，清扫后即进行预防性试验。变压器停电清扫的主要内容如下：

1）清扫套管及附件、油位计、气体继电器、安全气道、吸湿器、温度计、油箱、散热装置和各种阀门。特别要注意各零部件与油箱连接处及散热器的蝶阀的清扫。

2）检查引线与套管接线端点的接触情况，紧固件有无松动。

3）测量线圈的绝缘电阻，并检查油箱接地情况是否良好。

（5）变压器的投运和停运

1）在变压器停电、送电前必须填写操作票，经值班长审批后方可进行操作。

2）变压器的充电必须在装有保护的电源侧进行。

3）变压器应使用断路器进行投入和切除。

4）主变压器在投运和停运时，必须合上中性点接地开关。

5）主变压器的投运可由任一侧开关合闸，其他两侧开关的合闸必须采用同期并列方式。

6）在正常情况下，主变压器中性点开关的运行方式由总调度决定。

7）备用中的变压器应随时可投入运行。长期停用的备用变压器应定期起动，并投入冷却装置。

8）强迫油循环变压器投运前应先起动冷却装置。

9）在变压器投运前，应确保各部均在完好状态，安全措施全部拆除，具备带电运行条件，保护启用正确。

10）操作主变压器前应与值班员联系。

11）大修、事故检修和换油后，对于 35kV 及以下的变压器，宜静置 3～5h，等待消除油中的气泡后再投入运行。对于 220kV 的变压器，必须采用真空注油，注油后应继续保持 2h 真空，然后解除真空缓慢地加油到正常油位，再静置 2h 才可投运。

12）对于新安装、检修后、变动过内外接线及改变过联结组标号的变压器，在投运前必须定相。

（6）变压器的检修周期

1）大修周期。

① 一般在投入运行后的 5 年内和以后每间隔 10 年大修 1 次。

② 箱沿焊接的全密封变压器或制造厂另有规定者，若经过试验与检查并结合运行情况，判定有内部故障或本体严重渗油、漏油时，才进行大修。

③ 在电力系统中运行的主变压器当承受出口短路后，经综合诊断分析，可考虑提前大修。

④ 运行中的变压器，当发现异常状况或经试验判明有内部故障时，应提前进行大修；运行正常的变压器经综合诊断分析良好，由总工程师批准，可适当延长大修周期。

2）小修周期。

① 一般 1 年 1 次。

② 安装在 2～3 级污秽地区的变压器，其小修周期应在现场规程中予以规定。

3）附属装置的检修周期。

① 保护装置和测温装置的校验应根据有关规程的规定进行。

② 变压器油泵（以下简称油泵）的解体检修：2 级泵 1 ~2 年进行 1 次，4 级泵 2 ~3 年进行 1 次。

③ 变压器风扇（以下简称风扇）的解体检修 1 ~2 年进行 1 次。

④ 净油器中吸附剂的更换，应根据油质化验结果而定；吸湿器中的吸湿剂视失效程度随时更换。

⑤ 自动装置及控制回路的检验一般 1 年进行 1 次。

⑥ 水冷却器的检修 1 ~2 年进行 1 次。

⑦ 套管的检修随本体进行，套管的更换应根据试验结果确定。

（7）变压器的检修项目

1）大修项目。

① 吊开钟罩，检修器身，或吊出器身检修。

② 绕组、引线及磁（电）屏蔽装置的检修。

③ 铁心、铁心紧固件（穿心螺杆、夹件、拉带、绑带等）、压钉、压板及接地片的检修。

④ 油箱及附件（包括套管、吸湿器等）的检修。

⑤ 冷却器、油泵、水泵、风扇、阀门及管道等附属设备的检修。

⑥ 安全保护装置的检修。

⑦ 油保护装置的检修。

⑧ 测温装置的校验。

⑨ 操作控制箱的检修和试验。

⑩ 无励磁调压分接开关和有载调压分接开关的检修。

⑪ 全部密封胶垫的更换和组件试漏。

⑫ 必要时对器身绝缘进行干燥处理。

⑬ 变压器油的处理或换油。

⑭ 清扫油箱并进行喷涂油漆。

⑮ 大修的试验和试运行。

2）小修项目。

① 处理已发现的缺陷。

② 放出储油柜积污器中的污油。

③ 检修油位计，调整油位。

④ 检修冷却装置，包括油泵、风扇、油流继电器、压差继电器等，必要时吹扫冷却器管束。

⑤ 检修安全保护装置，包括储油柜、压力释放阀（安全气道）、气体继电器、速动油压继电器等。

⑥ 检修油保护装置。

⑦ 检修测温装置，包括压力式温度计、电阻温度计（绕组温度计）、棒形温度计等。

⑧ 检修调压装置、测量装置及控制箱，并进行调试。

⑨ 检查接地系统。

⑩ 检修全部阀门和塞子，检查全部密封状态，处理渗油、漏油。

⑪ 清扫油箱和附件，必要时进行补漆。

⑫ 清扫外绝缘和检查导电接头（包括套管将军帽）。

⑬ 按有关规程规定进行测量和试验。

3）临时检修项目，可视具体情况确定。

4）对于老、旧变压器的大修，建议可参照下列项目进行改进。

① 油箱机械强度的加强。

② 器身内部接地装置改为引外接地。

③ 安全气道改为压力释放阀。

④ 高速油泵改为低速油泵。

⑤ 油位计的改进。

职业技能考核

考核1　变压器绝缘电阻的测量

【考核目标】

1）掌握测量变压器绝缘电阻的方法及安全注意事项。

2）会测量变压器的绝缘电阻，能对测量结果进行分析。

【考核内容】

1. 考核前的准备

1）工器具的选择、检查：根据变压器的额定电压选择额定电压和测量范围合适的绝缘电阻表及相应的工具。

2）着装、穿戴：工作服、绝缘鞋、安全帽、安全带等。

3）变压器的停电、验电。

4）检查绝缘电阻表的性能是否符合要求。

2. 考核内容

（1）需要测量变压器绝缘电阻的情况　对于新安装的变压器、大修后的变压器、运行1～3年的油浸式变压器、运行1～5年的干式和充气式变压器及搁置或停运6个月以上的变压器，在投入运行前必须测量绝缘电阻。

（2）测量项目　主要有高压绕组对低压绕组及外壳的绝缘电阻，简称高对低及地；低压绕组对高压绕组及外壳的绝缘电阻，简称低对高及地。

（3）测量接线图　图3-8所示为测量高压绕组对低压绕组及外壳的绝缘电阻的接线图。绝缘电阻表的E端接低压绕组及外壳，G端接高压瓷套管的瓷裙，L端接高压绕组。图3-9所示为测量低压绕组对高压绕组及外壳的绝缘电阻的接线图。绝缘电阻表的E端接高压绕组及外壳，G端接低压瓷套管的瓷裙，L端接低压绕组。

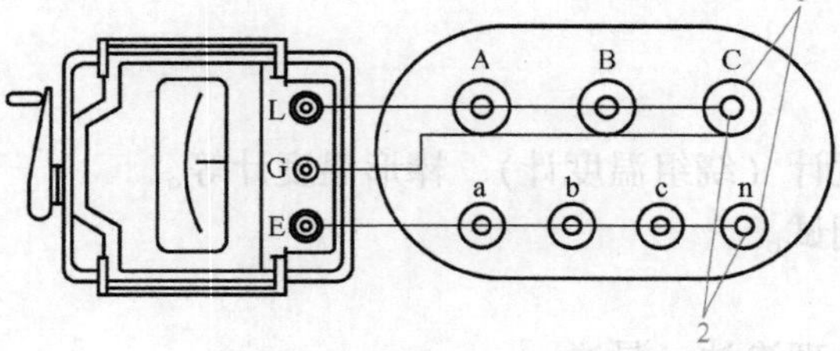

图3-8　测量高压绕组对低压绕组及外壳的绝缘电阻的接线图
1—瓷裙　2—接线端子

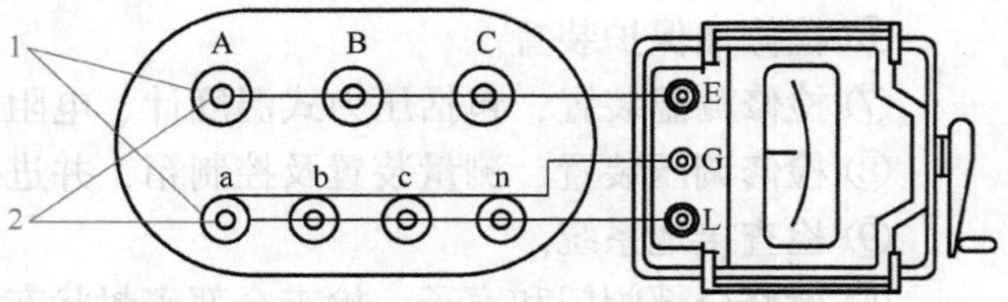

图3-9　测量低压绕组对高压绕组及外壳的绝缘电阻的接线图
1—瓷裙　2—接线端子

（4）测量操作过程

1）将被测变压器退出运行，并执行验电、放电、装设临时接地线等安全技术措施；测量工作必须由两人进行，应戴绝缘手套。

2）拆除变压器高、低压两侧的母线或导线。

3）将变压器高、低压瓷套管擦拭干净，然后用裸铜线在每个瓷套管的瓷裙上绕两三圈，将高、低压瓷套管分别连接起来。

4）将变压器高压 A、B、C 和低压 a、b、c、n 接线端用裸铜线分别短接。

5）测量时应先将 E 端和 G 端与被测物连接好，用绝缘物挑起 L 线，当绝缘电阻表转速达到 120r/min 时，再将 L 线搭接在高压绕组（或低压绕组）接线端子上。测量时仪表应水平放置，以 120r/min 的转速匀速摇动绝缘电阻表的手柄，当指针稳定 1min 后读取数据，撤下 L 线，再停止摇动。

6）测量前后均应进行绕组对地放电。测量完毕后，拆除相间短路线，并恢复原来接线。

（5）检查绝缘电阻是否符合标准

1）将本次测得的绝缘电阻值与上次测得的数值换算到同一温度下进行比较，本次数值与上次数值相比降低不超过 30%。

2）吸收比（即测量中 60s 与 15s 时绝缘电阻的比值）在 10～30℃时，应为 1.3 倍及以上。

3）3～10kV 变压器在不同温度下绝缘电阻合格值见表 3-3。

表 3-3　3～10kV 变压器在不同温度下绝缘电阻合格值

温度/℃	10	20	30	40	50	60	70	80
良好值/MΩ	900	450	225	120	64	36	19	12
最低值/MΩ	600	300	150	80	43	24	13	8

4）新安装和大修后的变压器，其绝缘电阻合格值应符合上述规定，运行中的变压器则不得低于 10MΩ。

（6）操作过程中的安全注意事项

1）对被测变压器应执行停电、验电、放电、装设临时接地线、悬挂标志牌和装设临时遮栏等安全技术措施，并应拆除高、低压侧母线。

2）测量工作应由两人进行，需要戴绝缘手套。

3）测量前后必须进行放电。

4）测量时，应先摇动绝缘电阻表的手柄，再搭接 L 线；测量结束时，应先撤下 L 线，再停止摇动，即“先摇后搭，先撤后停”。

5）测量过程中不应减速或停摇。

6）必要时，记录测量时变压器的温度。

考核 2　变压器负荷电流的测量

【考核目标】

1）学会正确使用钳形电流表测量变压器的负荷电流。

2）掌握带电操作的安全注意事项，培养带电操作的安全意识。

【考核内容】

1. 考核前的准备

1）工器具的选择、检查：要求能满足工作需要，质量符合要求。

2）着装、穿戴：工作服、绝缘手套、绝缘鞋、安全帽等。

2. 考核内容

（1）操作步骤　操作步骤分为选择量程、钳入导线、正确读数三步。

（2）操作技术要求

1）测量前应对被测电流进行粗略的估计，选择适当的量程。若被测电流无法估计，则应先把钳形电流表的量程放到最大档位，然后根据被测电流指示值，由大到小转换到合适的档位。转换量程档位时，应在不带电的情况下进行。

2）测量时，将钳形电流表的钳口张开，钳入被测导线，闭合钳口使导线尽量位于钳口中心，在表盘上找到相应的刻度线。由表针的指示位置，根据钳形电流表所在量程，直接读出被测电流值。

3）测量时，钳形电流表的钳口应闭合紧密。测量后要把电流量程的档位放在最大档位。

4）测量5A以下的电流时，为得到较准的读数可将导线多绕几圈，放进钳口进行测量。测得的电流值除以钳口内的导线根数即实际电流值。

5）测量时一人操作，一人监护，操作人员保持安全距离。

此方法只适用于被测线路电压不超过500V的情况。

考核3　油浸式变压器切换分接开关的操作

【考核目标】

1）学会油浸式变压器切换分接开关的操作方法。

2）掌握变压器分接开关进行切换操作的全过程及注意事项。

3）学会使用电桥测量变压器的直流电阻。

【考核内容】

1. 考核前的准备

1）工器具的选择、检查：要求能满足工作需要，质量符合要求。

2）着装、穿戴：工作服、绝缘鞋、安全帽、绝缘手套等。

2. 考核内容

切换变压器无励磁调压分接开关，应在变压器停电的情况下进行。变压器停电后执行的有关安全技术措施：应拆除高压侧母线，并擦净高压套管；切换分接开关前后均应测量高压绕组的直流电阻；切换分接开关和测量绕组直流电阻应由两人进行。

（1）变压器分接开关进行切换操作的过程

1）填写工作票、操作票，应设专人监护，操作人员应戴绝缘手套。

2）执行相关安全技术措施，进行停电、验电、放电、装设临时接地线、悬挂标志牌等操作。

3）拆除高压侧母线。

4）先用万用表粗测高压绕组的直流电阻，再用电桥精确测量每相绕组的直流电阻，并记录于表3-4中，测量前后均应放电。

表3-4　变压器绕组直流电阻的测量

绕组直流电阻	切换前	切换后
R_{AB}		
R_{BC}		
R_{CA}		

5）切换分接开关档位，其操作方法如下：

① 取下分接开关的护罩，松开并提起定位螺栓（或销子）。

② 反复转动分接开关的手柄（左右各5圈），以去除分接开关触头上的油污及氧化物。

③ 调至预定位置后，放下并紧固定位螺栓（或销子）。

6）切换后，再用电桥测量每相绕组的直流电阻（测量前后均应放电），记录于表3-4中，并与切换前的测量数据进行比较，其三相之间差别应不超过三相平均值的 ±2%。

7）确认直流电阻合格后，拆除测试线，恢复变压器原接线。

8）执行工作票，拆除临时接地线及标志牌后，方可按操作票进行变压器的送电操作。

（2）操作的安全注意事项　切换变压器无励磁调压分接开关必须在变压器停电后进行，安全注意事项如下：

1）对停电后的变压器应做好相应的安全技术措施，拆除高压侧母线。

2）切换前，应初测高压绕组的直流电阻并记录，初测前后应放电。

3）切换时，要反复转动分接开关的手柄，以去除触头上的氧化物和油污。

4）切换后，应再测高压绕组的直流电阻，并与初测记录值对比，测量前后应放电。

考核4　变压器运行状况的检查

【考核目标】

1）会检查变压器的运行温度及温升，能判断运行温度及温升是否超过允许值。

2）会检查变压器的负荷情况。

3）会检查变压器冷却装置的运行状况。

4）会检查变压器本体的运行状况。

5）能进行变压器特殊项目的巡查。

【考核内容】

1. 考核前的准备

1）工器具的选择、检查：要求能满足工作需要，质量符合要求。

2）着装、穿戴：工作服、绝缘手套、绝缘鞋、安全帽等。

2. 考核内容

（1）检查变压器的运行温度及温升　通过检查变压器遥测温度计、本体温度计所指示的数值，判断温度是否在允许范围内；通过检查变压器室外环境温度，判断温升是否在允许范围内。

（2）检查变压器的负荷情况　通过检查变压器负荷电流大小、上层油温、各种负荷状态下的输出电压，判断运行时的负荷情况。要求负荷电流在规定范围内，上层油温不超过85℃，输出电压波动幅度在允许范围内。

当变压器过负荷时，对室外变压器而言，其过负荷系数最多不得超过额定值的30%；对室内变压器而言，最多不得超过额定值的20%。

（3）检查变压器冷却装置的运行状况　变压器运行时，为防止其温度、温升超过其允许值，就需要采取冷却降温措施。

检查变压器冷却装置的运行状况主要是检查油，查看冷却风扇有无反转、卡住现象及有无异常响声。

（4）检查变压器本体的运行状况　检查项目如下：

1）变压器的油位、油色是否正常。

2）油温是否正常。

3）运行声音是否正常。

4）引线、接线端子及套管是否正常。

5）变压器主附设备是否渗油、漏油。

6）吸湿器油封是否通畅，吸湿是否正常，吸湿器内的硅胶变色是否超过2/3。

7）压力释放阀装置是否密封，或防爆管上的隔膜是否完整。

8）气体继电器内是否无气体，其接线端子盒是否密封。

9）冷却装置运行是否正常，风扇有无反转、卡住现象，潜油泵运行有无异常。

10）有载调压分接开关动作情况是否正常。

11）外壳接地有无锈蚀，铁心接地引线经小套管引出接地连接是否完好。

（5）变压器特殊项目的巡查　在天气变化、出现高峰负荷或出现异常等时，应对变压器进行以下特殊项目的巡查。

1）大风时，对室外变压器检查其附近有无易被风吹动而飞起来的杂物，以防止吹落到变压器带电部分。检查引线摆动情况和有无松动现象。

2）大雾、细雨时，应检查套管瓷绝缘子有无严重电晕和放电闪络现象。

3）气温骤冷或骤热时，应检查油温、油位是否正常。

4）雷雨后，应检查变压器各侧避雷电器计数器动作情况，检查套管有无破损、裂纹和放电痕迹。

5）在超过额定电流运行期间，应加强检查负荷电流、上层油温和运行时间。

6）事故后，应检查变压器外部有无异常现象。

任务2　高压电气设备的运行与维护

任务概述

伴随社会经济发展速度的不断提升，在产业优化升级的基础上，对电能需求也越来越大。如何确保用电设备的安全性、可靠性对电气工作人员来讲至关重要。高压电气设备作为电气工程建设的重要组成部分，在确保其正常运行的基础上，才能提升供电质量及稳定性。

电力系统中担负输送、变换和分配电能任务的电路称为一次电路。一次电路中所有的电气设备称为一次设备。高压一次设备主要包括电流和电压互感器、高压熔断器、高压隔离开关、高压负荷开关、高压断路器等。本次任务是学习和掌握高压电气一次设备的结构和功能，学会使用和维护电气一次设备，为从事供配电系统运行、维护和设计打下基础。

知识准备

作为电气工程的重要组成部分，高压电气设备运行是否良好对电气工程建设起到关键性的作用。为提升电气工程运行质量，必须重视高压配电设备运行特点，做好各个组成构件配置工作，才能确保高压电气设备运行的安全性。

子任务1　互感器的运行与维护

互感器是一种特殊变压器，分为电压互感器和电流互感器。常用的互感器有电磁式和电容式两种，随着电力系统容量的增大和电压等级的提高，光电式、无线电式互感器应运而生。互感器作为供配电技术中一次系统和二次系统之间的联络元件，可把一次侧的高电压、大电流转换成二次侧标准的低电压(100V）和小电流(5A)，使二次电路正确反映一次系统的正常运行和故障情况。其具体功能如下：

1）用来使仪表、继电器等二次设备与主电路绝缘，避免二次设备的故障影响主电路，提高一、二次电路的安全性和可靠性，并有利于人身安全。

2）用来扩大仪表、继电器等二次设备的应用范围。例如，用一台5A的电流表，通过不同电流比的电流互感器就可测量任意大的电流。同样，用一台100V的电压表，通过不同电压比的电压互感器就可测量任意高的电压。而且采用互感器可使二次仪表、继电器等设备的规格统一，有利于这些设备的批量生产。

1. 电流互感器的运行与维护

（1）电流互感器的功能　电流互感器（简称CT，文字符号为TA）是一种把大电流变为标准5A小电流并在相位上与原来保持一定关系的仪器，供给测量仪表和继电保护装置使用。其主要作用有：

1）与测量仪表配合，对线路的电流等进行测量。

2）与继电保护装置配合，对电力系统和设备进行过负荷和过电流等保护。

3）使测量仪表、继电保护装置与线路的高压电网隔离，以保证人身和设备的安全。

（2）电流互感器的结构和原理　电流互感器的基本结构和原理如图3-10所示。它的结构特点是一次绕组匝数很少，有些类型的电流互感器还没有一次绕组，利用穿过其铁心的一次电路作为一次绕组（相当于匝数为1），且一次绕组导体相当粗；而二次绕组匝数很多，导体较细。工作时，一次绕组串接在一次电路中，而二次绕组则与仪表、继电器等的电流线圈串联，形成一个闭合回路。由于这些电流线圈的阻抗很小，因此电流互感器工作时二次回路接近于短路状态。

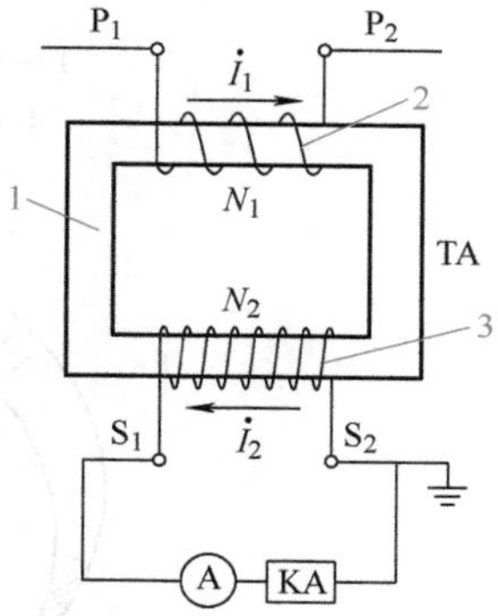

图3-10　电流互感器的结构和原理

1—铁心　2—一次绕组　3—二次绕组

电流互感器的一次电流 I_1，与其二次电流 I_2 的关系为

$$I_1 \approx \frac{N_2}{N_1} I_2 \approx K_i I_2$$

式中，N_1、N_2 分别为电流互感器一次和二次绕组的匝数；K_i 为电流互感器的电流比，$K_i = I_1/I_2$，如 $K_i = 200\text{A}/5\text{A}$ 等。

（3）电流互感器的分类与型号

1）电流互感器的分类。

① 电流互感器按其一次绕组的匝数分，有单匝式（包括母线式、心柱式、套管式）和多匝式（包括线圈式、线环式、串级式）。

② 按一次电压高低分，有高压和低压两大类。

③ 按绝缘及冷却方式分，有干式（含树脂浇注绝缘式）和油浸式两大类。

④ 按用途分，有测量用和保护用两大类。

⑤ 按准确度等级分，测量用电流互感器有0.1、0.2、0.5、1、3、5等级，保护用电流互感器有5P和10P两级。

高压电流互感器多制成不同准确度等级的两个铁心和两个绕组，分别接测量仪表和继电器，以满足测量和保护的不同准确度要求。电气测量对电流互感器的准确度要求较高，且要求在短路时仪表受的冲击小，因此测量用电流互感器的铁心在一次电路短路时应易于饱和，以限制二次电流的增长倍数。而继电保护用电流互感器的铁心则要求在一次电路短路时不应饱和，使二次电流能与一次短路电流成比例地增长，以满足保护灵敏度的要求。

图3-11所示为树脂浇注绝缘的户内高压LQJ－10型电流互感器的外形结构。它有两个铁心和两个二次绕组，分别为0.5级和3级，0.5级用于测量，3级用于保护。

图3-12所示为树脂浇注绝缘的户内低压LMZJ1－0.5型（500～800A/5A）电流互感器的外形结构。它不含一次绕组，穿过其铁心的母线就是其一次绕组（相当于1匝）。它用于500V及

以下的配电装置中测量电流和电能。

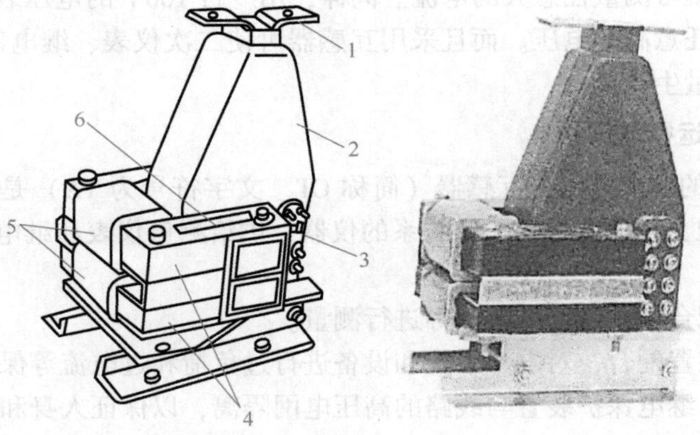

图 3-11　LQJ－10 型电流互感器的外形结构

1——次接线端子　2——次绕组（树脂浇注）　3—二次接线端子

4—铁心　5—二次绕组　6—警示牌（标注：二次侧不得开路）

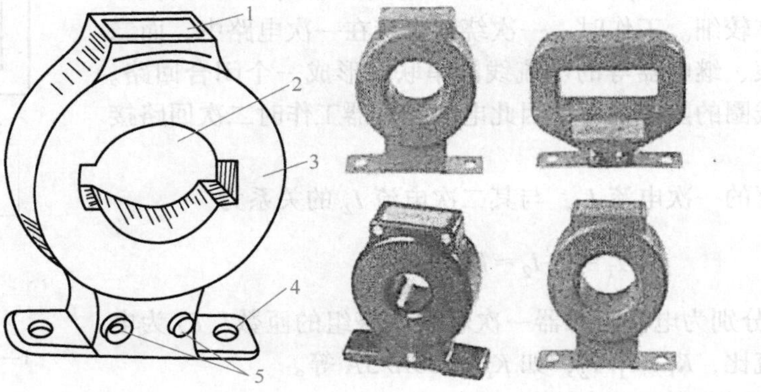

图 3-12　LMZJ1－0.5 型电流互感器的外形结构

1—铭牌　2——次母线穿孔　3—铁心（树脂浇注）　4—安装板　5—二次接线端子

2）电流互感器的型号表示和含义如图 3-13 所示。

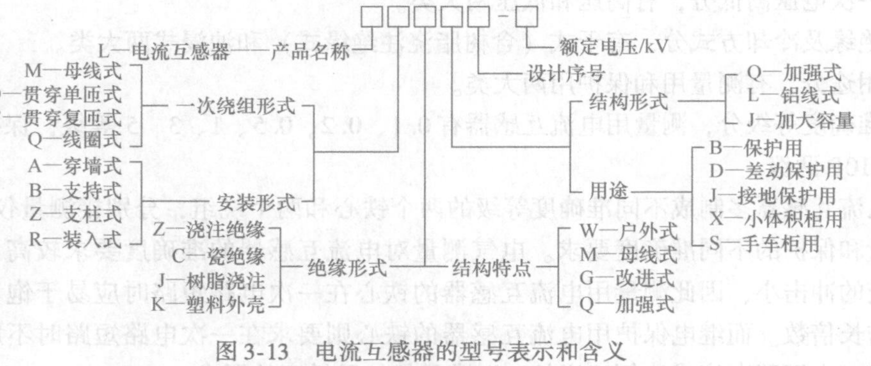

图 3-13　电流互感器的型号表示和含义

例如，LQJ－10 表示线圈式树脂浇注电流互感器，其额定电压为 10kV；LFCD－10/400 表示瓷绝缘贯穿复匝式电流互感器，用于差动保护，其额定电压为 10kV，额定电流为 400A。

（4）电流互感器的接线方式　图 3-14 为电流互感器二次绕组与测量仪表最常见的接线方式。

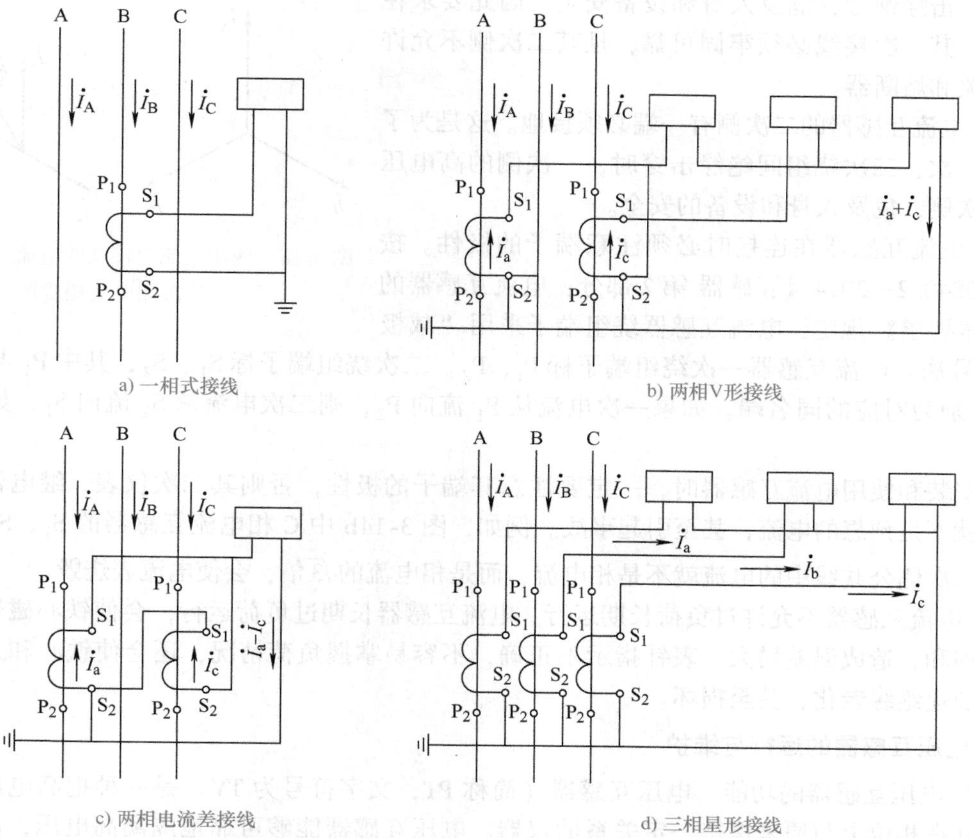

a) 一相式接线　　b) 两相V形接线

c) 两相电流差接线　　d) 三相星形接线

图 3-14　电流互感器常见的接线方式

1）一相式接线如图 3-14a 所示。电流线圈通过的电流反映一次电路对应相的电流。这种接线通常用于负荷平衡的三相电路，在低压动力线路中，供测量电流或接过负荷保护装置之用。

2）两相 V 形接线如图 3-14b 所示。这种接线也称为两相不完全星形接线。在继电保护装置中，这种接线称为两相两继电器接线。它在中性点不接地的三相三线制电路（如一般的 6 ~ 10kV 电路）中，广泛用于三相电流、电能的测量和过电流继电保护。由图 3-15 所示的相量图可知，两相 V 形接线的公共线上的电流为 $\dot{I}_a+\dot{I}_c=\dot{I}_b$，反映的是未接电流互感器的那一相（B 相）的电流。

3）两相电流差接线如图 3-14c 所示。由图 3-16 所示的相量图可知，二次侧公共线上的电流为 $\dot{I}_a-\dot{I}_c$，其量值为相电流的$\sqrt{3}$倍。这种接线也适用于中性点不接地的三相三线制电路（如一般的 6 ~ 10kV 电路）中的过电流继电保护，故这种接线也称为两相一继电器接线。

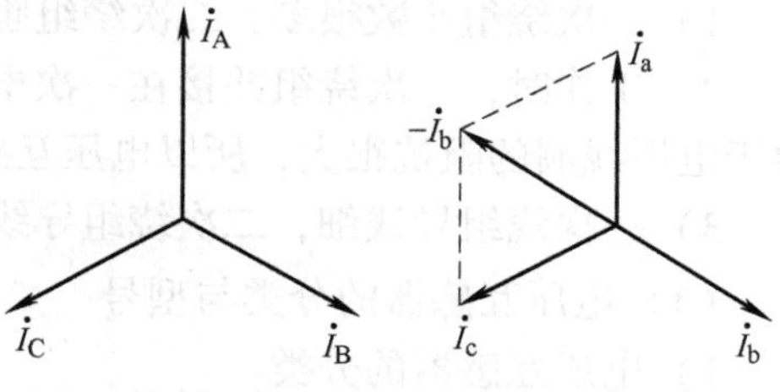

图 3-15　两相 V 形接线的电流互感器的一、二次侧电流相量图

4）三相星形接线如图 3-14d 所示。这种接线中的三个电流线圈，正好反映各相电流，广泛应用在负荷一般不平衡的三相四线制系统（如低压 TN 系统）中，也用在负荷可能不平衡的三相三线制系统中，用于三相电流、电能的测量和过电流继电保护等。

（5）电流互感器运行中的注意事项

1）电流互感器在运行时其二次侧不得开路。当二次侧开路时，可在二次侧感应出很高的危险电压，击穿绝缘，危及人身和设备安全。因此要求在安装时，其二次接线必须牢固可靠，且其二次侧不允许接入开关和熔断器。

2）电流互感器的二次侧有一端必须接地。这是为了防止其一次、二次绕组间绝缘击穿时，一次侧的高电压窜入二次侧，危及人身和设备的安全。

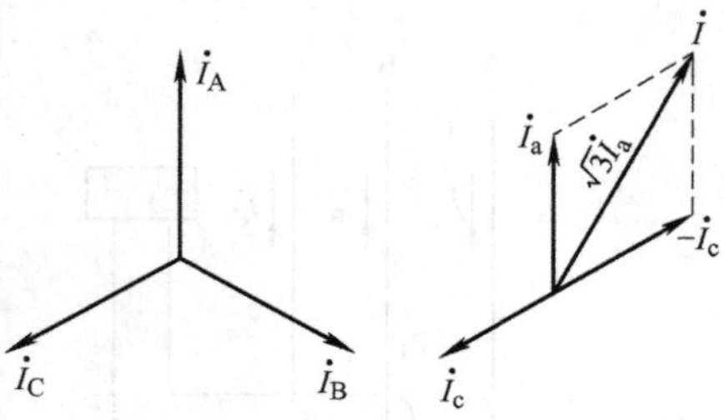

图 3-16　两相电流差接线的电流互感器的一、二次侧电流相量图

3）电流互感器在连接时必须注意端子的极性。按 GB/T 20840. 2—2014《互感器 第 2 部分：电流互感器的补充技术要求》规定，电流互感器绕组端子采用“减极性”标号法。电流互感器一次绕组端子标 P_1、P_2，二次绕组端子标 S_1、S_2，其中 P_1 与 S_1、P_2 与 S_2 分别为对应的同名端。如果一次电流从 P_1 流向 P_2，则二次电流从 S_2 流向 S_1，如图 3-10 所示。

在安装和使用电流互感器时，一定要注意其端子的极性，否则其二次仪表、继电器中流过的电流就不是预想的电流，甚至引起事故。例如，图 3-14b 中 C 相电流互感器的 S_1、S_2 端子接反，则二次侧公共线中的电流就不是相电流，而是相电流的$\sqrt{3}$倍，会使电流表烧毁。

4）电流互感器不允许过负荷长期运行。电流互感器长期过负荷运行，会使铁心磁通密度饱和或过饱和，造成误差增大，表针指示不正确，不容易掌握负荷情况，还会使铁心和二次绕组过热，加速绝缘老化，甚至损坏。

2. 电压互感器的运行与维护

（1）电压互感器的功能　电压互感器（简称 PT，文字符号为 TV）是一种把高电压变换为低电压并在相位上与原来保持一定关系的仪器。电压互感器能够可靠地隔离高电压，保证测量人员、仪表及装置的安全，同时把高电压按一定比例缩小，使低压绕组能够准确地反映高电压量值的变换，以解决高电压测量的困难。电压互感器的二次电压均为标准值 100V，供给测量仪表和继电保护装置使用。其主要作用如下：

1）与测量仪表配合，测量线路的电压。

2）与继电保护装置配合，对电力系统和设备进行过电压、单相接地等保护。

3）使测量仪表、继电保护装置与线路的高压电网隔离，保证操作人员和设备的安全。

（2）电压互感器的结构和原理

电压互感器的工作原理、构造及接线方式都与变压器相同，只是容量较小，通常仅有几十或几百伏安。电压互感器的基本结构和原理如图 3-17 所示，它的结构特点是：

1）一次绕组匝数很多，二次绕组匝数很少，其工作原理类似于降压变压器。

2）工作时，一次绕组并接在一次电路中，二次绕组与测量仪表和继电器的电压线圈并联，由于电压线圈的阻抗很大，所以电压互感器工作时二次绕组接近于空载状态。

3）一次绕组导线细，二次绕组导线粗，二次额定电压一般为 100V。

（3）电压互感器的分类与型号

1）电压互感器的分类

① 按工作原理可分为电磁感应式和电容分压式，电容分压式电压互感器广泛用于 110 ~ 330kV 的中性点直接接地的电网中。

② 按相数可分为单相和三相，35kV 及以上不能制成三相式。

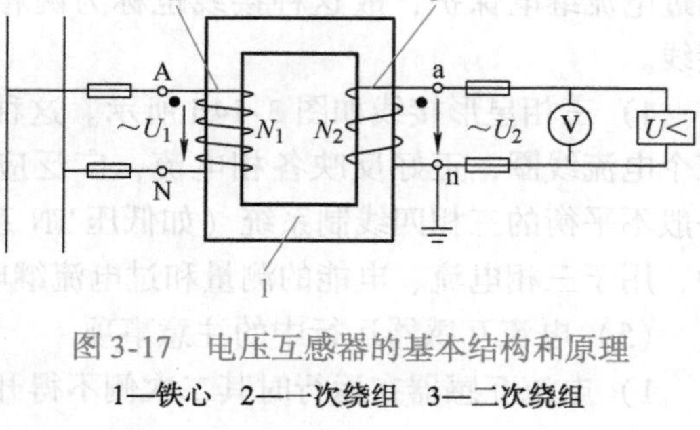

图 3-17　电压互感器的基本结构和原理
1—铁心　2—一次绕组　3—二次绕组

③ 按线圈数可分为双线圈和三线圈，其中三

线圈电压互感器除一次、二次绕组外，还有一组辅助二次绕组，接成开口三角形，供接地保护用。

④ 按安装地点可分为户外式和户内式，35kV 及以下多制成户内式，35kV 以上则制成户外式。

⑤ 按绝缘方式可分为干式、浇注式、油浸式和充气式。其中，油浸式又可分为普通式和串级式。干式电压互感器结构简单，无着火和爆炸危险，但绝缘强度较低，用于3～10kV 空气干燥的户内配电装置；浇注式电压互感器结构紧凑，维护方便，适用于3～35kV 户内配电装置；油浸式电压互感器绝缘性能较好，技术成熟，价格便宜，广泛用于10～220kV 以上变电站；充气式（六氟化硫）电压互感器技术先进，绝缘强度高，但价格高，主要用于110kV 及以上的六氟化硫全封闭电器中。

图3-18 所示为应用广泛的单相三绕组、环氧树脂浇注绝缘的户内 JDZJ－10 型电压互感器的外形图。

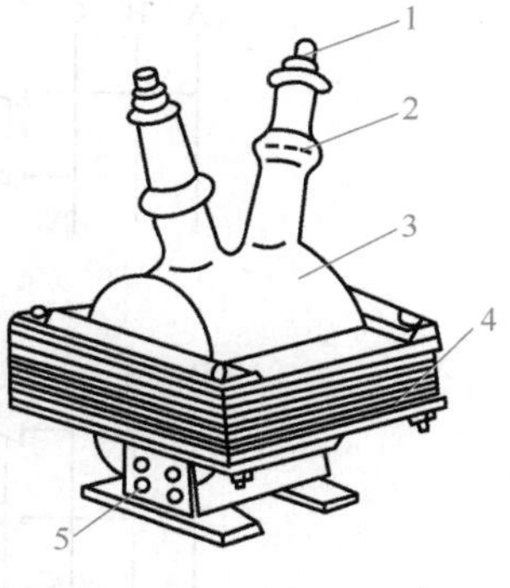

图3-18　JDZJ－10 型电压互感器外形图

1——次接线端子　2—高压绝缘套管

3——、二次绕组（环氧树脂浇注）

4—铁心（壳式）　5—二次接线端子

2）电压互感器的型号表示和含义如图3-19 所示。

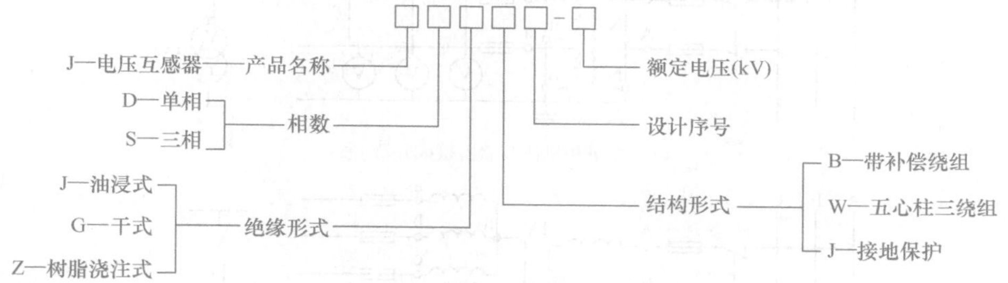

图3-19　电压互感器的型号表示和含义

（4）电压互感器的主要技术参数

1）额定一次电压。电压互感器的额定一次电压与其连接系统的电压应一致。三相电压互感器或用于三相系统相间及单相系统的单相电压互感器的额定一次电压与它们所接系统的额定电压应一致。用于三相系统相与地之间的单相电压互感器的额定一次电压为所接系统的相电压。

2）额定二次电压和第三绕组二次电压。接于相间的单相电压互感器的额定二次电压为100V。接于相与地间的电压互感器的额定二次电压为（$100/\sqrt{3}$）V。用于中性点直接接地系统的电压互感器，第三绕组的二次电压为100V。用于小电流接地系统的电压互感器，第三绕组的二次电压为（$100/\sqrt{3}$）V。

3）额定二次负荷。电压互感器的额定二次负荷是指在功率因数为0.8（滞后）时，能保证二次线圈相应准确级的基准负荷，以视在功率伏安数表示。二次负荷是指二次回路中所有仪器、仪表及连接线的总负荷。额定输出标准值有10V·A＊、15V·A、25V·A＊、30V·A、75V·A、100V·A＊、150V·A、200V·A＊、250V·A、300V·A、400V·A、500V·A＊。其中，有＊号者为优先选用。

4）电压比。电压互感器的电压比为额定一次电压与额定二次电压之比，用 K_u 表示，即

$$K_u = \frac{U_{1N}}{U_{2N}}$$

（5）电压互感器的接线方式　电压互感器在三相系统中需要测量的电压有相电压、线电压

和单相接地时出现的零序电压，因而电压互感器在三相电路中的接线方式主要有以下四种，如图 3-20 所示。

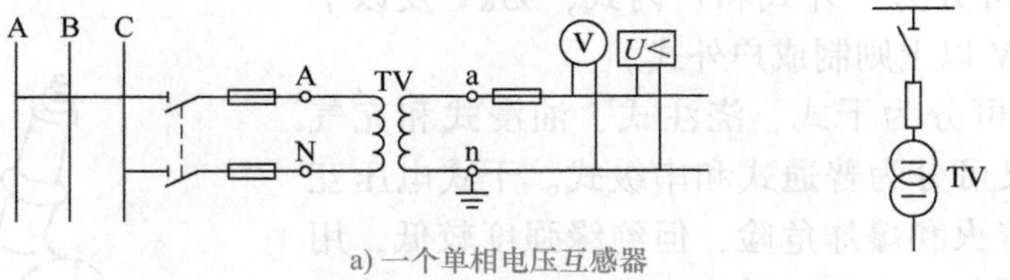

a) 一个单相电压互感器

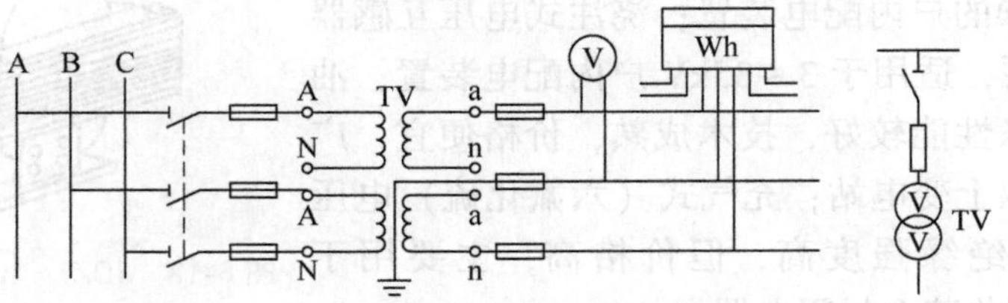

b) 两个单相电压互感器接成V/V形

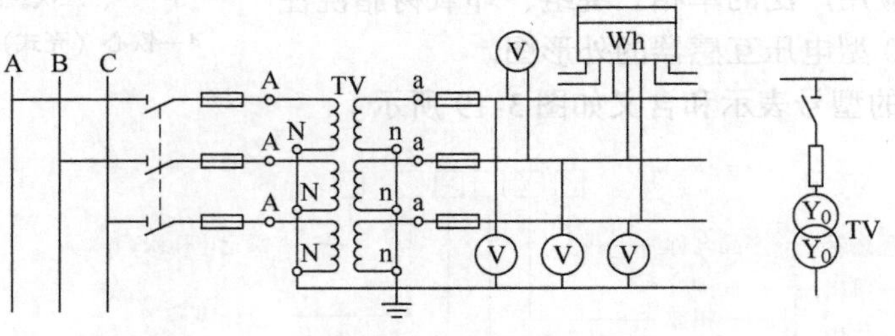

c) 三个单相电压互感器接成Y_0/Y_0形

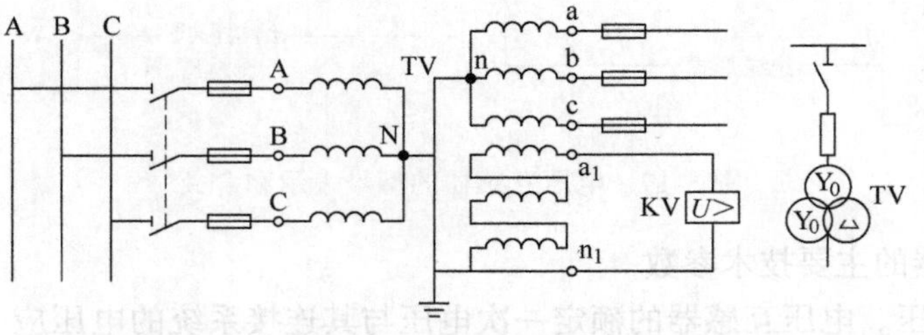

d) 三个单相三绕组或一个三相五心柱三绕组电压互感器接成Y_0/Y_0/△(开口三角)形

图 3-20　电压互感器的接线方式

1）一个单相电压互感器的接线如图 3-20a 所示。这种接线只能测量两相之间的线电压，供仪表、继电器接于一个线电压。

2）两个单相电压互感器接成 V/V 形，如图 3-20b 所示。这种接线又称为不完全星形接线，它广泛应用在变配电所的 6～10kV 高压配电装置中，供仪表、继电器接于三相三线制电路的各个线电压。

3）三个单相电压互感器接成 Y_0/Y_0 形，如图 3-20c 所示。它采用 3 个单相电压互感器，一次和二次绕组都接成星形，绕组中性点接地，可满足仪表和电压继电器取用线电压和相电压的要求，也可供电给接相电压的绝缘监视电压表。由于小接地电流系统在一次侧发生单相接地时，另外完好的不接地两相的对地电压要升高到线电压，所以绝缘监视电压表的量程不能按相电压选择，而应按线电压选择，否则在发生单相接地时，电压表可能被烧毁。

4）三个单相三绕组或一个三相五心柱三绕组电压互感器接成 Y_0/Y_0/△（开口三角）形，如图 3-20d 所示。其中接成 Y_0 的二次绕组，供电给需接线电压的仪表、继电器及绝缘监视电压表，与图 3-20c 的二次接线相同。接成△（开口三角）形的辅助二次绕组接电压继电器。当一次电压正常时，由于三个相电压对称，因此开口三角形开口的两端电压接近于零。但当一次电路有一相接地时，开口三角形开口的两端将出现近100V的零序电压，使电压继电器动作，发出故障信号。

（6）电压互感器运行中的注意事项　由于电压互感器的二次侧所接的全是电压表、电能表、功率表的电压线圈和各种继电器的电压线圈，这些线圈的阻抗值很大，因此电压互感器基本上工作在空载状态，二次侧输出电压为100V。所以，电压互感器运行中有以下注意事项。

1）电压互感器在工作时其二次侧不得短路。由于电压互感器一次、二次绕组都是在并联状态下工作的，如果二次侧短路，则将产生很大的短路电流，有可能烧毁互感器，甚至影响一次电路的安全运行。因此，电压互感器的一次侧、二次侧都必须装设熔断器以进行短路保护。

2）电压互感器的二次侧有一端必须接地。这是为了防止一次、二次绕组间的绝缘击穿时，一次侧的高电压窜入二次侧，危及人身和设备的安全。

3）电压互感器在连接时必须注意端子的极性。按GB/T 20840.3—2013《互感器 第3部分：电磁式电压互感器的补充技术要求》规定，电压互感器绕组端子采用“减极性”标号法。单相分别标A、N和a、n，其中A与a、N与n分别为对应的同名端（同极性端）；而三相按相序，一次绕组端子标A、B、C、N，二次绕组端子标a、b、c、n，其中A与a、B与b、C与c、N与n分别为对应的同名端（同极性端）。N、n分别表示一次、二次绕组的中性点。

子任务2　高压熔断器的运行与维护

1. 高压熔断器的功能

高压熔断器（文字符号为FU）是一种结构最简单、应用最广泛的保护电器。熔断器主要由熔体和熔管等组成，为了提高灭弧能力，有的熔管内还填有石英砂等灭弧介质。

高压熔断器是用来防止高压电气设备发生短路和长期过负荷的保护元件。在供配电系统中，容量小而且不太重要的负荷，广泛使用高压熔断器作为输电、配电线路及变压器的短路及过负荷保护。

其主要优点是结构简单、价格便宜和维护方便。但熔断器的保护特性误差较大，且其焰体一般是一次性的，熔断后难以修复。

2. 高压熔断器的分类

高压熔断器按其在工厂供配电系统中的使用场合可分为户内式和户外式两大类。

户内广泛采用RN1、RN2型等高压管式限流熔断器；户外则广泛采用RW4－10、RW10－10F型等高压跌落式熔断器（又称跌开式熔断器），也有的采用RW10－35型高压限流熔断器等。

高压熔断器的型号表示和含义如图3-21所示。

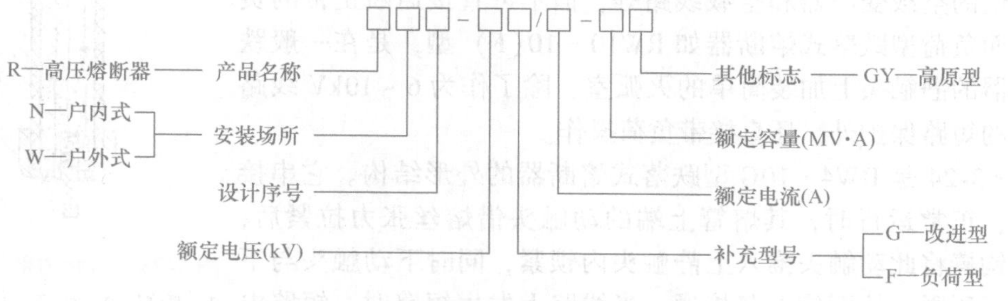

图3-21　高压熔断器的型号表示和含义

3. 高压熔断器的结构及原理

（1）RN1、RN2 型高压熔断器

1）RN1、RN2 型高压熔断器特点为：RN1 型高压熔断器常用于电力线路及变压器的过负荷和短路保护，其熔体要通过主电路的短路电流，因此其结构尺寸较大，额定电流可达到 100A。RN2 型高压熔断器则主要用于电压互感器一次侧的短路保护。由于电压互感器二次侧接近于空载状态，其一次侧电流很小，因此 RN2 型的结构尺寸较小，其熔体额定电流一般为 0.5A。

2）RN1 和 RN2 型高压熔断器的结构基本相同，都是瓷质熔管内填充石英砂的密闭式熔断器，其外形如图 3-22 所示，图 3-23 为熔管内部结构示意图，RN1 和 RN2 型高压熔断器主要组成部分有熔管、触座、熔断指示器、瓷绝缘子和底座。熔管一般为瓷质管，熔丝由单根或多根镀银的细铜丝并联绕成螺旋状，熔丝上焊有小锡球。锡是低熔点金属，过负荷时包围铜熔丝的锡球受热首先熔化，铜锡互相渗透形成熔点较低的铜锡合金，使铜熔丝在较低的温度下熔断，即所谓的“冶金效应”。它使得熔断器能在较小的短路电流或不太大的过负荷电流时动作，提高了保护的灵敏度。熔体采用几根铜丝并联，并且熔管内填充了石英砂，是分别利用粗弧分细灭弧法来加速电弧熄灭的。这种熔断器能在短路后不到半个周期即短路电流未达到冲击值之前即能完全熄灭电弧，切断短路电流，因此这种熔断器属于“限流式”熔断器。

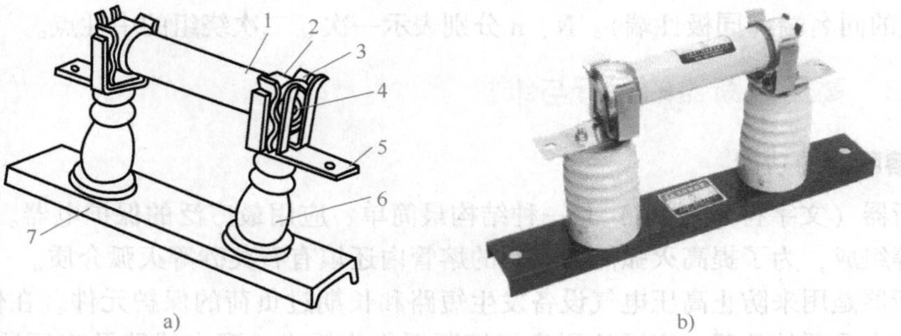

图 3-22　RN1、RN2 型高压熔断器的外形图

1—瓷质熔管　2—金属管帽　3—弹性触座　4—熔断指示器　5—接线端子　6—瓷绝缘子　7—底座

（2）RW 型高压熔断器

1）RW 型高压熔断器特点为：RW 型跌落式熔断器，广泛应用于周围没有导电尘埃、腐蚀性气体、易燃易爆危险和剧烈振动的户外场所，既可用作 6～10kV 线路和设备的短路保护，又可在一定条件下，直接用高压绝缘钩棒（俗称令克棒）来操作熔管的分合，一般的跌落式熔断器（如 RW4－10G 型）只能在无负荷下操作，或仅通断小容量的空载变压器和空载线路等，但不可直接通断正常的负荷电流。而负荷型跌落式熔断器如 RW10－10(F) 型，是在一般跌落式熔断器的静触头上加装简单的灭弧室，除了作为 6～10kV 线路和变压器的短路保护外，还直接带负荷操作。

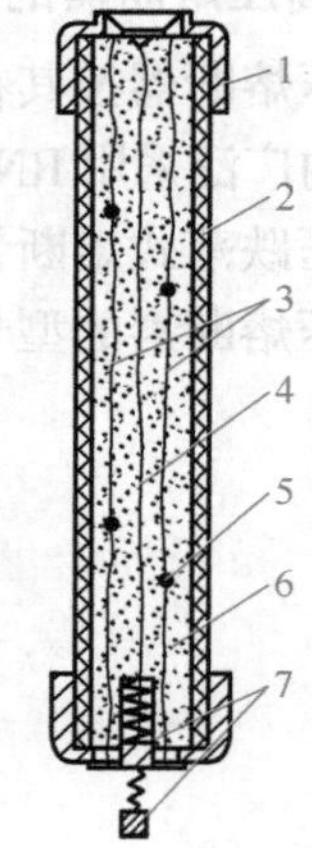

图 3-23　熔管内部结构示意图

1—管帽　2—瓷管　3—工作熔体　4—指示熔体（铜丝）　5—锡球　6—石英砂填料　7—熔断指示器

2）图 3-24 是 RW4－10G 型跌落式熔断器的外形结构。它串接在线路上，正常运行时，其熔管上端的动触头借熔丝张力拉紧后，利用绝缘钩棒将此动触头推入上静触头内锁紧，同时下动触头与下静触头相互压紧，从而使电路接通。当线路上发生短路时，短路电流使熔丝熔断，形成电弧。消弧管（熔管）由于电弧烧灼而分解出大量气体，使管内压力剧增，并沿管道形成强烈的气流纵向吹弧，

使电弧迅速熄灭。熔丝熔断后，熔管的上触头因失去张力而下翻，使锁紧机构释放熔管，在触头弹力及熔管自重的作用下，熔管跌开，造成明显可见的断开间隙，兼起隔离开关的作用。

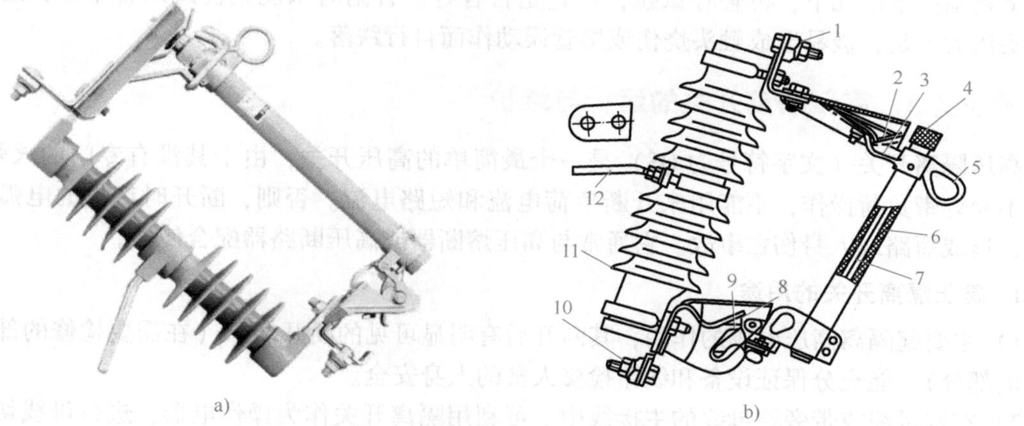

图 3-24　RW4－10G 型跌落式熔断器基本结构

1—上接线端子　2—上静触头　3—上动触头　4—管帽　5—操作环　6—熔管（内套纤维质消弧管）
7 —铜熔丝　8—下动触头　9—下静触头　10—下接线端子　11—瓷绝缘子　12 —固定安装板

由图 3-24 可以看出，其熔管上端在正常运行封闭，可以防止雨水浸入。在分断小的短路电流时，由于上端封闭而形成单端排气，使管内保持足够大的压力，这有利于熄灭小的短路电流所产生的电弧。而在分断大的短路电流时，由于管内产生的气压大，使上端薄膜冲开而形成两端排气，这有利于防止分断大的短路电流可能造成的熔管爆破，从而有效地解决了自产气熔断器分断大小故障电流的矛盾。

3）RW10－10(F) 型跌落式熔断器（负荷型）的灭弧能力不是很强，灭弧速度也不快，不能在短路电流达到冲击值之前熄灭电弧，因此属于非限流熔断器。

4. 高压熔断器的主要技术参数

1）熔断器的额定电流是指熔断器壳体的载流部分和接触部分允许长期通过的工作电流。

2）熔体的额定电流是指长期通过熔体而熔体不会熔断的最大电流。熔体的额定电流通常小于或等于熔断器的额定电流。

3）熔断器的极限断路电流是指熔断器所能分断的最大电流。

5. 跌落式熔断器的操作

一般情况下，不允许带负荷操作跌落式熔断器，只允许操作空载设备（线路）。但在 10kV 配电线路分支线和额定容量小于 200kV · A 的配电变压器上允许按下列要求带负荷操作。

1）操作时由两个人进行（一人监护，一人操作），且必须戴绝缘手套、穿绝缘鞋、戴护目镜，使用电压等级相匹配的合格绝缘棒操作，在雷雨等恶劣天气情况下禁止操作。

2）在拉闸操作时，一般规定先拉断中相，再拉断背风边相，最后拉断迎风边相。因为配电变压器由三相运行改为两相运行，拉断中相时所产生的电弧火花最小，不至于造成相间短路。其次是拉断背风边相，因为中相已被拉开，背风边相与迎风边相的距离增加了 1 倍，即使有过电压产生，造成相间短路的可能性也很小。最后拉断迎风边相时，仅有配电变压器对地的电容电流，产生的电火花已很轻微。

3）合闸时先合迎风边相，再合背风边相，这是因为中相未合上，相间距离较大，即使产生较大的电弧，造成相间短路的可能性也很小。最后合上中相，仅使配电变压器两相运行变为三相运行，其产生的电火花很小，不会出现异常问题。

4）操作熔断器是一个频繁的操作项目，操作不当便会造成触头烧伤，产生毛刺，引起接触不良，使触头过热，弹簧退火，促使触头接触更为不良，如此形成恶性循环。所以，拉、合熔断器时不要用力过猛，合好后要仔细检查鸭嘴能否紧紧扣住舌头长度的2/3以上，可用拉闸杆钩住上鸭嘴向下压几下，再轻轻试拉，检查是否合好。合闸时未能到位或未合牢靠，熔断器上静触头压力不足，极易造成触头烧伤或熔管误动作而自行跌落。

子任务3　高压隔离开关的运行与维护

高压隔离开关（文字符号为QS）是一个最简单的高压开关，由于其没有专门的灭弧装置，因此不允许带负荷操作，不能用来开断负荷电流和短路电流。否则，断开时产生的电弧会烧坏开关，造成短路或人身伤亡事故。它通常与高压熔断器或高压断路器配合使用。

1. 高压隔离开关的用途

1）主要起隔离高压电源的作用，其断开后有明显可见的断开间隙（在需要检修的部分和其他带电部分），能充分保证设备和线路检修人员的人身安全。

2）在双母线或带旁路母线的主接线中，可利用隔离开关作为操作电器，进行母线切换，但此时必须遵循“等电位原则”。

3）由于隔离开关能通过拉长电弧的方法灭弧，具有切断小电流的可能性，所以隔离开关可进行下列操作。

① 断开和接通电压互感器和避雷器。

② 断开和接通母线或直接连接在母线上设备的电容电流。

③ 断开和接通励磁电流不超过2A的空载变压器或电容电流不超过5A的空载线路。

④ 断开和接通变压器中性点的接地线（系统没有接地故障才能进行）。

2. 高压隔离开关的分类

1）按极数不同可分为单极式和三极式。

2）按安装地点不同可分为户内式和户外式。

3）按隔离开关运动方式不同可分为水平旋转式、垂直旋转式、摆动式和插入式。

4）按有无接地开关可分为有接地开关式和无接地开关式。

5）按操动机构不同可分为手动式、电动式和气动式。

高压隔离开关的型号表示和含义如图3-25所示。

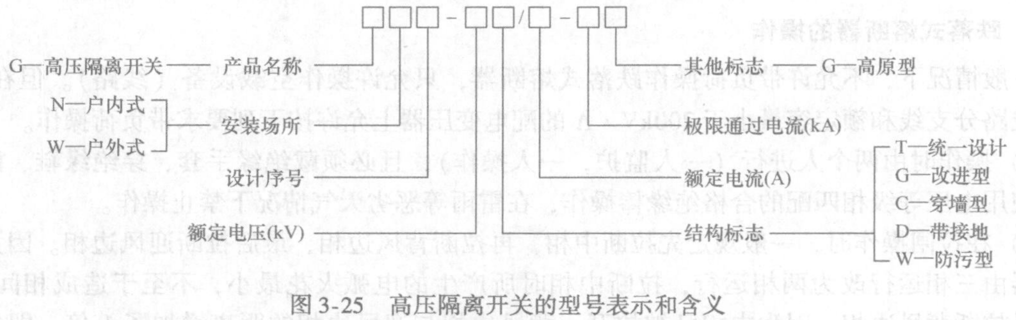

图3-25　高压隔离开关的型号表示和含义

如GN8-10/600型高压隔离开关，其中第1个字母G表示高压隔离开关，第2个字母表示户内式，第1个数字位表示设计序号，第2个数字位表示额定电压为10kV，最后一个数字位表示额定电流为600A。

3. 高压隔离开关的结构

（1）户内式高压隔离开关（GN型）　10kV高压隔离开关型号较多，常用的户内类型有GN8、GN19、GN24、GN28和GN30等。图3-26所示为户内使用的GN8-10/600型高压隔离开关的外形图，图3-27所示为户内式高压隔离开关的实物图，它的三相开关安装在同一底座上，主轴通过拐臂与连杆和操动机构相连，开关均采用垂直回转运动方式。GN型高压隔离开关一般采用手动操动机构进行操作。

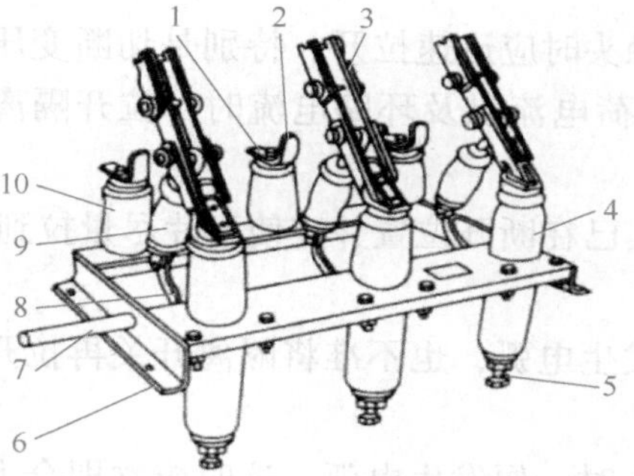

图3-26 GN8-10/600型高压隔离开关外形图

1—上接线端子 2—静触头 3—开关 4—套管绝缘子 5—下接线端子 6—框架 7—转轴 8—拐臂 9—升降绝缘子 10—支柱绝缘子

图3-27 户内式高压隔离开关实物图

(2) 户外式高压隔离开关(GW型) 户外式高压隔离开关的工作条件比较恶劣，绝缘要求较高，应保证在冰雪、雨水、风、灰尘、严寒和酷暑等条件下能可靠工作。户外式高压隔离开关应具有较高的机械强度，因为隔离开关可能在触头结冰时操作，这就要求隔离开关触头在操作时有破冰作用。

户外式高压隔离开关实物图如图3-28所示。图3-29所示为GW5-35D型户外式高压隔离开关的外形图，它是由底座、支柱绝缘子、导电回路等部分组成，两绝缘子成“V”形，交角为50°，借助连杆组成三极联动的隔离开关。底座部分有两个轴承，用以旋转棒式支柱绝缘子，两轴承座间用齿轮啮合，即操作任一柱，另一柱可随之同步旋转，以达到分断、关合的目的。

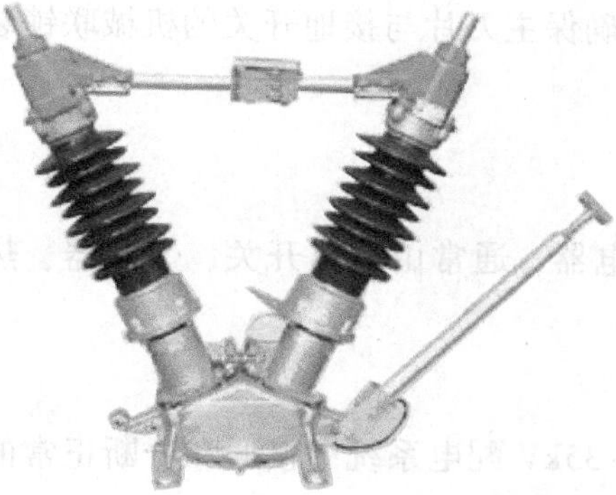

图3-28 GW5型高压隔离开关实物图

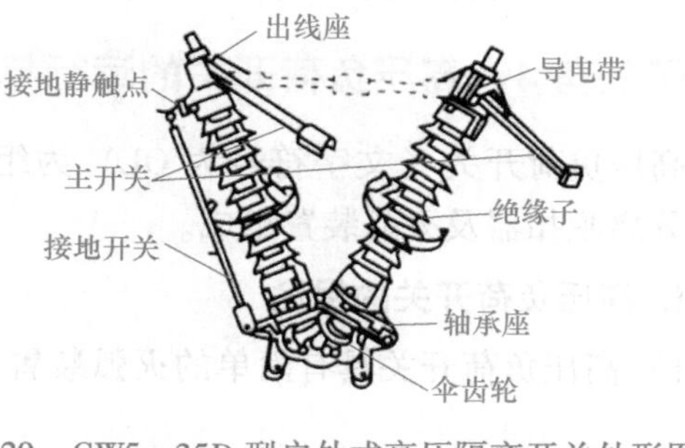

图3-29 GW5-35D型户外式高压隔离开关外形图

4. 高压隔离开关操作

由于高压隔离开关不能分断负荷电流，更不能分断短路电流，因此在隔离开关与断路器配合使用时，应设置防止隔离开关误操作的装置。

在操作隔离开关时应注意操作顺序，停电时先拉线路侧隔离开关，送电时先合母线侧隔离开关。

(1) 合上隔离开关的操作

1) 无论用手动传动装置或用绝缘操动杆操作，均必须迅速而果断，但在合闸终了时用力不可过猛，以免损坏设备，导致机构变形、瓷绝缘子破裂等。

2）隔离开关操作完毕后，应检查是否合上。合好后应使隔离开关完全进入固定触头，并检查接触的严密性。

（2）拉开隔离开关的操作

1）开始时应慢而谨慎，当刀片刚要离开固定触头时应迅速拉开。特别是切断变压器的空载电流、架空线路和电缆的充电电流、架空线路小负荷电流以及环路电流时，拉开隔离开关更应迅速果断，以便能迅速消弧。

2）拉开隔离开关后，应检查隔离开关每相确实已在断开位置并应使刀片尽量拉到头。

（3）在操作中误合、误拉隔离开关的注意事项

1）误合隔离开关时。即使合错甚至在合闸时发生电弧，也不准将隔离开关再拉开。因为带负荷拉开隔离开关，将造成三相弧光短路事故。

2）误拉隔离开关时。在刀片刚要离开固定触头时，便发生电弧，这时应立即合上，可以消灭电弧，避免事故。如果隔离开关已经全部拉开，则绝不允许将误拉的隔离开关再合上。

如果是单极隔离开关，操作一相后发现误拉，对其他两相则不允许继续操作。

5. 高压隔离开关防止误操作的措施

1）在隔离开关和断路器之间应装设机械联锁，通常采用连杆机构来保证在断路器处于合闸位置时，使隔离开关无法分闸。

2）利用油断路器操动机构上的辅助触头来控制电磁锁，使电磁锁能锁住隔离开关的操动把手，保证油断路器未断开之前，隔离开关的操动把手不能操作。

3）在隔离开关与断路器距离较远而采用机械联锁有困难时，可将隔离开关的锁用钥匙存放在断路器处或该断路器的控制开关操动把手上，只有在断路器分闸后，才能将钥匙取出并打开与之相应的隔离开关，避免带负荷拉闸。

4）在隔离开关操动机构处加装接地线的机械联锁装置，在接地线未拆除前，隔离开关无法进行合闸操作。

5）检修时应仔细检查带有接地开关的隔离开关，确保主刀片与接地开关的机械联锁装置良好，在主刀片闭合时接地开关应先打开。

子任务 4　高压负荷开关的运行与维护

高压负荷开关（文字符号为 QL）为组合式高压电器，通常由隔离开关、熔断器、热继电器、分离脱扣器及灭弧装置组成。

1. 高压负荷开关的用途

1）高压负荷开关具有简单的灭弧装置，用于 10～35kV 配电系统中接通和分断正常的负荷电流。

2）高压负荷开关断开后，具有明显可见的断口，也具有隔离电源，保证检修安全的功能。

3）高压负荷开关不能断开短路电流，必须与高压熔断器串联使用，借助熔断器来断开短路电流。

高压负荷开关的型号表示和含义如图 3-30 所示。

高压负荷开关的类型较多，一种是独立安装在墙上、构架上的，其结构类似于隔离开关；另一种是安装在高压开关柜中的。

2. 高压负荷开关的结构

高压负荷开关按负荷开关灭弧介质及灭弧方式的不同可分为产气式、压气式、充油式、真

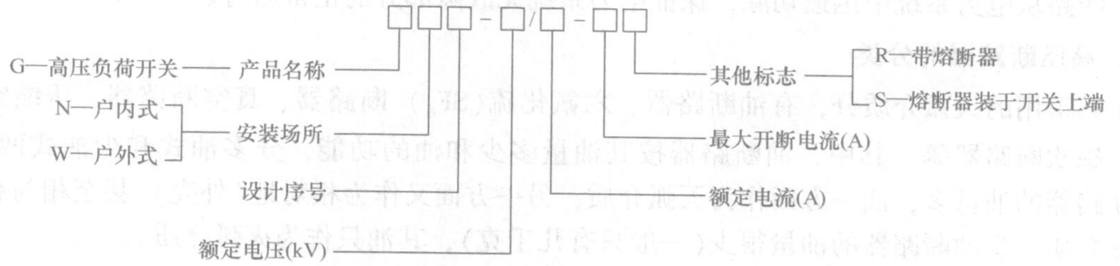

图3-30 高压负荷开关的型号表示和含义

空式及 SF_6 式等，按负荷开关安装地点的不同又可分为户内式和户外式。图3-31所示为高压负荷开关实物图。图3-32所示为一种较为常用的FN3－10RT型压气式高压负荷开关的外形图，上半部是负荷开关本身，下半部是RN1型高压熔断器。负荷开关的上绝缘子是一个压气式灭弧室，它不仅起支持绝缘子的作用，而且内部是一个气缸，其中装有由操动机构主轴传动的活塞。分闸时，与负荷开关相连的弧动触头与绝缘喷嘴内的弧静触头之间产生电弧。由于分闸时主轴转动而带动活塞，压缩气缸内的空气使之从喷嘴向外吹弧，使电弧迅速拉长，同时在电流回路的电磁吹弧作用下，使电弧迅速熄灭。但是，负荷开关的灭弧断流能力是很有限的，只能断开一定的负荷电流和过负荷电流，因此负荷开关不能配以短路保护装置来自动跳闸，但可以装设热脱扣器用于过负荷保护。

图3-31 高压负荷开关实物图

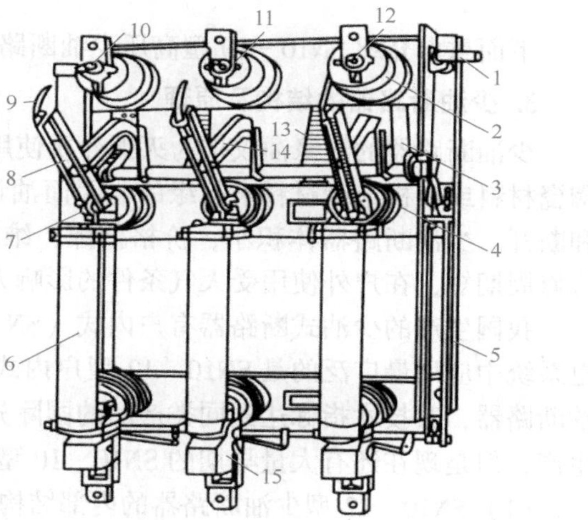

图3-32 FN3－10RT型压气式高压负荷开关外形图

1—主轴 2—上绝缘子兼气缸 3—连杆 4—下绝缘子 5—框架
6—RN1型高压熔断器 7—下触头 8—开关 9—弧动触头
10—绝缘喷嘴（内有弧静触头） 11—主静触头
12—上触座 13—断路弹簧 14—绝缘拉杆 15—热脱扣器

子任务5 高压断路器的运行与维护

高压断路器不仅能通断正常的负荷电流，而且能通断和承受一定时间的短路电流，并能在保护装置的作用下自动跳闸，切除短路故障。

1. 高压断路器的用途

高压断路器在电力系统中起两方面的作用：

1）控制作用。根据电力系统运行的需要，将部分电气设备或线路投入或退出运行。

2）保护作用。电气设备或线路发生故障时，通过继电保护装置使断路器跳闸，将故障部分设备或线路从电力系统中迅速切除，保证电力系统无故障部分的正常运行。

2. 高压断路器的分类

按其采用的灭弧介质分，有油断路器、六氟化硫（SF_6）断路器、真空断路器、压缩空气断路器、磁吹断路器等。其中，油断路器按其油量多少和油的功能，分多油式和少油式两大类。多油断路器的油量多，油一方面作为灭弧介质，另一方面又作为相对地（外壳）甚至相与相之间的绝缘介质。少油断路器的油量很少（一般只有几千克），其油只作为灭弧介质。

目前，压缩空气断路器已基本不使用，油断路器也属于淘汰产品，真空断路器和六氟化硫（SF_6）断路器得到了广泛的使用。但由于少油断路器成本低，在输配电系统中还占据着比较重要的地位。

高压断路器的型号表示和含义如图 3-33 所示。

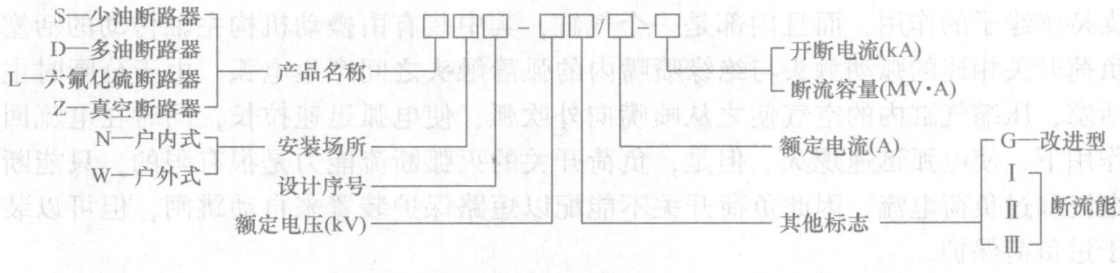

图 3-33　高压断路器的型号表示和含义

下面重点介绍 SN10－10 型高压少油断路器、高压 SF_6 断路器和高压真空断路器。

3. 少油断路器的结构及原理

少油断路器的绝缘油仅作为灭弧介质使用，不作为主要绝缘介质，而载流部分是依靠空气、陶瓷材料或有机绝缘材料来绝缘的，因而油量很少。开关触头在具有灭弧功能的绝缘油中闭合和断开。少油断路器体积小，价格低廉，维护方便，不能频繁操作，多用于 6～10kV 线路中，检修周期短，在户外使用受大气条件的影响大。

我国生产的少油式断路器有户内式（SN 型）和户外式（SW 型）两类。目前工厂企业变配电系统中应用最广泛的是 SN10－12 型户内式少油断路器，是我国目前唯一继续生产的 10kV 少油断路器，其技术指标达到同类产品的国际先进水平，改进前的 SN10－10 型少油断路器已不再生产，但是现在还有大量早期的 SN10－10 型少油断路器在系统中运行。

（1）SN10－12 型少油断路器的内部结构　图 3-34 所示为 SN10－12 型少油断路器的实物图，图 3-35 为其结构示意图。SN10－12 型少油断路器三相分装，共用一套传动机构和一台操动机构，操动机构可采用 CD10（直流电磁操动机构）型或 CT8（弹簧储能操动机构）型，也可配用其他合适的操动机构。

SN10－12I、SN10－12D、SN10－12UI 型少油断路器结构基本相似，由框架、传动系统和油箱本体三部分组成，但 SN10－12D1 型 2000A 和 3000A 少油断路器的箱体采用双筒结构，由主筒和副筒组成。

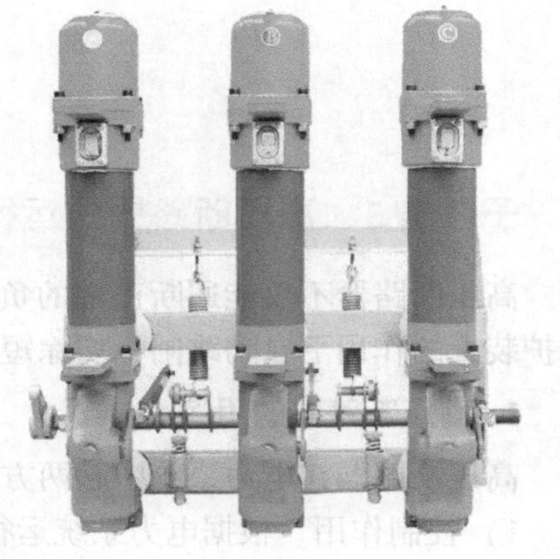

图 3-34　SN10－12 型少油断路器实物图

（2）SN10－12 型少油断路器动作原理

1）合闸过程。断路器的合闸动力来自操动机构，合闸时其动力经过操动机构中的传动机构、断路器的传动系统和变直机构三次传递后，操动动触杆向上运动合闸。

2）分闸过程。操动机构接到分闸命令时，合闸保持机构被释放，动触杆向下运动分闸。分闸末期，油缓冲器的活塞进入动触杆尾部的油室，起分闸缓冲作用。

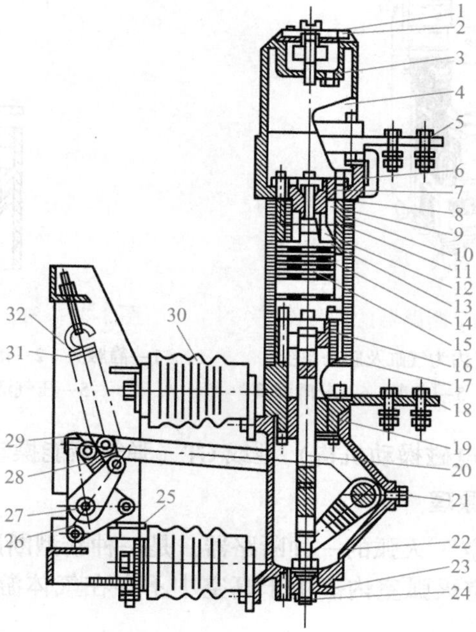

图3-35 SN10－12型少油断路器结构示意图

1—排气孔盖 2—注油螺栓 3—回油阀 4—上帽装配 5—上接线座 6—油位计 7—静触座装配 8—逆止阀 9—弹簧片 10—绝缘套筒 11—上压环 12—绝缘环 13—触指 14—弧触指 15—灭弧室装配 16—下压环 17—绝缘筒装配 18—下接线座装配 19—滚动触头 20—导电杆装配 21—特殊螺栓 22—机座装配 23—油缓冲器 24—放油螺栓 25—合闸缓冲器 26—轴承座 27—主轴 28—分闸限位器 29—绝缘拉杆 30—支持绝缘子 31—分闸弹簧 32—框架装配

4. SF_6 断路器的结构及原理

SF_6 断路器是利用 SF_6 气体作为灭弧和绝缘介质的一种断路器，适用于需要频繁操作及有易燃易爆危险的场所，广泛应用在封闭式组合配电装置中。

（1）SF_6 断路器特点　灭弧能力强，断流容量大，绝缘性能好，检修周期长，可频繁操作，体积小，维护要求严格，价格高。SF_6 气体本身无毒，但在高温作用下会生成氟化氢等强烈腐蚀性的剧毒物，检修时注意防毒。

（2）SF_6 断路器结构与原理　图3-36所示为LN2－10型 SF_6 断路器的外形。图3-37所示为 SF_6 断路器灭弧室结构示意图，断路器的静触头和灭弧室中的压气活塞是相对固定的。当跳闸时，装有动触头和绝缘喷嘴的气缸由断路器的操动机构通过连杆带动离开静触头，使气缸和活塞产生相对运动来压缩 SF_6 气体并使之通过喷嘴吹出，用吹弧法来迅速熄灭电弧。

（3）SF_6 断路器的特点　SF_6 断路器的主要优点如下：

1）断流能力强，灭弧速度快，电气寿命长，满容量开断30次不检修，不更换 SF_6 气体。

2）电绝缘性能好，适用于频繁操作，且无燃烧爆炸危险。

3）结构简单，体积小，检修周期长。

SF_6 断路器也有加工精度要求很高、密封性能要求高、对水分和气体的检测控制要求更严格、价格高等缺点。

SF_6 是一种无色、无味、无毒且不易燃的惰性气体，在150℃以下时，其化学性能相当稳定，具有优良的电绝缘性能，特别在电流过零时，电弧暂时熄灭后，具有迅速恢复绝缘强度的能力，从而使电弧熄灭。

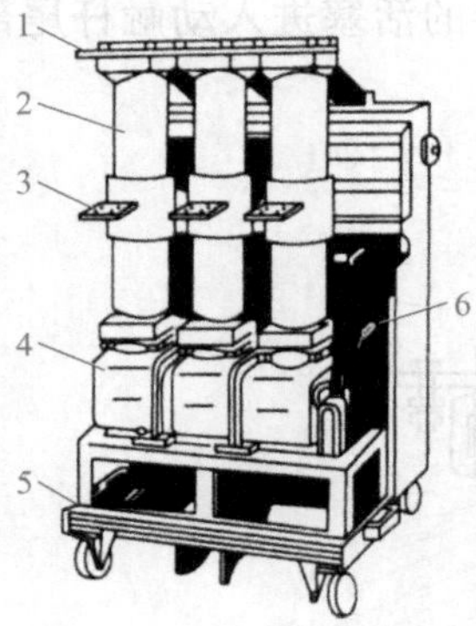

图 3-36　LN2 - 10 型 SF_6 断路器的外形图

1—上接线端　2—绝缘筒（内为气缸及触头系统）
3—下接线端　4—操动机构　5—小车　6—分闸弹簧

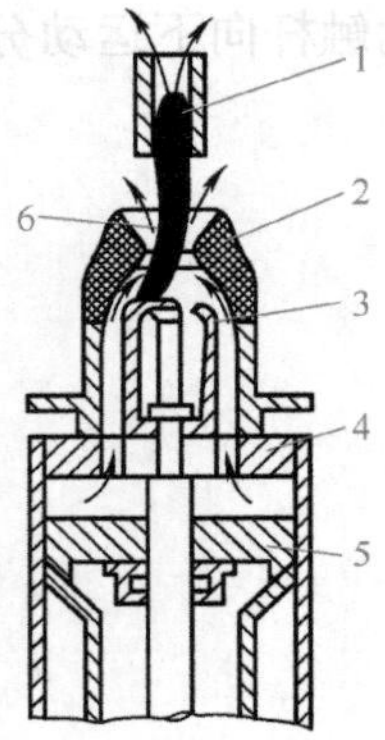

图 3-37　SF_6 断路器灭弧室结构示意图

1—静触头　2—绝缘喷嘴　3—动触头　4—气缸
5—压气活塞（固定）　6—电弧

SF_6 断路器也配用 CD（电磁操动机构）型或 CT（弹簧储能操动机构）型，主要是 CT 型。

5. 真空断路器的结构与原理

真空断路器是利用“真空”灭弧的一种断路器，是一种新型断路器，我国已成批生产 ZN 型真空断路器，其触头装在真空灭弧室内。由于真空中不存在气体游离问题，所以真空断路器的触头在断开时电弧很难发生。

（1）真空断路器的特点　真空断路器主要适用于 35kV 及以下户内变配电所，其优点如下：

1）触头开距短，所需操作功率小，动作快。
2）燃弧时间短，一般只需要半个周期，且与开断电流大小无关。
3）熄弧后触头间隙介质恢复迅速。
4）开断电流触头烧蚀轻微，使用寿命长。
5）适用于频繁操作，特别适用于电容性电流。
6）体积小，质量轻，能防火防爆。
7）操作噪声小，运行与维护简单。

真空断路器的价格较高，主要适用于频繁操作和安全要求较高的场所，取代少油断路器而广泛应用在高压配电装置中。

（2）真空断路器的基本结构　真空断路器按使用场所可分为户内式和户外式，分别用 ZN 和 ZW 来表示；按断路器主体与操动机构的相关位置划分为整体式和分体式。图 3-38 所示为 ZN28 - 12型真空断路器实物图，它主要由真空灭弧室、操动机构、绝缘体传动件、底座等组成。真空灭弧室结构示意图如图 3-39 所示。

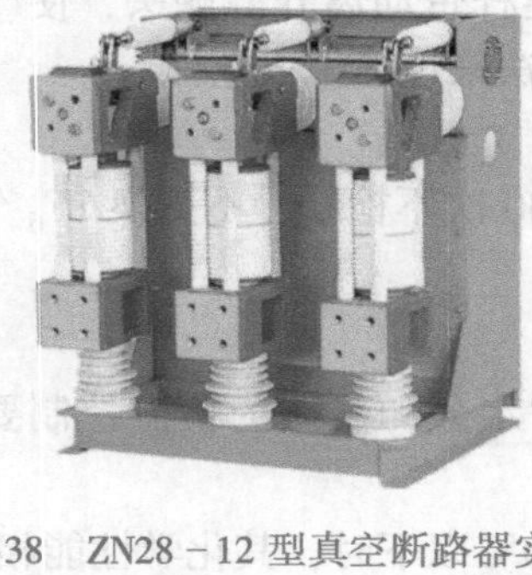

图 3-38　ZN28 - 12 型真空断路器实物图

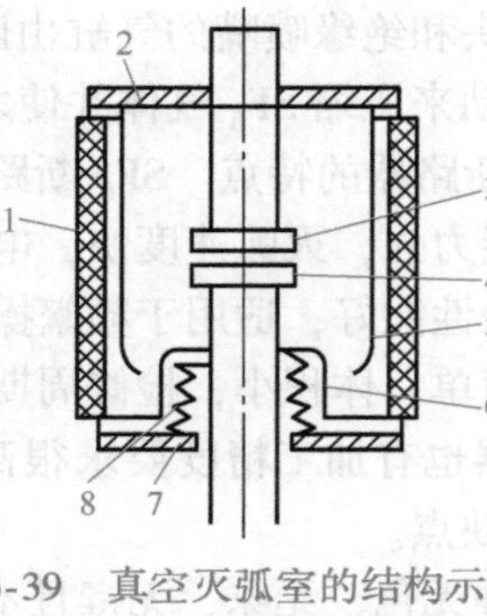

图 3-39　真空灭弧室的结构示意图

1—绝缘外壳　2、7—端盖　3—静触头　4—动触头
5—主屏蔽罩　6—波纹管屏蔽罩　8—波纹管

（3）真空断路器动作原理　真空断路器在开断电流时，两触头间就要产生电弧，电弧的温度很高，能使触头材料蒸发，在两触头间形成很多金属蒸气。由于触头周围是“真空”的，只有很少气体分子，所以金属蒸气很快就跑向触头周围的屏蔽罩上，以致在电流过零后极短的时间内（几微秒）触头间隙就恢复了原有的高“真空”状态。因此，真空断路器的灭弧能力要比高压少油断路器优越得多。真空断路器由于熄弧速度太快，容易产生操作过电压，直接威胁着电气设备的安全运行。

真空断路器同样配用CD型或CT型操动机构，且同样主要用CT型。

子任务6　高压开关柜的运行与维护

高压开关柜是按一定的线路方案将有关一次、二次设备组装在一起构成的一种高压成套配电装置，是以开关为主的成套电器，它将电气主电路分成若干个单元，每个单元即一个回路，将每个单元的断路器、隔离开关、电流互感器、电压互感器及保护、控制、测量等设备集中装配在一个整体柜内（通常称为一面或一个高压开关柜）。多个高压开关柜在发电厂、变电站或配电所安装后组成的电力装置称为成套配电装置，主要用于供配电系统接受与分配电能及对线路进行控制、测量、保护和调整。

高压开关柜内配用的主开关为真空断路器、SF_6 断路器和少油断路器。目前少油断路器已逐渐被真空断路器和 SF_6 断路器取代。柜型和主开关的选择，应根据工程设计、造价、使用场所、保护对象来确定。

我国近年来生产的高压开关柜都具有“五防”的安全措施。所谓“五防”是指：①防止误跳、误合断路器；②防止带负荷分、合隔离开关；③防止带电挂接地线；④防止带接地线合隔离开关；⑤防止人员误入带电间隔。

“五防”柜从电气和机械联锁上采取的措施，实现了高压安全操作程序化，防止了误操作，提高了安全性和可靠性。

1. 高压开关柜的特点

1）由于有金属外壳（柜体）保护，电气设备和载流导体不易被灰尘侵蚀脏污，便于维护，特别对处在污秽地区的变配电所，这显得更为突出。

2）易于实现系列化、标准化，具有结构紧凑、布局合理、体积小、造价低、装配质量好、速度快和运行可靠的特点。

3）高压开关柜的电气设备安装、线路敷设与变配电所施工分开进行，可缩短基建时间。

2. 高压开关柜的分类

1）按柜体结构特点，可分为开启式和封闭式。开启式高压开关柜的高压母线外露，柜内各元件也不隔开，结构简单，造价低。封闭式高压开关柜的母线、电缆头、断路器和测量仪表等均相互隔开，主要有金属封闭式、金属封闭铠装式、金属封闭箱式和 SF_6 封闭组合电器等，运行较为安全，适用于工作条件差、要求较高的场所。

2）按元件的固定特点，可分为固定式和手车式（移开式）。固定式高压开关柜的全部电气设备均固定在柜内。手车式高压开关柜的断路器及其操动机构（有时包括电流互感器、仪表等）安装在可以从柜内拉出的小车上，便于检修和更换元件。断路器在柜内用插入式触头与固定在柜内的电路连接，取代了隔离开关。

3）按其母线套数，可分为单母线和双母线。35kV以下的配电装置一般采用单母线。

目前，国产新型高压开关柜的型号表示和含义如图3-40所示。

3. 高压开关柜的结构

（1）固定式高压开关柜的结构　一般中小型工厂中，普遍采用固定式高压开关柜，这种防

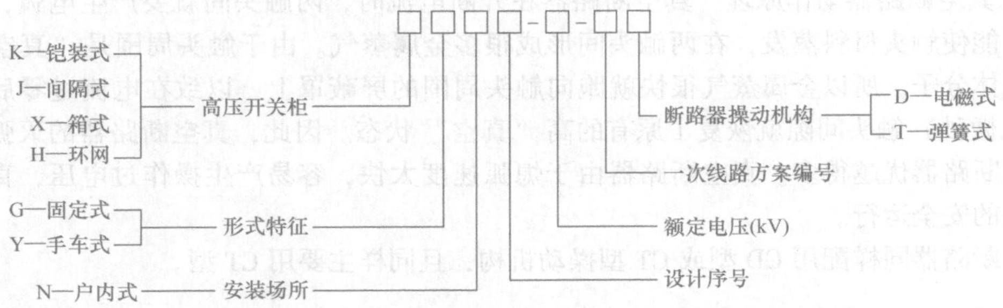

图 3-40　高压开关柜的型号表示和含义

误型开关柜具有“五防”功能。图 3-41 所示为 XGN2－12 型固定式金属封闭开关柜的外形结构。

XGN2－12 型固定式金属封闭开关柜，按柜体的功能可分为主母线室、断路器室、电缆室、继电器和仪表室、柜顶小母线室、二次端子室等单元。柜内的高压一次元件主要有电流互感器、隔离开关、断路器母线等。柜内的二次元件主要有继电器、电能表、电流表、转换开关、信号灯等。

（2）手车式高压开关柜的结构　手车式（又称移开式）高压开关柜的高压断路器等主要电气设备装在可以拉出和推入开关柜的手车上。当断路器等设备需要检修时，可随时将其手车拉出，然后推入同类备用手车，即可恢复供电。因此，它具有检修安全、供电可靠性高等优点。图 3-42 是 KYN28－12 型手车式高压开关柜的外形结构。

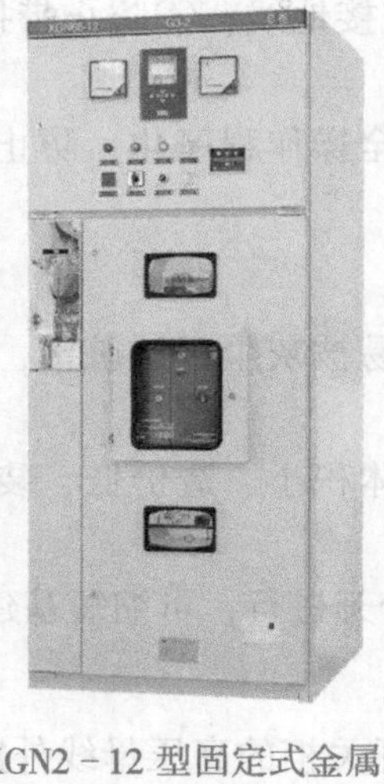

图 3-41　XGN2－12 型固定式金属封闭开关柜

图 3-42　KYN28－12 型手车式高压开关柜

（3）环网高压开关柜的结构　环网高压开关柜是将原来的负荷开关、隔离开关、接地开关的功能，合并为一个“三位置开关”，它兼有通断、隔离和接地三种功能。其中，三位置开关被密封在一个充满 SF_6 气体的壳体内，利用 SF_6 来进行绝缘和灭弧。因此，这种三位置开关兼有负荷开关、隔离开关和接地开关的功能。图 3-43 所示为环网高压开关柜的外形结构。

4. 封闭式组合电器的认识

将 SF_6 断路器和其他高压电器元件（除主变压器外），按所需的电气主接线安装在充有一定压力的 SF_6 气体金属壳内所组成的为气体绝缘变电站，也可称为气体绝缘金属封闭开关设备和控制设备或封闭式组合电器（GIS）。图 3-44 所示为封闭式组合电器的外形结构。

GIS一般包括断路器、隔离开关、接地开关、电流互感器、电压互感器、避雷器、母线、进出线套管或电缆连接头等元件。

图 3-43 环网高压开关柜

图 3-44 封闭式组合电器

（1）GIS 的结构与性能特点

1）由于采用 SF_6 气体作为绝缘介质，导电体与金属地电位外壳之间的绝缘距离大大缩小，因此 GIS 的占地面积和安装空间只有相同电压等级常规设备的百分之几到百分之二十。电压等级越高，占地面积比例越小。

2）全部电器元件都被封闭在接地金属外壳内，带电体不暴露在空气中，运行中不受自然条件的影响，其可靠性和安全性比常规电器好。

3）SF_6 气体是不燃、不爆的惰性气体，所以 GIS 属于防爆设备，适合在城市中心地区和其他防爆场所安装使用。

4）GIS 在使用过程中除断路器需要定期维修外，其他元件几乎不需要检修，因而维修工作量和年运行费用大大降低。

5）GIS 结构比较复杂，要求设计制造的安装调试水平高，同时价格较高，变电站一次性投资大，但土建和运行费用低，体现了 GIS 的优越性。

（2）GIS 的母线筒结构

1）全三相共箱式结构。三相母线、三相断路器和其他电器元件都采用共箱筒体。三相共箱式结构的体积和占地面积小，消耗金属材料少，加工工作量小，但其技术要求高。

2）不完全三相共箱式结构。母线采用三相共箱式，而断路器和其他电器元件采用分箱式筒体。

3）全分箱式结构。包括母线在内的所有电器元件都采用分箱式筒体。

在 GIS 内部各电器元件的气室间设置使气体互不相通的密封气隔。其优点是可以将不同的 SF_6 气体压力的各电器元件分隔开，特殊要求的元件可以单独设立一个气隔，在检修时可以减小停电范围，可以减小检修时 SF_6 气体的回收和充放气工作量，有利于安装和扩建工作。

（3）GIS 断路器的布置　GIS 断路器按布置方式可分为立式和卧式。断路器开断装置因断口数量不同有 2 ~ 3 个灭弧室（一个断口对应一个灭弧室）及相应的开断装置。GIS 断路器操动机构一般采用液压操动机构、压缩空气操动机构或弹簧操动机构。

（4）GIS 的出线方式　GIS 的出线方式主要有以下三种。

1）架空线引出方式：在母线筒出线端装设充气（SF_6）套管。

2）电缆引出方式：在母线筒出线端直接与电缆头组合。

3）母线筒出线端直接与主变压器对接：此时连接套管一侧充有 SF_6 气体，另一侧有变压器油。

子任务7 母线的运行与维护

在各级电压的变配电所中，进户线的接线端与高压开关柜之间、高压开关柜与变压器之间、变压器与低压开关柜之间都需要用一定截面积的导体将它们连接起来，这种导体称为母线。母线主要起汇集和分配电能的作用，包括一次设备的主母线和设备连接线、“所用电”部分的交流母线、直流系统的直流母线、二次部分的小母线等。

母线（文字符号为W）又称汇流排，如图3-45所示，母线是配电装置中用来汇集和分配电能的导体。

图3-45 母线的外形结构

1. 母线材料

常用的母线材料有铜、铝、铝合金、钢。各种材料的特点如下：

1）铜母线。电阻率低，耐腐蚀性强，机械强度大，是很好的母线材料，但价格较高，多用在持续工作电流大、位置特别狭窄或污秽对铝有严重腐蚀而对铜腐蚀较轻的场所。

2）铝母线。电阻率较大，为铜的1.7～2倍，但质量轻，仅为铜的30%，且价格较低，因此母线一般都采用铝质材料。

3）铝合金母线。有铝锰合金和铝镁合金两种，形状均为管形。铝锰合金母线载流量大，但强度较差，采用一定的补强措施后可广泛使用；铝镁合金母线机械强度大，但载流量小，主要缺点是焊接困难，因此使用范围较小。

4）钢母线。机械强度大，价格低，但电阻率较大，为铜的6～8倍。用于交流电时，有很大的磁滞和涡流损耗，故仅适用工作电流不大于200A的小容量电路中。

软母线常用多股钢芯铝绞线；硬母线常做成矩形、管形、槽形等形式，其中矩形、槽形母线多用铝排和铜排，管形母线多用铝合金。

2. 母线的布置方式

母线的布置方式对母线的散热条件、载流量和机械强度有很大的影响。母线的布置方式主要有平放、立放和垂直布置。

1）平放。这种布置方式比较稳固，机械强度高，耐短路电流冲击能力强，但散热条件差，载流量小。

2）立放。这种布置方式散热条件好，载流量大，但机械强度不如平放好，耐短路电流冲击能力差。

3）垂直布置。这种布置方式有平放和立放的优点，但配电装置高度增加。

3. 母线的基本要求

1）母线的载流量必须满足设计和规范要求，即母线长期通过的负荷电流应小于母线允许的载流量，发生短路情况时要有足够的热稳定性。

2）母线所用的绝缘子、金具、导线应完好无损，并应进行相关试验。

3）母线应具有足够的机械强度。

4）母线制作时其连接处应保持良好的接触，并应有防腐蚀、防振动和防伸缩损坏的措施。

5）安装母线时，各相带电部分之间、带电部分与地之间的距离，应大于规范要求的安全距离。

6）母线要排列整齐、美观，便于监视和维护。

4. 母线涂漆的基本要求

母线安装后应涂油漆，主要是为了便于识别、防锈蚀和增加美观。母线涂漆颜色应符合以下规定。

1）三相交流母线：A 相——黄色，B 相——绿色，C 相——红色。

2）单相交流母线：从三相母线分支来的应与引出相颜色相同。

3）直流母线：正极——褐色，负极——蓝色。

4）直流均衡汇流母线及交流中性汇流母线：不接地者——紫色，接地者——紫色带黑色横条。

5. 母线排列的基本要求

母线的相序排列、各回路的相序排列应一致，要特别注意多段母线的连接、母线与变压器的连接相序应正确。当设计无规定时应符合下列规定。

1）上下布置的交流母线，由上到下排列为 A、B、C 相；直流母线正极在上，负极在下。

2）水平布置的交流母线，由盘后向盘面排列为 A、B、C 相；直流母线正极在后，负极在前。

3）引下线的交流母线，由左到右排列为 A、B、C 相；直流母线正极在左，负极在右。

子任务 8　电力电容器的运行与维护

1. 电力电容器的用途

电力电容器主要用于提高频率为 50Hz 的电力系统的功率因数，作为产生无功功率的电源。

2. 电力电容器的分类

1）按电压等级，可分为高压、低压两种。

高压并联电容器是单相的，有 1.05kV、3.15kV、6.3kV、10.5kV 四个电压等级。低压并联电容器是三相的，有 0.23kV、4kV 和 0.25kV 三个电压等级。

2）按安装方式，可分为户外式和户内式。

3）按外壳材料，可分为金属外壳、瓷绝缘外壳和胶木外壳。

4）按所用介质，可分为固体介质、液体介质。

电力电容器的型号表示和含义如图 3-46所示。

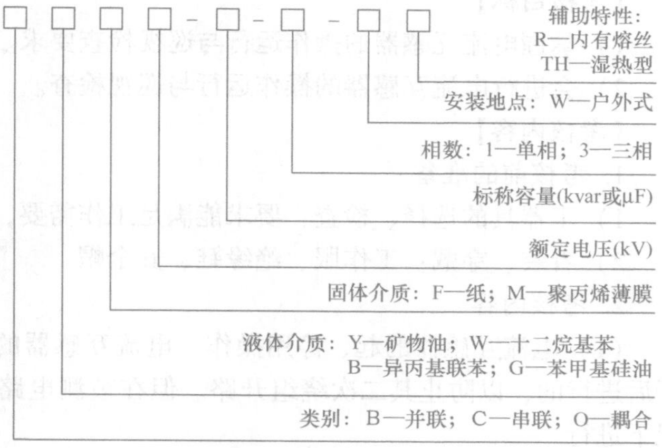

图 3-46　电力电容器的型号表示和含义

3. 电力电容器的结构

电力电容器主要由外壳、电容元件、液压和固体绝缘、紧固件、引出线和套管等部件组成。无论是单相电力电容器还是三相电力电容器，电容元件均放在外壳（油箱）内，箱盖与外壳焊在一起，其上装有引线套管，套管的引出线通过出线连接处与元件的极板相连接。箱盖的一侧焊有接地片，作保护接地用，外壳的两侧焊有两个搬运的吊环。

图 3-47 所示为单相电力电容器的外形结构。

4. 电力电容器的连接

电力电容器既可以串联，也可以并联。当单台电容器的额定电压低于电网的电压时，可采用串联，使串联后的电容器额定电压与电网电压相同。当电容器的额定电压与电网电压相同时，根据容量的需要，可采用并联，但如果条件允许，应尽量采用并联。

图 3-48 所示为电力电容器的安装实物图。

图 3-47　单相电力电容器的外形结构

图 3-48　电力电容器的安装实物图

单相电容器组接入三相电网时，可采用三角形联结或星形联结，但必须满足电容器组的线电压与电网电压相同。GB 50053—2013《20kV 及以下变电所设计规范》规定：高压电容器组应采用接成中性点不接地的星形联结，低压电容器组可采用三角形联结或星形联结。

对于中性点不接地系统，当电容器组采用星形联结时，其外壳也应对地绝缘，绝缘水平应与电网的额定电压相同。

职业技能考核

考核 1　电流互感器的操作运行与巡视检查

【考核目标】

1）掌握电流互感器的操作运行与巡视检查要求。

2）会进行电流互感器的操作运行与巡视检查。

【考核内容】

1. 考核前的准备

1）工器具的选择、检查：要求能满足工作需要，质量符合要求。

2）着装、穿戴：工作服、绝缘鞋、安全帽。

2. 考核内容

（1）电流互感器的起、停用操作　电流互感器的起、停用，一般是在被测电路的断路器断开后进行的，以防止其二次绕组开路。但在被测电路中的断路器不允许断开时，只能在带电情况下进行。

在停电情况下停用电流互感器时，应将纵向连接端子板取下，将标有“进”侧的端子横向短接；在起用电流互感器时，应将横向短接端子板取下，并用取下的端子板将电流互感器纵向端子接通。

在运行中停用电流互感器时，应将标有“进”侧的端子先用备用的端子板横向短接，然后取下纵向端子板；在起用电流互感器时，应用备用端子板将纵向端子接通，然后取下横向端子板。

在电流互感器起、停用中，应注意观察在取下端子板时是否出现火花，如果出现火花，则应立即把端子板装上并拧紧，然后查明原因。另外，工作人员应站在绝缘垫上操作，身体不得碰到接地物体。

（2）电流互感器运行中的巡视检查电流互感器运行中的巡视检查项目如下：

1）检查套管、瓷绝缘子是否清洁，有无裂纹、破损、放电痕迹。

2）检查电流互感器有无放电声和其他异常声响。

3）检查室内浇注式电流互感器有无流音现象。

4）检查一次接线是否牢固，接头有无松动和过热。

5）检查二次回路是否完好，有无开路放电、打火现象。

6）检查二次侧接地是否牢固、良好。

在巡视检查中，应注意运行中的电流互感器，其二次绕组不能开路，且接地一定要好。

3. 巡视检查记录

按要求进行操作运行与巡视检查记录（在运行操作记录簿上记录操作、巡查时间，操作、巡查人员姓名及设备状况等）。

考核2 电压互感器的操作运行与巡视检查

【考核目标】

1）掌握电压互感器的操作运行与巡视检查要求。

2）会进行电压互感器的操作运行与巡视检查。

【考核内容】

1. 考核前的准备

1）工器具的选择、检查：要求能满足工作需要，质量符合要求。

2）着装、穿戴：工作服、绝缘鞋、安全帽。

2. 考核内容

（1）电压互感器的起、停用操作

1）起用电压互感器。电压互感器在送电前应进行下列准备工作。

① 测量绝缘电阻。低压侧绝缘电阻不得低于1MΩ，高压侧绝缘电阻不得低于1MΩ/kV。

② 定相。要确定相位的正确性，检查其接线及二次回路电压关系的正确性，其中包括测量相及相间电压是否正常、测量相序是否为正相序、确定相位的正确性。

③ 外观检查。应检查瓷绝缘子是否清洁、完整、无损坏及裂纹，油位是否正常，油色是否透明不发黑且无渗油、漏油现象，低压电路的电缆及导线是否完好且无短路现象，二次线圈接地是否牢固良好。

在准备工作结束后，值班人员可按下述程序进行送电操作：装上高、低压侧熔断器，合上其出口隔离开关，使电压互感器投入运行，然后投入电压互感器所带的继电保护及自动装置。

2）停用电压互感器。停用电压互感器的操作程序如下：

① 先停用电压互感器所带的继电保护及自动装置，如果有自动切换装置或手动切换装置，则其所带的保护及自动装置可不停用。

② 取下低压侧（二次侧）熔断器，以防止反充电，使高压侧带电。

③ 拉开电压互感器出口隔离开关，取下高压侧熔断器。

④ 进行验电，用电压等级合适且合格的验电器，在电压互感器进线各相分别验电。

⑤ 验明无电后，装设好接地线，悬挂标志牌，经过工作许可手续，便可进行检修工作。

（2）电压互感器运行中的巡视检查　电压互感器运行中的巡视检查项目如下：

1）检查套管、瓷绝缘子是否清洁，有无裂纹、破损、放电痕迹。

2）检查电压互感器发出的“嗡嗡”声是否正常，有无放电声和其他异常声音。

3）检查油位和油色是否正常，有无渗油、漏油现象。

4）检查一次、二次回路接线是否牢固，各接头有无松动和过热。

5）检查一次、二次侧熔断器是否完好。

6）检查一次隔离开关及辅助触头接触是否良好。

7）检查二次回路有无短路现象。

8）检查二次侧接地是否牢固、良好。

9）检查端子箱是否清洁，有无受潮。

检查中应注意电压互感器的二次侧一定要接地，且二次侧不能短路；对于三相五心柱式电压互感器，其一次侧接地也应良好。

3. 巡视检查记录

按要求进行操作运行与巡视检查记录（在运行操作记录簿上记录操作、巡查时间，操作、巡查人员姓名及设备状况等）。

考核3　高压跌落式熔断器的操作

【考核目标】

1）能进行拉、合高压跌落式熔断器操作前的准备工作。

2）掌握高压跌落式熔断器的操作流程、操作要领和安全注意事项。

3）能进行高压跌落式熔断器的拉闸、合闸操作。

【考核内容】

1. 考核前的准备

1）选择工作需要的工器具：安全帽、绝缘手套、绝缘鞋、绝缘棒、护目镜等。

2）检查工作器具，检查方法正确、规范。

3）填写检修工作票、倒闸操作票。

4）将变压器负荷侧全部停电。

5）穿绝缘鞋，戴绝缘手套及护目镜，准备绝缘棒、绝缘台、绝缘垫。

6）落实操作人和监护人。

2. 考核内容

1）拉闸操作：拉闸时，先断中相，后断两边相，每相操作均应一次成功。

2）合闸操作：先合两边相，后合中相，每相操作均应一次成功。

3. 操作水平

要求熟练、顺利，能按有关规定进行操作，工作完毕后交还操作器械，并应无损坏。

4. 安全文明生产要求

工器具使用正确，工器具、设备无损伤。

考核4　高压跌落式熔断器的巡视检查

【考核目标】

1）掌握高压跌落式熔断器的巡视检查项目。

2）会对高压跌落式熔断器进行巡视检查。

【考核内容】

1. 考核前的准备

1）工器具的选择、检查：要求能满足工作需要，质量符合要求。

2）着装、穿戴：工作服、绝缘鞋、安全帽、安全带。

2. 考核内容

检查熔断器的额定电流与熔体及负荷电流是否匹配、合适，若配合不当则必须调整。

对熔断器进行巡视检查，每月不少于一次夜间巡视，查看有无放电火花和接触不良现象，尽早安排处理。巡视检查项目如下：

1）检查静、动触头接触是否吻合、紧密完好，有无烧伤痕迹。

2）检查熔断器转动部位是否灵活，有无锈蚀、转动不灵等异常，零部件是否损坏，弹簧有无锈蚀。

3）检查熔体本身有无受到损伤，经长期通电后应无发热伸长过多而变得松弛无力现象。

4）检查熔管经日晒雨淋后是否损伤变形及长度是否缩短。

5）检查绝缘子是否有损伤、裂纹或放电痕迹，拆开上、下引线后，用2500V绝缘电阻表测试绝缘电阻应大于300kΩ。

6）检查熔断器上下连接引线有无松动、放电和过热现象。

3. 巡视检查记录

按要求进行巡视检查记录（在运行记录簿上记录巡查时间、巡查人员姓名及设备状况等）。

考核5　高压隔离开关的巡视检查

【考核目标】

1）掌握高压隔离开关的巡视检查项目。

2）会对高压隔离开关进行巡视检查。

【考核内容】

1. 考核前的准备

1）工器具的选择、检查：要求能满足工作需要，质量符合要求。

2）着装、穿戴：工作服、绝缘鞋、安全帽。

2. 考核内容

巡视检查高压隔离开关的主要项目如下：

1）检查本体是否完好，三相触头在合闸时是否同期到位、有无错位现象。

2）检查触头在运行中是否保持不偏斜、不振动、不过热、不锈蚀、不变形。夜间巡视时，应观察触头是否烧红。

3）检查绝缘部位是否清洁完整，有无放电损伤。

4）检查操动机构各部件有无变形、锈蚀，各部件之间连接是否牢固，有无松动脱落现象。

5）检查底座连接轴上的开口销是否完好，螺栓是否紧固无松动，法兰有无裂纹。

6）检查接地部分是否接地良好，接地体可见部分有无分裂现象。

7）检查其电流有无超过额定值，温度是否超过允许温度。

3. 巡视检查记录

按要求进行巡视检查记录（在运行记录簿上记录巡查时间、巡查人员姓名及设备状况等）。

考核 6 高压隔离开关的维护

【考核目标】

1）掌握高压隔离开关的维护项目。

2）能进行高压隔离开关的维护。

【考核内容】

1. 考核前的准备

1）工器具的选择、检查：要求能满足工作需要，质量符合要求。

2）着装、穿戴：工作服、绝缘鞋、安全帽、安全带等。

2. 考核内容

维护高压隔离开关的主要项目如下：

1）清扫瓷件表面的尘土，检查瓷件表面是否掉釉、破损，有无裂纹和闪络痕迹，绝缘子的铁、瓷结合部位是否牢固。若破损严重，应进行更换。

2）用汽油擦净刀片、触头或触指上的油污，检查接触表面是否清洁，有无机械损伤、氧化和过热痕迹及扭曲、变形等现象。

3）检查触头或刀片上的附件是否齐全，有无损坏。

4）检查连接隔离开关和母线、断路器的引线是否牢固，有无过热现象。

5）检查软连接部件有无折损、断股等现象。

6）检查并清扫操动机构和传动部分，并加入适量的润滑油。

7）检查传动部分与带电部分的距离是否符合要求，定位器和制动装置是否牢固，动作是否正确。

8）检查隔离开关的底座是否良好，接地是否可靠。

3. 维护记录

按要求进行维护记录（在维护记录簿上记录维护时间、维护人员姓名及设备状况等）。

考核 7 高压负荷开关的巡视检查

【考核目标】

1）掌握高压负荷开关的巡视检查项目。

2）会对高压负荷开关进行巡视检查。

【考核内容】

1. 考核前的准备

1）工器具的选择、检查：要求能满足工作需要，质量符合要求。

2）着装、穿戴：工作服、绝缘鞋、安全帽。

2. 考核内容

（1）高压负荷开关巡视检查周期规定

1）有人值班的变配电所，每班巡视一次；无人值班的变配电所，每周至少巡视一次。

2）在雷雨后、事故后、连接点发热未进行处理之前等特殊情况下，应增加特殊巡视检查次数。

3）在运行中巡视检查高压负荷开关可分为整体性外观检查和各个元件的细致检查两部分。

（2）高压负荷开关整体性外观检查的项目

1）观察相关指示仪表是否正常，以确定高压负荷开关的工作条件是否正常。

2）检查运行中的高压负荷开关有无异常声响，如放电声、过大的振动声等。

3）检查运行中的高压负荷开关有无异常气味，如绝缘漆或塑料护套挥发出的气味等。

（3）对各元件从外观上进行细致检查的项目

1）检查连接点有无腐蚀及过热变色现象。

2）检查动、静触头的工作状态是否到位。在合闸位置时，应接触良好，切合深度适当，无侧击；在分闸位置时，分开的垂直距离应符合要求。

3）检查灭弧装置、喷嘴有无异常。

4）检查绝缘子有无掉瓷、破碎、裂纹及闪络放电的痕迹，且表面应清洁。

5）检查传动机构、操动机构的零部件是否完整，连接件是否紧固，操动机构的分合指示应与实际工作位置一致。

3. 巡视检查记录

按要求进行巡视检查记录（在运行记录簿上记录巡查时间、巡查人员姓名及设备状况等）。

考核8　高压断路器的运行与维护

【考核目标】

1）掌握高压断路器运行与维护的一般要求。

2）会对高压断路器进行正常运行与维护。

【考核内容】

1. 高压断路器运行与维护的一般要求

1）断路器应有制造厂铭牌，断路器应在铭牌规定的额定值内运行。

2）断路器的分、合闸位置指示器应易于观察且指示正确，油断路器应有易于观察的油位指示器和上、下限监视线；SF_6 断路器应装有密度继电器或压力表，液压机构应装有压力表。

3）断路器的接地金属外壳应有明显的接地标志。

4）每台断路器的机构箱上应有调度名称和运行编号。

5）断路器外露的带电部分应有明显的相色漆。

6）断路器允许的故障跳闸次数，应列入《变电站现场运行规程》。

7）应对每台断路器的年动作次数、正常操作次数和短路故障开断次数应分别统计。

2. 高压断路器的正常运行与维护

高压断路器的正常运行与维护项目如下：

1）不带电部分的定期清扫。

2）配合停电进行传动部位检查。

3）按设备使用说明书规定对机构添加润滑油。

4）油断路器根据需要补充或放油，放油阀渗油处理。

5）SF_6 断路器根据需要补气，渗漏气体处理。

6）检查合闸熔丝是否正常，核对容量是否相符。

3. 维护记录

将维护内容记入维护记录簿（在维护记录簿上记录维护时间、维护人员姓名及设备状况等）。

考核9　高压断路器的巡视检查

【考核目标】

1）掌握高压断路器的巡视检查项目。

2）会对高压断路器进行巡视检查。

【考核内容】

1. 考核前的准备

1）工器具的选择、检查：要求能满足工作需要，质量符合要求。

2）着装、穿戴：工作服、绝缘鞋、安全帽。

2. 考核内容

投入电网和处于备用状态的高压断路器必须定期进行巡视检查。有人值班的变电站和发电厂升压站由值班人员负责巡视检查，无人值班的变电站由供电局运行值班人员按计划日程负责巡视检查。

有人值班的变电站和升压站每天当班巡视不少于一次，无人值班的变电站由当地按具体情况确定，通常每月不少于两次。对于新投运的断路器，其巡视周期应相对缩短，每天不少于四次，投运72h后转入正常巡视。夜间闭灯巡视在有人值班的变电站每周一次，无人值班的变电站每月两次。气象突变时及高温季节的高峰负荷期间应加强巡视。在雷雨季节，雷击后应立即进行巡视检查。

（1）油断路器的巡视检查项目

1）检查油断路器的分、合闸位置指示器指示是否正确，应与当时实际运行工况相符。

2）检查主触头接触是否良好及是否过热，要求主触头外露的少油断路器示温蜡片不熔化，变色漆不变色，多油断路器外壳温度与环境温度相比无较大差异，内部无异常声响。

3）检查本体套管的油位是否在正常范围内，油色是否透明无炭黑悬浮物。

4）检查有无渗油、漏油痕迹，放油阀关闭是否紧密。

5）检查套管、瓷绝缘子有无裂痕、放电声和电晕。

6）检查引线的连接部位接触是否良好，有无过热。

7）检查排气装置是否完好，隔栅是否完整。

8）检查接地是否完好。

9）检查防雨帽有无鸟窝。

10）检查油断路器运行环境条件，户外断路器栅栏是否完好，要求设备附近无杂草和杂物，配电室的门窗、通风及照明应良好。

（2）SF_6断路器的巡视检查项目

1）检查SF_6断路器的外绝缘部分（瓷套）是否完好，有无损坏、脏污及闪络放电现象。

2）对照温度-压力曲线，观察压力表（或带指示密度控制器）指示是否在规定的范围内，并定期记录压力、温度值。

3）检查分、合闸位置指示器是否指示正确，分、合闸是否到位。

4）检查整体紧固件有无松动、脱落。

5）检查储能电机及断路器内部有无异常声响。

6）检查分、合闸线圈有无焦味、冒烟及烧伤现象。

7）检查接地外壳或支架接地是否良好。

8）检查外壳或操动机构箱是否完整及有无锈蚀。

9）检查各部件有无破损、变形、锈蚀严重等现象。

注意事项：进入室内检查前，应先抽风3min，使用监测仪器检查无异常后，才能进入室内。

（3）真空断路器的巡视检查项目

1）检查真空断路器的分、合闸位置指示器指示是否正确，应与当时实际运行工况相符。

2）检查支持绝缘子有无裂痕、损伤，表面是否光洁。

3）检查真空灭弧室有无异常（包括无异常声音），如果是玻璃外壳可观察屏蔽罩颜色有无明显变化。

4）检查金属框架或底座有无严重锈蚀和变形。

5）检查可观察部位的连接螺栓有无松动，轴销有无脱落或变形。

6）检查接地是否良好。

7）检查引线接触部位或有示温蜡片部位有无过热现象，引线弛度是否适中。

（4）断路器操动机构的巡视检查项目　液压操动机构的巡视检查项目如下：

1）检查机构箱门是否平整，开启是否灵活，关闭是否紧密。

2）检查油箱油位是否正常，有无渗油、漏油，高压油的油压是否在允许范围内。

3）每天记录油泵启动次数，检查机构箱内有无异味。

电磁操动机构的巡视检查项目如下：

1）检查机构箱门是否平整，开启是否灵活，关闭是否紧密。

2）检查分、合闸线圈及合闸接触器线圈有无冒烟异味。

3）检查直流电源回路接线端子有无松脱，有无铜绿或锈蚀。

4）检查测试合闸熔断器是否完好。

对事故跳闸后的断路器还应检查以下项目：油断路器有无喷油现象，油位和油色是否正常；断路器各部件有无位移变形和损坏，瓷件有无裂纹现象；各引线触头有无发热变色现象，分、合闸线圈有无焦味等。

3. 巡视检查记录

按要求进行巡视检查记录（在运行记录簿上记录巡查时间、巡查人员姓名及设备状况等）。

考核10　高压断路器的操作

【考核目标】

1）掌握高压断路器的操作要求和规定。

2）会对高压断路器进行操作。

【考核内容】

1. 考核前的准备

1）工器具的选择、检查：要求能满足工作需要，质量符合要求。

2）着装、穿戴：工作服、绝缘鞋、安全帽。

2. 考核内容

（1）高压断路器操作前的检查要点

1）在断路器检修结束后、送电前，应收回所有的工作票，拆除安全措施，恢复常设的遮栏，并对断路器进行全面的检查。

2）检查断路器两侧的隔离开关是否均在断开位置。

3）检查断路器三相是否均在断开位置。

4）检查油断路器油位是否在正常位置，油色是否透明呈淡黄色，有无发黑、漏油现象。

5）检查断路器的套管是否清洁，有无裂纹及放电痕迹。

6）检查操动机构动作是否良好，连杆、拉杆、瓷绝缘子、弹簧等应完整无损。

7）检查分、合闸位置指示器是否在“分”位置。

8）检查端子箱内端子排和二次回路接线是否完好，有无受潮、锈蚀现象。

9）检查断路器的接地装置是否坚固不松动。

断路器送电前检查最主要的是检查其分、合闸位置指示器是否在“分”位置。

（2）分、合闸操作　根据该断路器的操作规程要求进行操作。

（3）断路器故障状况下的操作规定

1）在断路器运行中，由于某种原因造成油断路器严重缺油，SF_6 断路器气体压力异常（如突然降到零等），严禁对断路器进行停、送电操作，应立即断开故障断路器的控制（操作）电源，及时采取措施，将故障断路器退出运行。

2）分相操作的断路器合闸操作时，发生非全相合闸，应立即将已合上相拉开，重新操作合闸一次。若仍不正常，则应拉开已合上相，切断该断路器的控制（操作）电源，查明原因。

3）分相操作的断路器分闸操作时，发生非全相分闸，应立即切断控制（操作）电源，手动将拒动相分闸，查明原因。

3. 操作记录

按要求进行操作记录（在运行操作记录簿上记录操作时间、操作人员姓名及设备状况等）。

考核 11　GIS 设备的巡视检查与维护

【考核目标】

1）了解 GIS 设备的操作规定。

2）会对 GIS 设备进行巡视检查。

3）能对 GIS 设备进行维护。

【考核内容】

1. 考核前的准备

1）工器具的选择、检查：要求能满足工作需要，质量符合要求。

2）着装、穿戴：工作服、绝缘鞋、安全帽。

2. 考核内容

（1）认识 GIS 设备的操作规定

1）正常运行时，GIS 设备的所有倒闸操作和事故处理必须在控制室由运行值班人员在后台机上进行远方操作。

2）在继电器室相应测控盘柜上允许进行的操作情况如下：

① 监控系统后台机发生故障而不能进行操作时，运行人员需要进行设备操作。

② 设备停电，保护人员进行保护调试工作，办理第一种工作票后，经当班值班长同意，可以在调试工作中操作。

3）在现场就地控制盘上操作及隔离开关，接地开关可在设备上用摇把手动操作。此操作只允许设备检修时，检修人员进行检修、调试操作。

（2）GIS 设备的日常巡视检查　GIS 设备的日常巡视检查项目如下：

1）检查开关、隔离开关、接地开关的现场位置指示是否正确。

2）检查开关、保护装置各种信号灯的指示是否正确，综合自动化设备显示是否正常。

3）检查各气室 SF_6 气体压力是否正常，气体密度、机构弹簧储能是否正常。

4）检查设备外观有无异常，本体有无变形。各阀门管路应良好无变形，设备应无异常声响、无异常气味、外壳应无锈蚀。

5）检查接地端子是否有过热现象。

6）检查外壳接地是否完好（接地铜排应良好）。

7）定期对GIS设备接头、壳体及二次盘柜接线进行红外测温，观察温度是否正常。

8）定期查看GIS三相电流是否平衡。

9）检查操动机构中的传动机构是否良好，断路器操作电动机是否良好，机构和本体有无渗漏。

同时，由于GIS设备是全封闭的，没有明显断开点，因此GIS设备操作后还应进行检查。检查的依据是以下三点发生对应变化：运行人员工作站主接线图上该设备的状态、事件记录的报文、现场位置指示器的状态。

（3）GIS设备的日常维护　GIS设备的日常维护项目如下（以110kV的ZF7A－126GIS设备为例）。

1）每日按规定进行设备巡视检查，重点检查SF_6气体压力是否在规定范围内。在环温20℃时，断路器和电流互感器气室SF_6正常压力为0.5MPa，报警压力为45MPa，闭锁压力为0.4MPa。其他气室SF_6正常压力：额定电流为2000A及以下时，额定压力为0.4MPa，报警压力为0.3MPa；额定电流为3150A时，额定压力为0.5MPa，报警压力为0.4MPa。电压互感器气室SF_6正常压力为0.4MPa，报警压力为0.35MPa。避雷器气室SF_6正常压力为0.4MPa，报警压力为0.3MPa。

2）监盘人员应注意监视GIS设备各回路三相电流是否平衡。每旬和遇高峰负荷时对GIS设备接头、GIS壳体及二次盘柜工作进行红外测温，观察各部温度是否正常。

3）每周日按设备点检规定对GIS设备及就地控制箱进行点检巡视。

4）每月按站月工作计划，对GIS设备进行盘面清扫工作。

5）GIS设备的正常巡视工作按工区、站制定的设备巡视制度执行。

6）GIS设备的特殊巡查工作如下：当负荷增大时，应及时增加对设备的巡视检查和测温工作；当气候发生变化时，如气温突降或高温天气、雪、雷雨、冰雹、大风、沙尘暴等，根据气候情况增加特殊巡查工作，雷雨天气后及时检查各线路避雷器动作情况；倒闸操作后，应检查操动机构中的传动机构是否良好，断路器操作电动机是否良好，机构和本体是否处于良好状态；当GIS设备发生故障时，如弹簧未储能、气室压力降低、气室红外测温温度偏高等，应及时进行设备检查，在故障未消除前，值班长需要制定反事故措施，并落实责任人；当发生事故跳闸后，对相关设备进行特殊巡查。

7）当设备需要接地时，对GIS设备验电时对于无法进行直接验电的设备，可以进行间接验电，即检查隔离开关的机械位置指示、电气指示、仪表即带电显示装置指示的变化，且至少应有两个及以上指示已发生对应变化；若进行遥控操作，则应同时检查隔离开关的状态指示、遥测信号及带电显示装置指示，进行间接验电；330kV及以上的电气设备可以采用间接验电方法进行验电。

8）当巡视检查发现SF_6气室压力突降、SF_6气体压力低报警等异常情况时，值班长必须及时汇报调度员和工区领导。当判断为SF_6气室发生泄漏时，必须做好防护措施后，对发生泄漏的气室用肥皂水进行气密性检查。在检漏时，可将肥皂水涂在检查部位，检查有无气泡产生（观察30s以上）。当有气泡产生时，说明有漏气存在，必须加以处理；如果没有气泡产生，则将肥皂水擦干净。

3. 巡视检查记录

按要求进行巡视检查、维护记录（在相应的记录簿上记录时间、人员姓名及设备状况等）。

考核 12　母线的巡视检查

【考核目标】

1）掌握母线的巡视检查项目。

2）会对母线进行巡视检查。

【考核内容】

1. 考核前的准备

1）工器具的选择、检查：要求能满足工作需要，质量符合要求。

2）着装、穿戴：工作服、绝缘鞋、安全帽。

2. 考核内容

母线正常运行是指母线在额定条件下，能够长期、连续地汇集和传输额定功率的工作状态。应对运行中的母线进行巡视，特别应加强对接头处的监视。母线巡视检查项目如下：

1）检查绝缘子是否清洁，有无裂纹损伤，有无电晕及严重放电现象。

2）检查设备线卡、金具是否紧固，有无松动脱落现象。

3）检查软母线弧垂是否符合要求，有无断股、散股，连接处有无发热，伸缩是否正常。检查硬母线是否平直，有无弯曲，各种电气距离是否满足规程要求。

4）检查所有构架的接地是否完好、牢固，有无断裂现象。

5）通过观察母线的涂漆有无变色现象、用红外线测温仪或半导体点温度计测量接头处温度等方法检查母线接头处是否发热。当裸母线及其接头处超过 70℃、接触面为挂锡时超过 85℃、接触面镀银时超过 95℃时，应减少负荷或停止运行。

6）配合电气设备的检修、试验，根据具体情况检查母线接头、螺栓是否完好，若有松动或其他问题则应及时处理。对绝缘子进行清洁，对母线、母线的金具进行清洗，除去支架的锈斑，更换生锈的螺栓及部件，涂刷防护漆等。

3. 巡视检查记录

按要求进行巡视检查记录（在运行记录簿上记录巡查时间、巡查人员姓名及设备状况等）。

考核 13　母线常见故障的原因及处理

【考核目标】

掌握母线常见故障的原因及处理方法。

【考核内容】

母线发生故障在电力系统中比较常见，而且造成的后果比较严重。因为母线发生故障后，将引起母线电压消失，接于母线上的输电线路和用电设备将失去电源，造成大面积停电。

1. 认识母线常见故障及故障原因

1）母线连接处过热造成母线故障。母线在正常情况下通过负荷电流，在线路或电气设备短路情况下，通过远大于负荷电流的短路电流。连接处接触不良时，接头处的接触电阻增大，将加速接触部位的氧化和腐蚀，使接触电阻进一步增大，如此恶性循环下去，将造成母线接头处温度升高，严重时会使接头烧熔、断接。

2）绝缘子故障造成母线接地。用来支持母线的绝缘子发生裂纹、对地闪络、绝缘电阻减小等故障时，会使母线与地绝缘不能满足要求，严重时发生母线接地故障。

3）其他造成母线失电的原因：母线对地距离或相间距离小，造成对地闪络或相间击穿；设计或安装不符合要求、运行超过设计的范围等引起母线故障。

4）气候异常恶劣，如积雪、积冰等造成母线受损，严重时造成母线断裂。

5）二次保护动作或电源中断造成母线失电。

2. 硬母线发热故障的处理

硬母线比较常见的故障是接头处发热，其主要原因是接头处接触电阻增大。接触电阻的大小跟接触面的大小、接触面的硬度、接触压力和接触面的氧化层等因素有关，所以在处理母线接头处发热故障时，应根据具体情况采取不同的方法。

1）工作电流超过母线额定载流量而发热，应更换大截面积的母线。

2）母线接头搭接面和紧固螺栓不符合母线安装规定，搭接面过小、小螺栓配大孔径及接触面不平整造成过热时应对症处理。大螺栓可增大接触压力，大垫片可增大散热面积，可适时应用。

3）户外禁止铜铝接触，户内也应避免，以避免电化学腐蚀。应尽量采用铜铝过渡板。

4）铜母线接头镀锡可防止接头发热状况，因锡比铜软，镀锡后可改善接触面的硬度，在螺栓压力下有利于增大接触面。

考核14 电力电容器的巡视检查

【考核目标】

1）电力电容器的巡视检查项目。

2）对电力电容器进行巡视检查。

【考核内容】

1. 考核前的准备

1）工器具的选择、检查：要求能满足工作需要，质量符合要求。

2）着装、穿戴：工作服、绝缘鞋、安全帽。

2. 考核内容

（1）电力电容器的巡视检查方式　对运行中的电力电容器组应进行日常巡视检查、定期停电检查、特殊巡视检查。

1）日常巡视检查由变配电所的运行值班人员完成。有人值班时，每班检查一次；无人值班时，每周至少检查一次。夏季应在室温最高时进行检查，其他时间可在系统电压最高时进行检查。主要观察电容器外壳有无鼓胀、渗油、漏油现象，有无异常声音及火花，熔断器是否正常，放电指示灯是否熄灭。将电压表、电流表、温度表的数值记录在运行记录簿上，对发现的其他缺陷也应做记录。

2）定期停电检查应每季度进行一次，除日常巡视检查项目外，还应检查各螺钉接点的松紧程度及接触情况，检查放电回路的完整性，检查风道有无灰尘，并清扫电容器的外壳、绝缘子及支架等处的灰尘，检查电容器外壳的保护接地线，检查电容器组的继电保护装置的动作情况和熔断器的完整性，检查电容器组的断路器、馈线等。

3）当电容器组发生短路跳闸、熔断器熔断等现象后，应立即进行特殊巡视检查。其检查项目除上述各项外，必要时还应对电容器进行试验。在查出故障电容器或断路器分闸、熔断器熔断的原因之前，不能再次合闸送电。

（2）电力电容器运行中的巡视检查

1）检查电容器是否在额定电压和额定电流下运行，三相电流表指示是否平衡。当运行电压超过额定电压的10%、运行电流超过额定电流的30%时，应将电容器组退出运行，以防电容器烧坏。

2）检查电容器本体是否有渗油、漏油现象，内部是否有异常声音。

3）检查电容器套管及支持绝缘子是否有裂纹及放电痕迹。

4）检查各连接头及母线是否有松动和过热变色现象，放电装置是否良好，并记录室温。

5）检查示温蜡片是否熔化脱落。

6）检查电容器室内通风是否良好，环境温度应不超过40℃。

7）检查电容器外壳是否有变形及鼓胀、渗油、漏油现象。检查单台电容器保护用熔断器是否良好，是否有熔断现象。

8）检查电容器放电电压互感器及其三相指示灯是否点亮，若信号灯熄灭，则应查明原因，必要时应向调度员汇报，停用电容器。

9）检查电容器保护装置是否全部投入运行。

10）检查电容器外壳接地是否完好。

11）检查电容器的断路器、互感器和电抗器等是否有异常现象。

3. 巡视检查记录

按要求进行巡视检查记录（在运行记录簿上记录巡查时间、巡查人员姓名及设备状况等）。

任务3 低压配电柜的运行与维护

任务概述

低压配电柜是按一定的线路方案将低压一次、二次电气设备组装而成的一种低压成套配电装置，在低压配电系统中用来控制受电、馈电、照明、电动机及补偿功率因素。本次任务主要是了解常用低压配电柜的内部结构，熟悉它的运行与维护注意事项和巡视检查项目，学会对低压配电柜中的各种低压开关设备进行巡视和检查维护。

知识准备

子任务1 低压熔断器

低压熔断器主要用于实现低压配电系统的短路保护，有的低压熔断器也能实现过载保护。图3-49所示为低压熔断器的实物图。

RTO型有填料管式熔断器是我国统一设计的一种有“限流”作用的低压熔断器，广泛应用于要求断流能力较高的场合。RTO型有填料管式熔断器由瓷熔管、栅状铜熔体和触点底座等几部分组成。瓷熔管内填有石英砂。此种熔断器灭弧、断流能力都很强，熔断器熔断后，红色熔断指示器立即弹出，以便检查。

RM10型密闭管式低压熔断器，由纤维管、变截面锌熔片和触点底座等部分组成。短路时，变截面锌熔片熔断；过负荷时，由于电流加热时间长，熔片窄部散热较好，往往不在窄部熔断，而在宽窄之间的斜部熔断。因此，可根据熔片熔断部位，大致判断故障电流的性质。

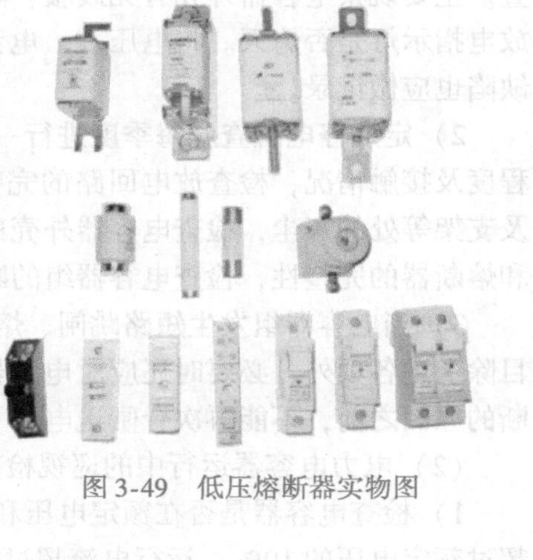

图3-49 低压熔断器实物图

子任务2 低压隔离开关

低压隔离开关用于额定电压为0.5kV及以下的电力系统中，在有电压无负荷的情况下接通或隔离电源。其部分产品实物图如图 3-50 所示。

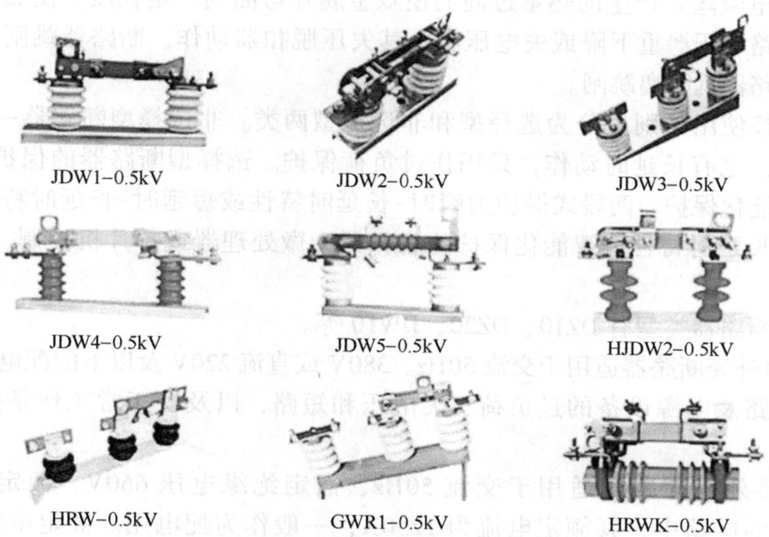

图 3-50　低压隔离开关部分产品实物图

低压隔离开关均采用绝缘钩棒进行操作，其正常作用条件：海拔高度不超过 1000m 的空气温度上限为 40℃，下限为 −30℃，高寒地区下限为 −40℃；风压不超过 700Pa；地震烈度不超过 8 度；无频繁剧烈振动的场所；普通型低压隔离开关安装场所应无严重影响隔离开关绝缘和导电能力的气体、蒸气，化学性沉积、盐雾、灰尘及其他爆炸性、侵蚀性物质等。防污型低压隔离开关适用于重污染地区，但不应有引起火灾及爆炸的物质。

子任务 3　低压负荷开关

低压负荷开关主要功能是能够有效地通断低压线路中的负荷电流，并对其进行短路保护。低压负荷开关的外形如图 3-51 所示。

子任务 4　低压断路器

低压断路器具有完善的触点系统、灭弧系统、传动系统、自动控制系统以及紧凑牢固的整体结构。其部分产品实物图如图 3-52 所示。

图 3-51　低压负荷开关的外形

图 3-52　低压断路器部分产品实物图

当线路上出现短路故障时，低压断路器的过电流脱扣器动作，断路器跳闸；当出现过负荷时，因热元件（电阻丝）产生的热量过高而使双金属片弯曲到一定程度，使热脱扣器动作，断路器跳闸；当线路电压严重下降或失电压时，其失压脱扣器动作，断路器跳闸；如果按下脱扣按钮，则可使断路器远距离跳闸。

低压断路器按使用类别可分为选择型和非选择型两类。非选择型断路器一般为瞬时动作，只用作短路保护，也有长延时动作，只用作过负荷保护。选择型断路器的保护有两段式保护、三段式保护和智能化保护。两段式保护为瞬时-长延时特性或短延时-长延时特性，三段式保护为瞬时-短延时-长延时特性，智能化保护的脱扣器为微处理器或单片机控制，保护功能更多，选择性更好。

常见的低压断路器类型有 DZ10、DZ20、DW10 等。

DZ10 型塑料外壳断路器适用于交流 50Hz、380V 或直流 220V 及以下的配电线路中，用来分配电能和保护线路及电源设备的过负荷、欠电压和短路，以及在正常工作条件下分断和接通线路。

DZ20 型塑料外壳断路器适用于交流 50Hz、额定绝缘电压 660V、额定工作电压 380V（400V）及以下的电路中，其额定电流为 1250A，一般作为配电用。额定电流 200A 和 400A 的断路器亦可作为保护电动机用，在正常情况下，断路器可作为线路及电动机的不频繁起动之用。

DW10 型万能式断路器适用于交流 50Hz、交流电压 380V、直流电压 440V 的电气线路中，作过负荷、短路、失电压保护以及正常条件下的通断电路之用。

子任务 5　低压成套配电装置的认识

低压成套配电装置包括电压等级 1kV 以下的开关柜、动力配电柜、照明箱、控制屏（台）、直流配电屏及补偿成套装置，供动力、照明配电及补偿用。

1. GCS 型低压抽出式开关柜

GCS 型低压抽出式开关柜适用于发电、供电等行业，作为三相交流频率为 50(60)Hz、额定工作电压为 380(660)V、额定电流为 4000A 及以下的发电及供电系统中的配电、电动机集中控制、电抗器限流、无功功率补偿之用。图 3-53 所示为 GCS 型低压抽出式开关柜的外形结构。

GCS 型低压抽出式开关柜构架采用全拼装和部分焊接两种形式。装置有严格区分的各功能单元室、母线室、电缆室。各单元室的互换性强、各抽屉面板有合、断、试验、抽出等位置的明显标识。母线系统全部采用 TMY－T2 型硬铜排，采取柜后平置式排列的布局，以提高母线的动稳定、热稳定能力并改善接触面的温升。电缆室内的电缆与抽屉出线的连接采用专用的连接件，简化了安装工艺过程，提高了母线连接的可靠性。

图 3-53　GCS 型低压抽出式开关柜

2. MNS 型低压开关柜

MNS 型低压开关柜适用于交流频率为 50(60)Hz、额定工作电压为 660V 及以下的系统，用于发电、输电、配电、电能转换和电能消耗设备的控制。图 3-45 所示为 MNS 型低压开关柜的外形结构。

MNS 型低压开关柜的基本框架为组合装配式结构，由基本框架组成，再按方案变化需要，加上相应的门、封板、隔板、安装支架及母线、功能单元等零部件，组装成一台完整的装置。MNS 型低压开关柜的每一个柜体分隔为三个室，即水平母线室（在柜后部）、K 抽屉小室（在柜前部）、电缆室（在柜下部或柜前右边）。MNS 型低压开关柜的结构设计可满足各种进出线方案要求：上进上出、上进下出、下进上出、下进下出，可组合成动力配电中心、抽出式电动机控制中心和小电流动力配电中心、可移动式电动机控制中心和小电流动力配电中心。

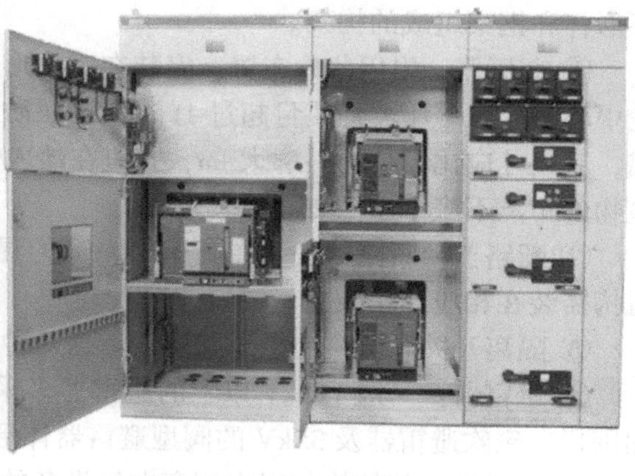

图 3-54 MNS 型低压开关柜

职业技能考核

考核 变配电所值班人员对电气设备的巡查

值班人员当值期间，应按规定的巡视路线、时间对全部的电气设备进行认真的巡视检查。在巡视检查时，应遵循下列原则和规定。

1）遵守 DL 408—1991《电业安全工作规程 发电厂和变电所电气部分》中高压设备巡视的有关规定。

2）为了防止巡视设备时漏巡视设备，每个变电站应绘制出设备巡视检查路线图，并报上级主管部门批准。运行人员应按规定的巡查路线进行巡查。

3）巡查时要集中精神，发现缺陷应分析原因，并采取适当措施限制事故蔓延，遇有严重威胁人身和设备安全情况时，应按上级主管部门制定的《变电站运行规程》《倒闸操作规程》及《事故处理规程》进行处理。

4）对备用设备的运行与维护要求等同于运行中的设备。

5）有下列情况时，必须增加检查次数。

① 雷雨、大风、浓雾、冰雪、高温等天气时。

② 出线和设备在高峰负荷时。

③ 设备产生一般缺陷又不能消除，需要不断监视时。

④ 新投入或修理后的设备。

6）在进行室内配电装置巡查时，除按上述规定外，还应遵守下列要求：

① 高压设备发生接地时，不得靠近故障点 4m 以内，进入上述范围必须穿绝缘鞋；接触设备的外壳时，必须戴绝缘手套。

② 进出高压室，必须随手将门关上。

③ 高压室钥匙至少应有 3 把，由配电值班人员负责保管，按值移交。

④ 室外配电装置将所有电气设备和母线都装设在露天的基础、支架或构架上。

母线及构架：室外配电装置的母线有硬母线和软母线两种。软母线多为钢芯铝绞线，三相呈水平布置，用悬式绝缘子挂在母线构架上。采用软母线时，相间及对地距离要适当增加。硬母线常用的有矩形和管形母线，固定于支柱绝缘子上。采用硬母线可节省占地面积。室外配电装置的构架，可由钢筋混凝土制成。目前，我国在各类配电装置中推广应用一种以钢筋混凝土环形杆和钢梁组成的构架。

① 变压器：采用落地布置，安装在双梁形钢筋混凝土构架上，轨道中心距等于变压器的滚轮中心距。当变压器油质量超过1t时，按照防火要求，在设备下面应设置储油池或周围设挡油墙，其尺寸应比设备的外廓大lm，并应在池内铺设厚度不小于0.25m的卵石层。主变压器与建筑物的距离不应小于1.25m。

② 断路器：断路器安装在高0.5～1m的混凝土构架上，其周围应设置围栏。断路器的操动机构需装在相应的构架上。

③ 隔离开关和电流、电压互感器：这几种设备均采用高位布置，高度要求与断路器相同。

④ 避雷器：一般110kV以上的避雷器多采用落地布置，即安装在0.4m高的构架上，四周加围栏。磁吹避雷器及35kV的阀型避雷器体形矮小，稳定性好，一般可采用高位布置。

⑤ 电缆沟：其结构与屋内配套电气设备的装置相同。

⑥ 道路：根据运输设备和消防及运行人员巡查电气设备的需要，在配电装置的范围内铺有道路。电缆沟盖板可作为巡视小道。

7）对室外配电装置进行巡视时需注意以下事项。

① 遇有雷雨时，如要外出进行检查，必须穿绝缘鞋，并不得靠近避雷针和避雷器。

② 高压设备发生接地故障时，不得靠近故障点8m以内，进入上述范围必须穿绝缘鞋；接触设备的外壳时，应戴绝缘手套。

项目小结

1. 变压器是变电站中最关键的一次设备，其功能是将电力系统中电能的电压升高或降低，以利于电能的合理输送、分配和使用。变压器主要由铁心和一次、二次绕组两大部分组成。

2. 变压器的联结组标号是指变压器一次、二次绕组因采取不同的联结方式而形成变压器一次、二次侧对应线电压之间的不同相位关系。6～10kV变压器（二次电压为220V/380V）有Yyn0和Dyn11两种常见的联结组标号。

3. 变电站变压器台数、容量的选择应满足用电负荷对供电可靠性的要求。

4. 变压器并列运行的目的是为了提高变压器运行的经济性和供电的可靠性。两台或多台变压器并列运行时必须满足一定的条件。

5. 变压器的允许温度是根据变压器所使用的绝缘材料的耐热强度而规定的最高温度。变压器的允许温度与周围环境最高温度之差称为允许温升。

6. 变压器有一定的过负荷能力，允许其在正常或事故情况下过负荷运行。

7. 对运行中的变压器，必须按一定的周期进行外部检查、负荷检查、停电清扫等检查与维护工作。

8. 高压熔断器是一种保护电器，主要用于电路短路或过负荷时使电路自动切断。其原理是利用金属熔体在短路或过负荷时的高温下熔断而断开电路。

9. 高压隔离开关主要起隔离作用，当其断开时，使电路中有明显的断开点，便于检修人员安全工作。应特别注意，高压隔离开关不能对负荷电流、短路电流进行分断，必须与断路器一起对电路进行控制。其主要用于检修时隔离电源、倒母线操作、分合小电流电路等。

10. 高压负荷开关是介于隔离开关和断路器之间的一种开关电器。它具有灭弧装置，但灭弧能力较小，只能用来接通和断开负荷电流，不能用来断开短路电流。主要用来通断正常的负荷电流和过负荷电流或用以隔离电压。它常与高压熔断器配合使用，当发生短路故障时，由熔断器起短路保护作用。

11. 高压断路器有很强的灭弧能力，可以用来通断负荷电流和短路电流。正常运行时可用它来变换运行方式，将设备或线路投入运行或退出运行，起控制作用；当设备或线路发生故障时，则通过继电保护装置的作用，将故障部分切除，保证无故障部分正常运行，起保护作用。高压断路器主要有油断路器、真空断路器和 SF_6 断路器等。

12. 成套电气装置是将各种开关、测量仪表、保护装置和其他辅助设备按一定方式组装在全封闭或半封闭的金属柜内而形成的一套完整的电气装置，如低压成套配电装置和高压开关柜等。

13. 母线在各级电压的变配电所中，将进户线的接线端与高压开关柜之间、高压开关柜与变压器之间、变压器与低压开关柜之间等连接起来，起汇集和分配电能的作用。母线的材料有铜、铝、钢及铝合金等，硬母线常做成矩形、槽形、管形等形式。母线的涂漆及排列应符合规定要求。

14. 电力电容器主要用于提高频率为 50Hz 的电力系统的功率因数。

15. 互感器分为电压互感器和电流互感器两大类。目前大多采用电磁式互感器，其工作原理与变压器相同。

16. 电压互感器是将高电压变为低电压，其一次绕组与电路并联，二次绕组向测量仪表和继电保护装置中的继电器电压线圈供电。正常工作时，其二次侧相当于开路，运行中其二次侧不能短路。

17. 电流互感器是将大电流变为小电流，向二次侧仪表供电。其一次绕组串联于大电流电路中，二次绕组与测量仪表和继电保护装置中的继电器电流线圈串联。正常工作时其二次侧相当于短路，运行中其二次侧不允许开路。

18. 互感器是工厂供配电系统中重要的电气设备，必须采取措施保证互感器安全可靠运行。

问题与思考

一、填空题

1. 高压隔离开关的文字符号是________，该开关分断时具有明显的________，因此可用作________。

2. 高压负荷开关的文字符号是________，它能够带________通断电，但不能分断________，它往往与________配合使用。

3. 高压断路器的文字符号是________，它既能分断________，也能分断________。

4. 电流互感器一次绕组匝数________，二次绕组________，工作时近似于________。高压电流互感器的二次绕组的两个线圈分别用作________和________。

5. 电压互感器一次绕组匝数________，二次绕组________，工作时近似于________。使用二次绕组不得________。

6. 低压断路器一般具有________、________、________和________等几种脱扣器。

7. 工厂车间变电站单台主变压器容量一般不宜大于________ kV · A。

二、判断题

1. 高压隔离开关不能带负荷通断电。 (　　)

2. 高压隔离开关往往与高压负荷开关配合使用。 (　　)

3. RT 型熔断器属于限流式熔断器。 (　　)

4. 电流互感器使用时二次侧不能开路。 (　　)

5. RN2 型熔断器可用于保护高压线路。 (　　)

6. 变压器的二次电流决定一次电流，而电流互感器一次电流决定二次电流。 (　　)

7. 如隔离开关误合，应将其迅速合上。 （ ）

三、简答题

1. 变压器主要由哪些部分组成？6～10kV 配电变压器常用哪两种联结组？又各自适用于什么场合？

2. 工厂或车间变电站的主变压器台数和容量各如何选择？

3. 变压器并列运行应满足哪些基本条件？

4. 正常运行时对变压器本体运行状况检查的项目有哪些？在什么情况下需要对变压器进行特殊项目的巡查？

5. 高压熔断器的主要功能是什么？什么是限流熔断器？

6. 一般跌落式熔断器与一般高压熔断器在功能方面有何异同？负荷型跌落式熔断器与一般跌落式熔断器在功能方面又有什么区别？

7. 如何安装、操作跌落式熔断器？

8. 高压隔离开关有哪些功能？它为什么不能带负荷操作？它为什么能作为隔离电器来保证安全检修？

9. 高压隔离开关运行与维护中的巡视检查和维护各有哪些项目？

10. 高压负荷开关有哪些功能？为什么它常与高压熔断器配合使用？

11. 高压负荷开关的巡视检查项目有哪些？

12. 高压断路器有哪些功能？少油断路器中的油和多油断路器中的油各起什么作用？

13. 油断路器、真空断路器和 SF_6 断路器，各自的灭弧介质是什么？各自的灭弧性能如何？这三种断路器各适用于哪些场合？

14. 高压断路器的巡视检查项目有哪些？

15. 在采用高压隔离开关–断路器的电路中，送电时应先合什么开关，后合什么开关？停电时先断开什么开关，后断开什么开关？

16. 高压成套装置的特点有哪些？高压开关柜的“五防”功能指的是什么？

17. 全封闭组合电器（GIS）是什么？包括哪些元件？

18. 母线涂漆的作用是什么？按规定，母线应如何涂漆？应如何排列？

19. 在电力系统中，电力电容器的作用是什么？

20. 电力电容器运行中的巡视检查周期如何确定？巡视检查项目有哪些？

21. 电压互感器和电流互感器各有哪些功能？运行中的电压互感器二次侧为什么不允许短路？运行中的电流互感器二次侧为什么不允许开路？

22. 分别画图说明电压互感器和电流互感器的接线方式和特点。

23. 母线有何作用？常用的母线材料有几种？常用的硬母线形式有几种？

项目4

电气主接线及其倒闸操作

项目提要

本项目依托北京燃气集团中国石油科技创新基地项目和通州副中心项目的主接线形式，重点介绍变配电所的布置和结构、电气安全用具的使用、触电急救和电气火灾处理、电气作业的安全措施等基础知识，重点介绍变配电所电气主接线，变配电所的倒闸操作，供配电线路的接线方式、结构、敷设和技术要求。本项目是本课程的重点之一，也是从事变配电所运行与维护的基础。

知识目标

（1）了解变配电所的基础知识。

（2）熟悉变配电所电气主接线的基本要求。

（3）掌握变配电所电气主接线的形式及运行方式。

能力目标

（1）能熟练阅读、识别、分析变配电所主接线图。

（2）能正确使用电气安全用具。

（3）能填写倒闸操作票。

素质目标

（1）具备电气从业职业道德，勤奋踏实的工作态度和吃苦耐劳的劳动品质，遵守电气安全操作规程和劳动纪律，文明生产。

（2）具备较好的沟通能力，能够协调人际关系，适应工作环境。

（3）充分认识到“能源安全是关系国家经济社会发展的全局性、战略性问题，对国家繁荣发展、人民生活改善、社会长治久安至关重要”。

（4）树立良好的文明生产、安全操作意识，具备良好的团队合作能力。

职业能力

（1）会熟练阅读、识别、分析变配电所主接线图。

（2）会正确使用电气安全用具。

（3）会验电、挂接地线。

（4）会填写倒闸操作票及倒闸操作。

任务1 电气主接线的运行与分析

任务概述

电气主接线也是电气运行人员进行各种操作和事故处理的重要依据。只有了解、熟悉和掌握变配电所的电气主接线，才能进一步了解电路中各种设备的用途、性能及维护检查项目和运行操作的步骤等。

本次任务是以北京燃气集团中国石油科技创新基地项目的变配电所及一次主接线的识读为载体，认识变配电所的任务、所址的选择、总体布置，一次主接线的绘制及基本形式，初步具备阅读变配电所一次主接线图的能力。在熟悉变配电所几种典型主接线方案的基础上，分析电气主接线的运行方式及其优缺点，熟悉各种电气一次设备在主接线中的作用和正常运行时的状态，学会编制电气一次系统的运行方案。

知识准备

变电站担负着从电力系统受电、经过变压、配电的任务。配电所担负着从电力系统受电，然后直接配电的任务。可见，变电站和配电所是工厂用电系统的枢纽。

供配电系统是指接受发电厂电源输入的电能，并进行检测、计量、变压等，然后向工厂及其用电设备分配电能的系统。供配电系统通常包括厂内变配电所、所有高低压供配电线路及用电设备。为实现对用户的输电、受电、变电和配电功能，在变配电所中，必须把各种高、低压电气设备按一定的接线方案连接起来，组成一个完整的供配电系统。供配电系统中直接参与电能的输送与分配，由变压器、母线、开关、配电线路等组成的接线称为电气主接线。

电气主接线是供配电系统的重要组成部分，电气主接线表明供配电系统中变压器、各电压等级的线路、无功补偿设备以最优化的接线方式与电力系统的连接，同时也表明各种电气设备之间的连接方式。电气主接线的形式影响着企业内部配电装置的布置、供电的可靠性、运行的灵活性和二次接线以及继电保护等问题，对变配电所以及电力系统的安全、可靠、灵活和经济运行指标起着决定性作用。

子任务1 变配电所的认识

在中小型企业中，为保证企业的电能质量，降低线路损耗，节约电能，一般都设置变配电所。它从电力系统受电，采用一级或二级降压方式，把电能分配到车间及各类电气设备。因此，变配电所是供配电系统的枢纽，在工厂中占有特殊重要的地位。

1. 变配电所的设置

(1) 变配电所的类型　变配电所是变电站和配电所的统称。变电站的作用是接受电能、变换电压和分配电能，而配电所的作用是接受和分配电能，主要区别在于变电站中有变换电压的变压器，而配电所中没有变压器。

变配电所依据企业负荷分布、负荷大小可分为总降压变电站、配电所和车间变电站。一般大型企业设总降压变电站，中小型企业不设总降压变电站。总降压变电站应根据公共电力系统通过电力线路引入到企业总降压变电站（配电所）的电源情况、企业总体布置及变电站地址选择的原则综合考虑确定，一般一个企业只设一个总降压变电站。总降压变电站的进线电压通常采用35～110kV。

变配电所的位置、数量、类型的选择，必须在满足供电可靠性和技术要求的前提下，从节约投资、降低有色金属消耗量出发，根据负荷类型、负荷大小和分布情况，以及厂区环境条件和生产工艺等方面的要求综合考虑。变配电所主要有户内式、户外式及组合式等几种。绝大部分中小型企业 6～10kV 变配电所大多采用户内式结构，主要由高压配电室、变压器室和低压配电室三个部分组成。此外，有的还有高压电容器室及值班室。

车间变电站按其主变压器的安装位置来分，主要有附设车间变电站、车间内变电站、露天变电站、独立变电站、杆上变电台、地下变电站、楼上变电站等几种类型，如图 4-1 所示。

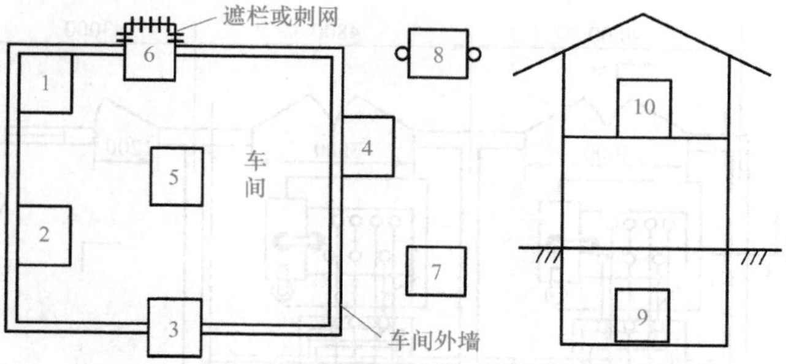

图 4-1　车间变电站的类型

1、2—内附式　3、4—外附式　5—车间内式　6—露天或半露天式　7—独立式　8—杆上式　9—地下式　10—楼上式

（2）变配电所的总体布置　变配电所的总体布置要求，满足的条件应有：便于运行、维护和检修，能保证运行安全，便于进出线，节约土地和建筑费用，适应企业发展要求。

1）6～10kV/0.4kV 车间变电站的布置方案。装有一台或两台 6～10kV/0.4kV 配电变压器的独立式变电站布置图如图 4-2a（户内式）和 b（户外式）所示，装有两台配电变压器的附设式变电站布置图如图 4-2c 所示，只装有一台配电变压器的附设式变电站布置图如图 4-2d 所示，露天或半露天变电站布置图如图 4-2e 和 f 所示。

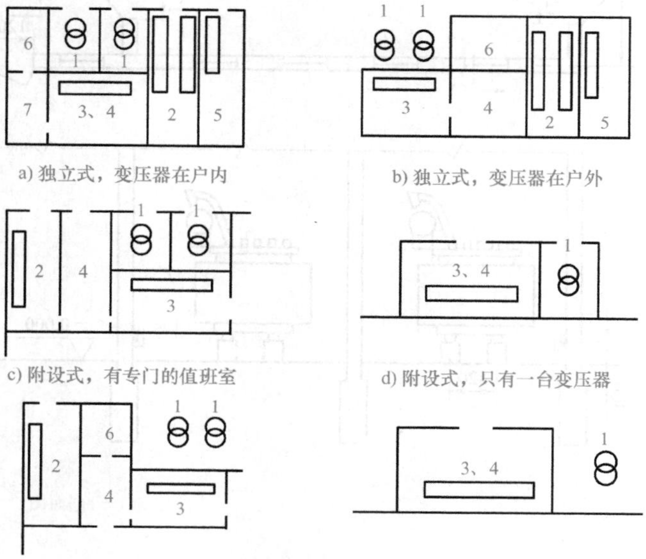

a) 独立式，变压器在户内　b) 独立式，变压器在户外

c) 附设式，有专门的值班室　d) 附设式，只有一台变压器

e) 露天或半露天式，有高低压配电室和值班室　f) 露天或半露天式，只有低压配电室兼值班室

图 4-2　6～10kV/0.4kV 车间变电站的布置方案

1—变压器室或露天、半露天变压器装置　2—高压配电室　3—低压配电室　4—值班室　5—高压电容器室　6—维修间或工具间　7—休息室或生活间

2）10kV 高压配电所及附设车间变电站布置方案。某 10kV 高压变配电所布置方案如图 4-3 所示。该变电站设置了变压器室、电容器室、低压配电室、10kV 配电室及值班室、休息室等，各间室比较齐全。

某工厂高压配电所的平面图和剖面图，如图 4-4 所示。

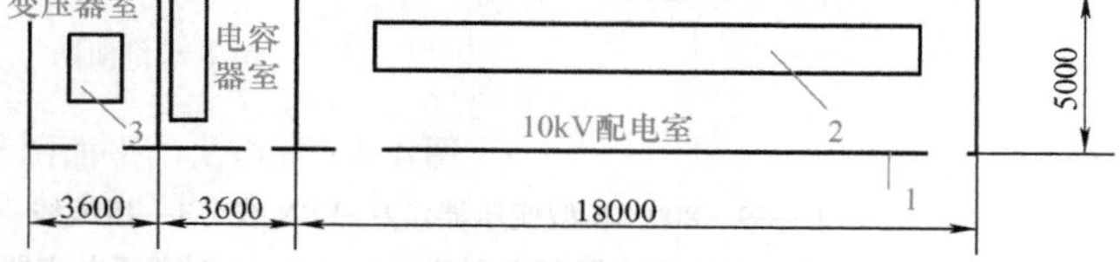

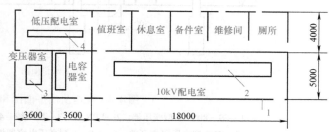

图 4-3　10kV 高压变配电所布置方案

1—10kV 电缆进线　2—10kV 高压开关柜　3—10kV/0.4kV 配电变压器　4—380V 低压配电屏

该高压配电所中高压配电室的开关柜为双列布置，按 GB 50060—2008《3～110kV 高压配电装置设计规范》规定，操作通道的最小宽度为 2m。该所取 2.5m，从而使运行与维护更为安全方便。该所变压器室的尺寸是按所装设变压器容量增大一级来考虑的，

以适应变电站负荷增大时改换大一级容量变压器的要求。高低压配电室也都留有一定的余地，以供将来添设高低压开关柜（屏）之用。

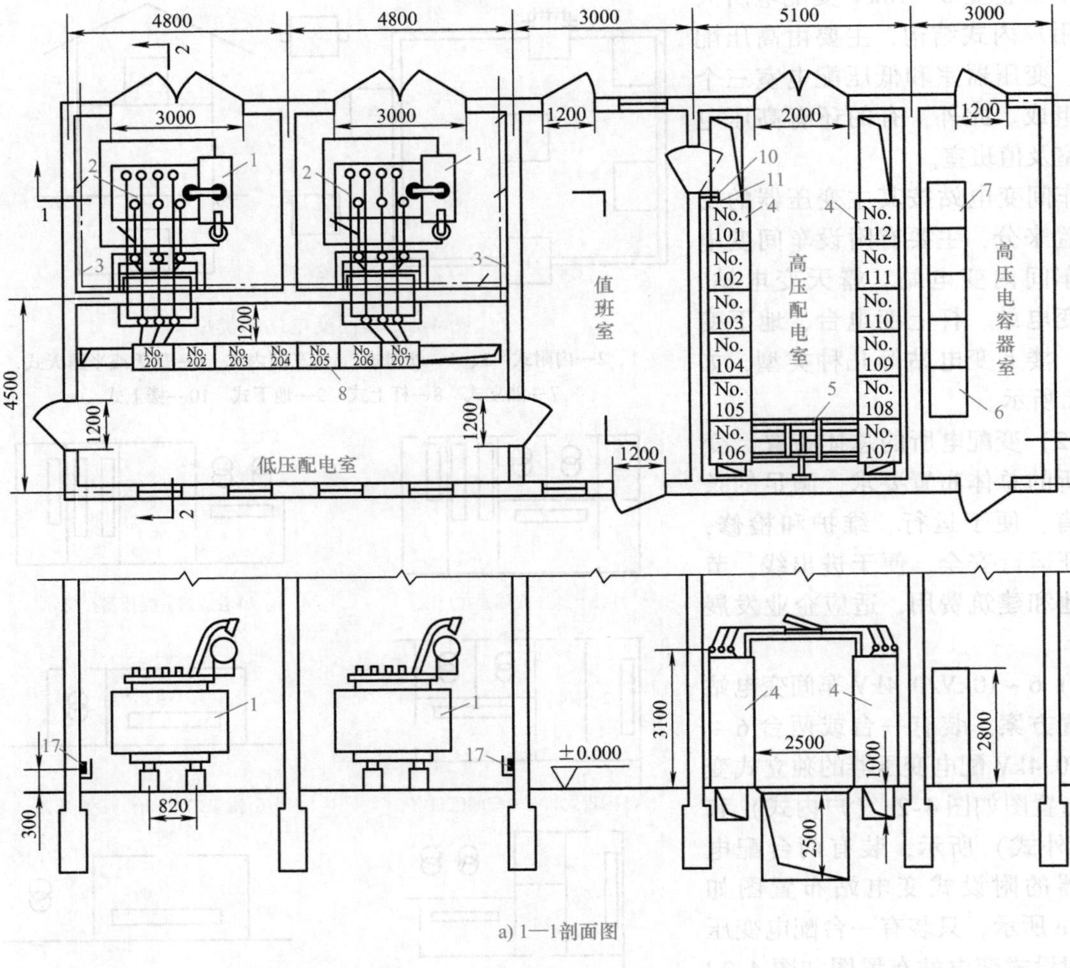

a) 1—1剖面图

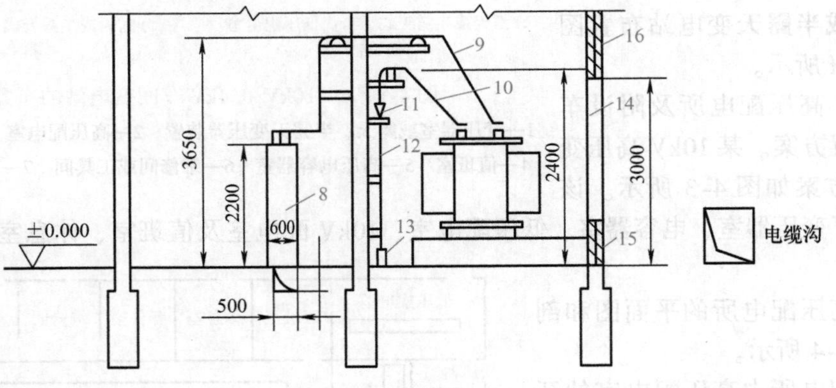

b) 2—2剖面图

图4-4 配电所的平面图和剖面图

1—S9-800/10 型变压器 2—PEN 线 3—接地线 4—GG-1A（F）型高压开关柜
5—GN6 型高压隔离开关 6—GR-1 型高压电容器柜 7—GR-1 型电容器放电柜
8—PGI2 型低压配电 9—低压母线及支架 10—高压母线及支架 11—电缆头 12—电缆
13—电缆保护管 14—大门 15—进风口（百叶窗） 16—出风口（百叶窗） 17—接地线及其固定钩

从该平面布置方案可以分析出：值班室紧靠高低压配电室，而且有门直通，因此运行与维护较方便；高低压配电室和变压器室的进出线都较方便；所有大门都按要求方向开启，保证了运行的安全；高压电容器室与高压配电室相邻，既安全又配线方便；各室都留有一定的余地，以适应今后发展的需要。

2. 变配电所的结构

（1）变压器室和室外变压器台的结构

1）变压器室的结构。变压器室的结构形式，取决于变压器的形式、容量、放置方式、主接线方案及进出线的方式和方向等诸多因素，并应考虑运行与维护的安全及通风、防火等问题。考虑到发展，变压器室宜有更换大一级容量变压器的可能性。

对可燃油油浸式变压器的变压器室，变压器外廓与变压器室墙壁和门的最小净距见表4-1，以确保变压器的安全运行和便于运行与维护。

表4-1　变压器外廓与变压器室墙壁和门的最小净距

（据GB 50053—2013和DL/T 5352—2018）

变压器容量/kV·A	100~1000	1250及以上
变压器外廓与后壁、侧壁的最小净距/mm	600	800
变压器外廓与门的最小净距/mm	800	1000

可燃油油浸式变压器室的耐火等级应为一级，非燃或难燃介质的变压器室的耐火等级不应低于二级。

变压器室的门要向外开，室内只设通风窗，不设采光窗。进风窗设在变压器室前门的下方，出风窗设在变压器室的上方，并应有防止雨、雪及蛇、鼠类小动物从门、窗及电缆沟等进入室内的设施。变压器室一般采用自然通风，夏季的排风温不宜高于45℃，进风和排风的温差不宜大于15℃。

某油浸式变压器室的结构布置图如图4-5所示。其高压侧为6~10kV负荷开关-熔断器或隔离开关-熔断器。变压器室为窄面推进式，地坪不抬高，高压电缆由左侧下面进线，低压母线由右侧上方出线。

2）户外变压器台的结构。露天或半露天变电站的变压器四周应设不低于1.7m高的固定围栏（或墙）。变压器外廓与围栏（墙）的净距不应小于0.8m，变压器底部距地面不应小于0.3m，相邻变压器外廓之间的净距不应小于1.5m。

露天变电站变压器台的结构布置图如图4-6所示。该变电站有一路架空进线，高压侧装有可带负荷操作的RW10-10F型跌落式熔断器和避雷器，避雷器与变压器低压侧中性点及变压器外壳共同接地，并将变压器的PEN线引入低压配电室内。

当变压器容量在315kV·A及以下，环境允许的情况下，且符合用户供电可靠性要求时，可以考虑采用杆上变压器台的形式。

（2）配电室、电容器室和值班室的结构

1）高低压配电室的结构。高低压配电室的结构形式主要取决于高低压开关柜（屏）的形式、尺寸和数量，同时要考虑运行与维护的方便和安全，留有足够的操作维护通道，并且留有适当数量的备用开关柜（屏）的位置，以便今后发展需要。高压配电室内各种通道的最小宽度见表4-2。

表4-2　高压配电室内各种通道的最小宽度（据GB 50053—2013）

开关柜布置方式	柜后维护通道/mm	柜前操作通道/mm	
		固定式柜	手车式柜
单排布置	800	1500	单车长度+1200

（续）

开关柜布置方式	柜后维护通道/mm	柜前操作通道/mm	
		固定式柜	手车式柜
双排面对面布置	800	2000	双车长度 +900
双排背对背布置	1000	1500	单车长度 +1200

注：1. 固定式开关柜为靠墙布置时，柜后与墙净距应大于 50mm，侧面与墙净距宜大于 200mm。
2. 当建筑物的墙面有柱类局部凸出时，凸出部位的通道宽度可减小 200mm。
3. 当开关柜侧面需设置通道时，通道宽度不应小于 800mm。
4. 对全绝缘密封式成套配电装置，可根据厂家安装使用说明书减少通道宽度。

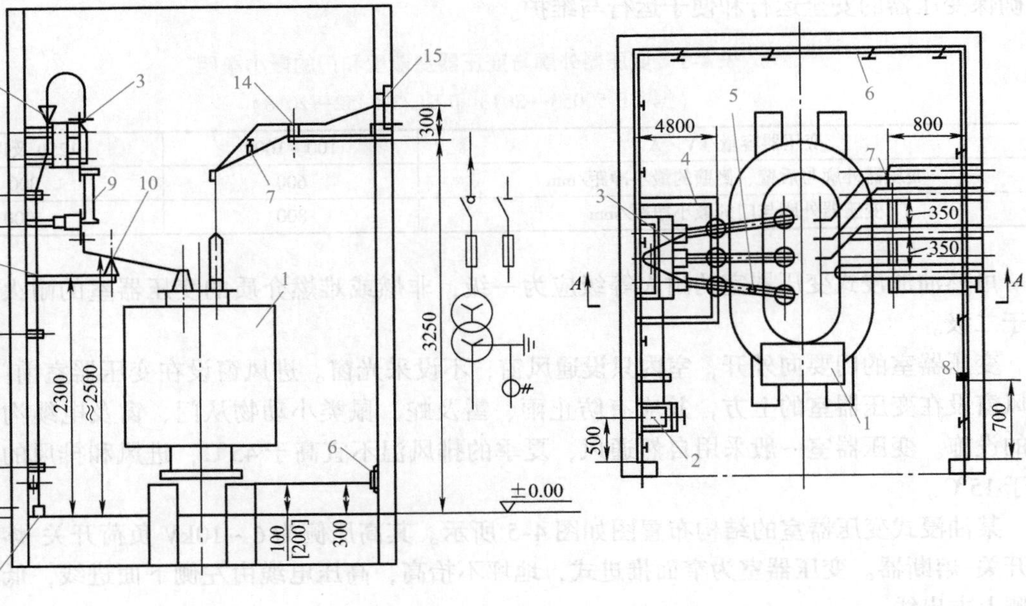

图 4-5　油浸式变压器室的结构布置图

1—主变压器（6～10kV/0.4kV）　2—负荷开关或隔离开关操动机构　3—负荷开关或隔离开关
4—高压母线支架　5—高压母线　6—接地线　7—中性母线　8—临时接地端子　9—熔断器
10—高压绝缘子　11—电缆保护管　12—高压电缆　13—电缆头　14—低压母线　15—穿墙隔板

装有 GG－1A（F）型高压开关柜、采用电缆进出线的高压配电室的布置方案剖面图有两种，一种是单列布置，一种是双列面对面布置，如图 4-7 所示。

由图 4-7 可知，装有 GG－1A（F）型开关柜（柜高 3.1m），当采用电缆进出线时，高压配电室高度为 4m。当采用架空进出线时，高压配电室高度应在 4.2m 以上。当采用电缆进出线而开关柜为手车式（一般高 2.2m 左右）时，高压配电室高度可降至 3.5m。为了布线和检修的需要，高压开关柜下面应设电缆沟。

低压配电室内成列布置的低压配电屏，其屏前后通道的最小宽度见表 4-3。

表 4-3　低压配电屏前后通道的最小宽度（据 GB 50053—2013）

配电屏形式	配电屏布置方式	屏前通道/mm	屏后通道/mm
固定式	单列布置	1500	1000
	双列面对面布置	2000	1000
	双列背对背布置	1500	1500

（续）

配电屏形式	配电屏布置方式	屏前通道/mm	屏后通道/mm
抽屉式	单列布置	1800	1000
	双列面对面布置	2300	1000
	双列背对背布置	1800	1000

注：1. 当建筑物的墙面有局部凸出时，凸出部位的通道宽度可减小 200mm。

2. 当低压配电屏的正背后墙上另设有开关和手动操作机构时，屏后通道净宽不应小于 1500mm；当屏背面的防护等级为 IP2X 时，通道净宽可减为 1300mm。

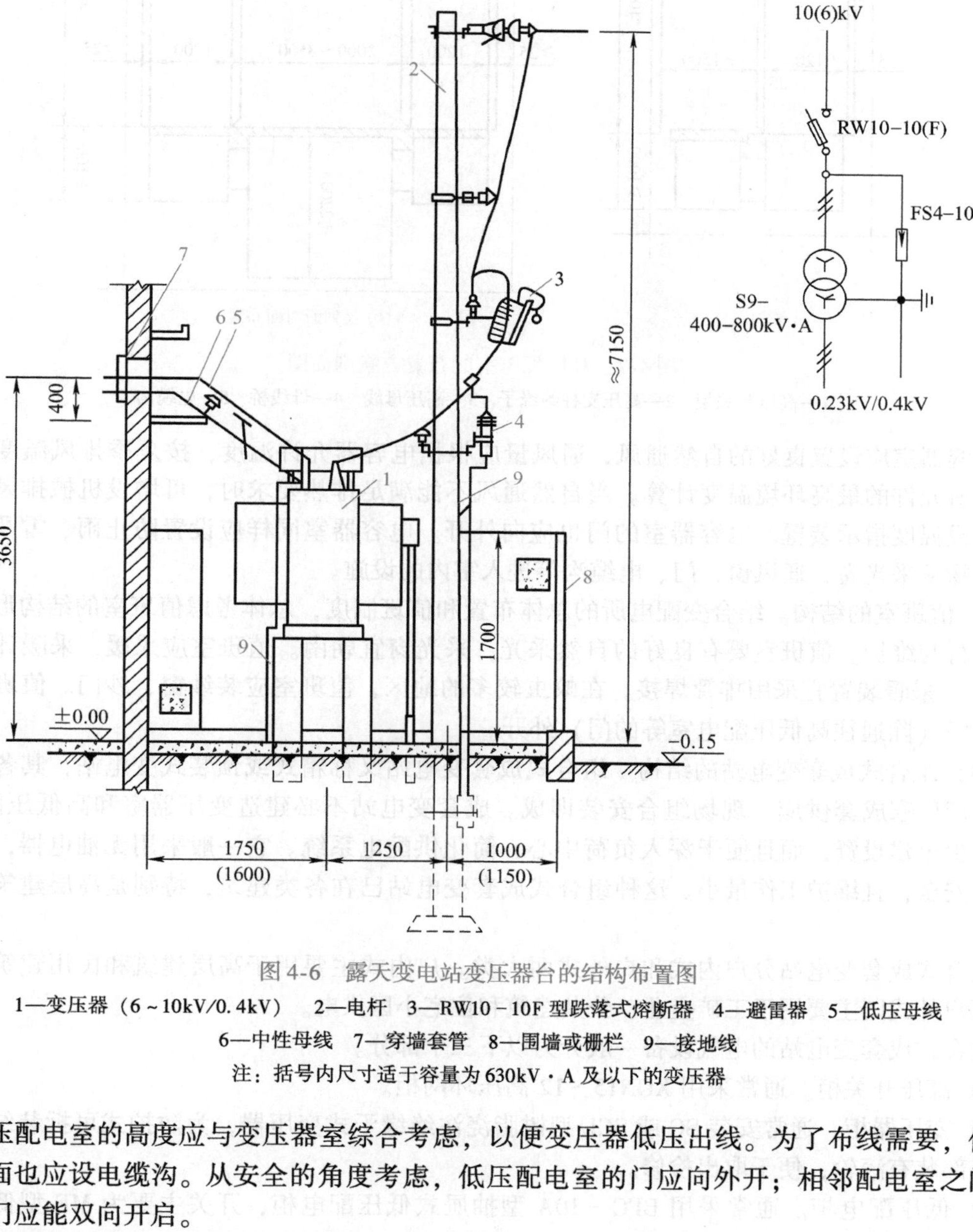

图 4-6　露天变电站变压器台的结构布置图

1—变压器（6～10kV/0.4kV）　2—电杆　3—RW10－10F 型跌落式熔断器　4—避雷器　5—低压母线
6—中性母线　7—穿墙套管　8—围墙或栅栏　9—接地线

注：括号内尺寸适于容量为 630kV·A 及以下的变压器

低压配电室的高度应与变压器室综合考虑，以便变压器低压出线。为了布线需要，低压配电屏下面也应设电缆沟。从安全的角度考虑，低压配电室的门应向外开；相邻配电室之间有门时，其门应能双向开启。

配电室也应设置防止雨、雪及蛇、鼠类小动物从采光窗、通风窗、门、电缆沟等进入室内的设施。

2）高低压电容器室的结构。高低压电容器室通常采用成套电容器柜。按 GB 50053—2013 规定，成套电容器柜单列布置时，柜正面与墙面距离不应小于 1.5m；双列布置时，柜面之间距离不应小于 2.0m。

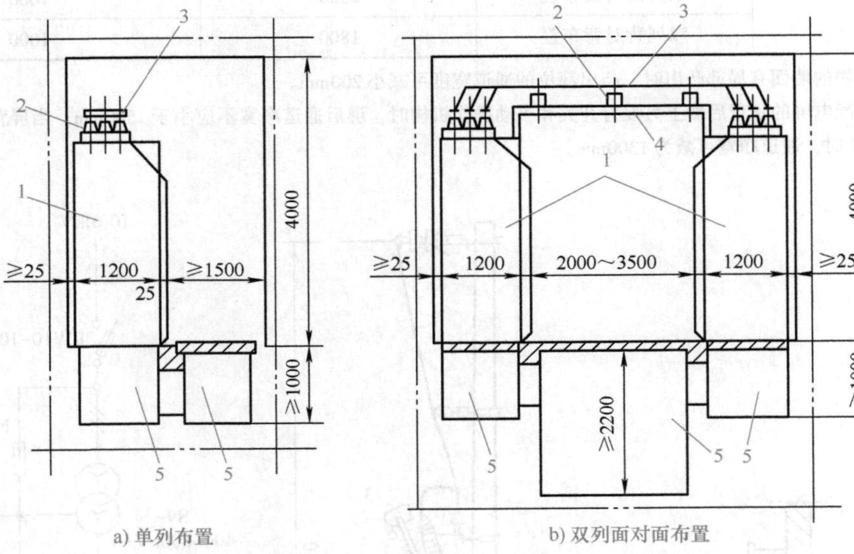

图 4-7　高压配电室的布置方案剖面图

1—高压开关柜　2—高压支柱绝缘子　3—高压母线　4—母线桥　5—电缆沟

电容器室应设置良好的自然通风，通风量应根据电容器允许温度，按夏季排风温度不超过电容器所允许的最高环境温度计算。当自然通风不能满足排热要求时，可增设机械排风。电容器室应设温度指示装置。电容器室的门也应向外开。电容器室同样应设置防止雨、雪及蛇、鼠类小动物从采光窗、通风窗、门、电缆沟等进入室内的设施。

3）值班室的结构。结合变配电所的总体布置和值班制度，总体考虑值班室的结构形式，以利于运行与维护。值班室要有良好的自然采光，采光窗宜朝南。值班室应采暖，采暖计算温度为 18℃，采暖装置宜采用排管焊接。在蚊虫较多的地区，值班室应装纱窗、纱门。值班室通往外边的门（除通往高低压配电室等的门）外开。

（3）组合式成套变电站的结构　组合式成套变电站又称箱式或预装式变电站，其各个单元都由生产厂家成套供应，现场组合安装即成。成套变电站不必建造变压器室和高低压配电室，从而减少土建投资，而且便于深入负荷中心，简化供配电系统。它一般采用无油电器，因此运行更加安全，且维护工作量小。这种组合式成套变电站已在各类建筑，特别是高层建筑中广泛应用。

组合式成套变电站分户内式和户外式两大类。户内式主要用于高层建筑和民用建筑群的供电，而户外式则主要用于工矿企业、公共建筑和住宅小区供电。

组合式成套变电站的电气设备一般分为以下三个部分。

1）高压开关柜。通常采用 XGN15－12 高压环网柜。

2）变压器柜。通常安装 SC 或 SCL 型树脂浇注绝缘干式变压器，为防护式可拆装结构。变压器底部装有滚轮，便于取出检修。

3）低压配电柜。通常采用 BFC－10A 型抽屉式低压配电柜，开关主要为 ME 型低压断路器等。

某 XZN－1 型户内组合式成套变电站的平面布置图如图 4-8 所示，该变电装置高度为 2.2m，其对应的高低压接线见表 4-4。

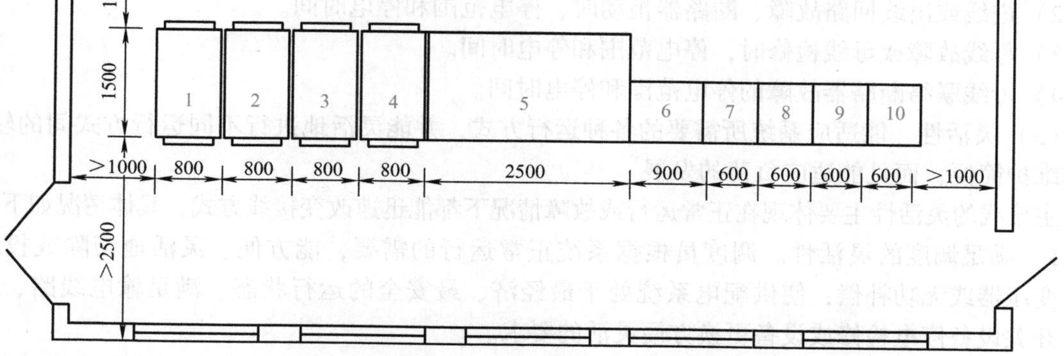

图4-8 户内组合式成套变电站的平面布置图

1～4—GFC－10A 型手车式高压开关柜 5—SC 或 SCL 型树脂浇注绝缘干式变压器

6—低压总进线柜 7～10—BFC－10A 型抽屉式低压配电柜

表4-4 户内组合式成套变电站的高低压接线

序号	1	2	3	4	5	6	7	8	9	10
方案	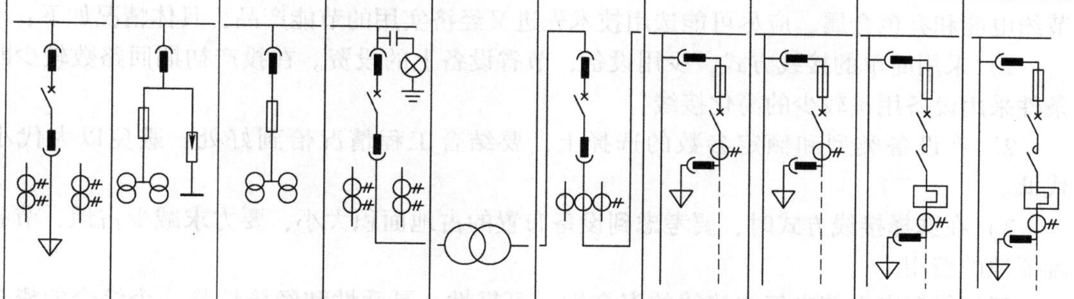						4回路	4回路	8回路	8回路
名称	进线	电压测量及过电压保护	计量	出线	变压器	低压总进线	出线	出线	出线	出线

子任务2 电气主接线的基本要求

变配电所的电气主接线图，按其功能可分为两种：一种是表示变配电所的电能输送和分配路线的接线图，称为主接线图、主电路图或一次电路图；另一种是表示用来控制、指示、测量和保护主接线及其设备运行的接线图，称为二次接线图。

1. 变配电所电气主接线的基本要求

（1）安全性　应符合国家标准和有关技术规范的要求，能充分保证人身和设备的安全，具体情况如下：

1）在高压断路器、低压断路器的电源侧及可能反馈电能的负荷侧，必须装设高压隔离开关、低压隔离开关。

2）配电所的高压母线和架空线路的末端须装设避雷器。

（2）可靠性　应满足各级电力负荷对供电可靠性的要求。例如，对一级负荷应考虑两个电源供电；对二级负荷应采用双回路供电。在主接线设计时通常采用定性分析来比较各种接线的可靠性，一般比较以下几项：

1）断路器停电检修时，对供电的影响程度。

2）进线或出线回路故障、断路器拒动时，停电范围和停电时间。

3）母线故障或母线检修时，停电范围和停电时间。

4）母线联络断路器故障的停电范围和停电时间。

（3）灵活性　能适应系统所需要的各种运行方式，并能灵活地进行不同运行方式间的转换，操作维护简便，而且能适应负荷的发展。

主接线的灵活性主要体现在正常运行或故障情况下都能迅速改变接线方式，具体情况如下：

1）满足调度的灵活性。调度员根据系统正常运行的需要，能方便、灵活地切除或投入线路、变压器或无功补偿，使供配电系统处于最经济、最安全的运行状态。满足输电线路、变压器、开关设备停电检修或设备更换方便灵活的要求。

2）满足接线过渡的灵活性。一般变电站都是分期建设的，从初期接线到最终接线的形成，中间要经过多次扩建。主接线设计时要考虑接线过渡过程中停电范围最少，停电时间最短，一次、二次设备接线的改动最少，设备的搬迁最少或不进行设备搬迁。

3）满足处理事故的灵活性。变电站内部或系统发生故障后，能迅速地隔离故障部分，保障电网的安全稳定。

（4）经济性　在满足上述要求的前提下，应尽量使主接线简单，投资少，运行费用低，并节约电能和有色金属，应尽可能选用技术先进又经济实用的节能产品，具体情况如下：

1）采用简单的接线方式，少用设备，节省设备上的投资。在投产初期回路数较少时，更有条件采用设备用量较少的简化接线。

2）在设备类型和额定参数的选择上，要结合工程情况恰到好处，避免以大代小、以高代低。

3）在选择接线方式时，要考虑到设备布置的占地面积大小，要力求减少占地，节省配电装置征地的费用。

工厂供配电系统电气主接线的安全性、可靠性、灵活性和经济性是一个综合的概念，不能单独强调其中的某一种特性，也不能忽略其中任意一种特性。

2. 变配电所对电气主接线的主要配置

（1）隔离开关的配置　原则上，各种接线方式的断路器两侧应配置隔离开关，作为断路器检修时的隔离电源设备；各种接线的送电线路侧也应配置隔离开关，作为线路停电时的隔离电源。此外，多角形接线中的进出线、接在母线上的避雷器和电压互感器也要配置隔离开关。

（2）接地开关和接地器的配置　为保障电气设备、母线、线路停电检修时，人身和设备的安全，在主接线设计中要配置足够数量的接地开关或接地器。

（3）避雷器、阻波器、耦合电容器的配置　为保持主接线设计的完整性，按常规要在主接线图上标明避雷器的配置。在6～10kV配电装置的母线和架空进线处一般都需要安装避雷器。

（4）电流、电压互感器的配置　小接地电流系统一般在A、C两相配置电流互感器。220kV变电站的10kV出线、无功补偿设备通常要配置两组电流互感器。电压互感器的配置方案与电气主接线有关，采用双母线接线时通常要在每段母线上装设公用的三相电压互感器，为线路保护、变压器保护、母线差动保护、测量和同期系统提供母线电压信息。

3. 电气主接线的基本概念

电气主接线图是企业接受电能后进行电能分配、输送的总电路图。它是由变压器、断路器、隔离开关、互感器、母线电缆等电气设备按一定顺序连接，用以表示生产、汇集和分配电能的电路图。按国家规定的图形符号和文字符号绘制的电气主接线图，一般用单线表示三相线路。只是在局部需要表明三相电路不对称连接时，才将局部绘成三线图。

常用电气设备和导线的图形符号和文字符号见表4-5。

表 4-5 常用电气设备和导线的图形符号和文字符号

电气设备名称	文字符号	图形符号	电气设备名称	文字符号	图形符号
刀开关	QK		母线（汇流排）	W 或 WB	
熔断器式刀开关	QFS		导线、线路	W 或 WL	
断路器	QF		电缆及其终端头		
隔离开关	QS		交流发电机	G	
负荷开关	QSF		交流电动机	M	
熔断器	FU	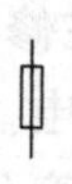	单相变压器	T	
熔断器式隔离开关	FD		电压互感器	TV	
熔断器式负荷开关	FDL		三绕组变压器	T	
阀式避雷器	F	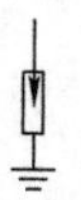	三绕组电压互感器	TV	
三相变压器	T	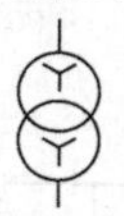	电抗器	L	
电流互感器（具有一个二次绕组）	TA		电容器	C	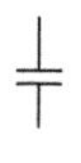
电流互感器（具有两个铁心和两个二次绕组）	TA	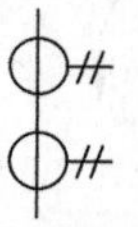	三相导线		

子任务3　电气主接线的类型及分析

常用的变配电所电气主接线可分为有母线和无母线两种形式。当同一电压等级的配电装置中进出线数目较多时，需要设置母线，以便实现电能的汇集和分配。有母线的电气主接线形式主要有单母线和双母线两种。无母线的电气主接线主要有单元接线、桥形接线和角形接线等。

1. 单母线接线

（1）单母线不分段接线方式　单母线不分段接线方式的特点是只设一条汇流母线，电源进线和负荷出线均通过一台断路器接到母线上并列运行。单母线接线是母线制接线中最简单的一种接线，如图4-9所示。断路器用来投切该回路及切除短路故障。隔离开关包括母线隔离开关和线路隔离开关，在切除电路时用来建立明显的断开点，使停运的设备可靠地隔离，保证检修的安全。

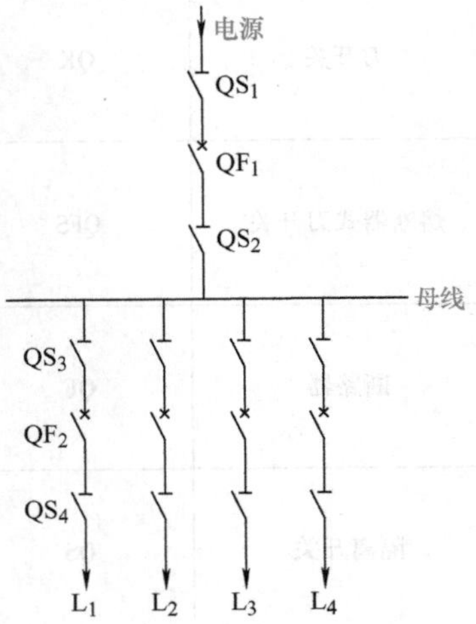

图4-9　单母线不分段接线方式

单母线不分段接线方式的优缺点如下。

优点：接线简单清晰，操作方便，所用电气设备少，配电装置建设费用低。

缺点：

1）当母线和母线隔离开关检修时，每个回路都必须停止工作。

2）当母线和母线隔离开关短路及断路器母线侧绝缘套管损坏时，所有电源回路的断路器都会因此由继电保护而自动断开，结果使整个变配电所在修复的时间内停止工作。

3）引出线回路的断路器检修时，该回路要停止供电。

4）只能提供一种单母线的运行方式，对运行状况变化的适应能力差。

因此，这种接线的工作可靠性和灵活性较差，主要用于小容量特别是只有一个供电电源的变配电所中。

（2）单母线分段接线方式　为了消除单母线接线的缺点，提高单母线不分段接线的供电可靠性和灵活性，可采用单母线分段接线方式，包括用隔离开关和断路器作为分段开关两种形式，如图4-10所示。母线分段的数目取决于电源的数目和功率，但应尽量使各分段上的功率平衡。

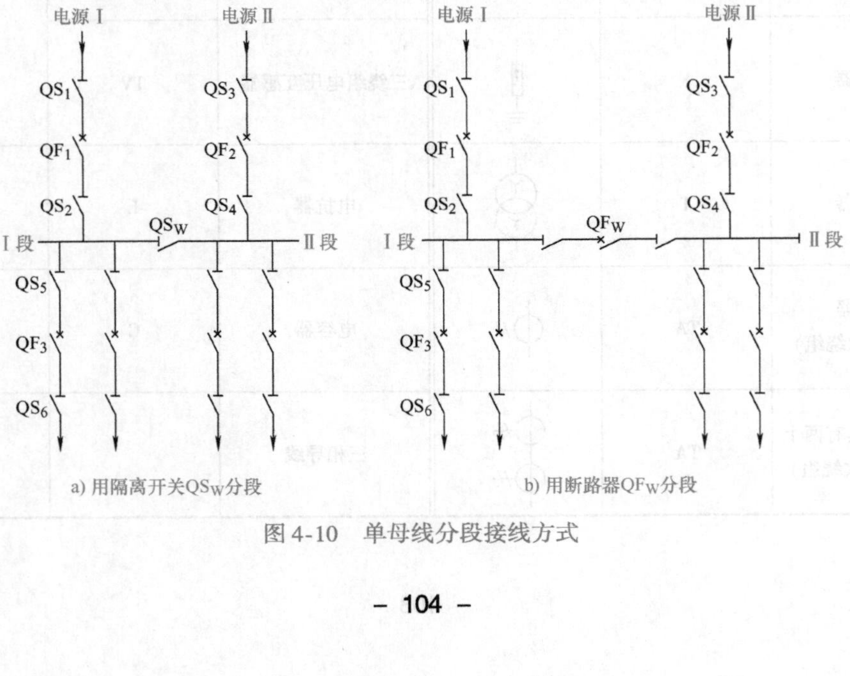

图4-10　单母线分段接线方式

用隔离开关分段的单母线接线如图4-10a所示，适用于双回路电源供电、可靠性要求不高且允许短时停电的二级负荷用户。相对于用断路器分段而言，它可以节省一个断路器和一个隔离开关，但在母线分段发生故障或检修时全部装置仍会短时停电。

用断路器分段的单母线接线如图4-10b所示。用断路器将母线分段，分段后母线和母线隔离开关可分段轮流检修。对重要用户，可从不同母线段引双回路供电。当一段母线发生故障、任一连接元件故障和断路器拒动时，由继电保护动作断开分段断路器，将故障限制在故障母线范围内，非故障母线继续运行，整个配电装置不会全停电。

单母线分段还可以采用双回路供电，即从不同段上各自引入一路电源进线，形成两个电源供电，以保证供电的可靠性。

单母线分段接线虽然较单母线不分段接线提高了供电可靠性和灵活性，但当电源容量较大和出线数目较多，尤其是单回路供电的用户较多时，当一段母线或母线隔离开关故障或检修时，必须断开接在该分段上的全部电源和出线，造成该段单回路供电的用户停电。而且，任一出线断路器检修时，该回路都必须停止工作。因此，一般认为单母线分段接线应用在6～10kV，出线在6回路及以上时，每段所接容量不宜超过25MV·A。

（3）单母线带旁路母线的接线方式　在单母线分段接线方式中，当母线发生故障或检修时，使接在该母线段上的用户停电，或者在检修引出线断路器时，使该引出线上的用户停电，可采用单母线加旁路母线的接线方式，如图4-11所示。

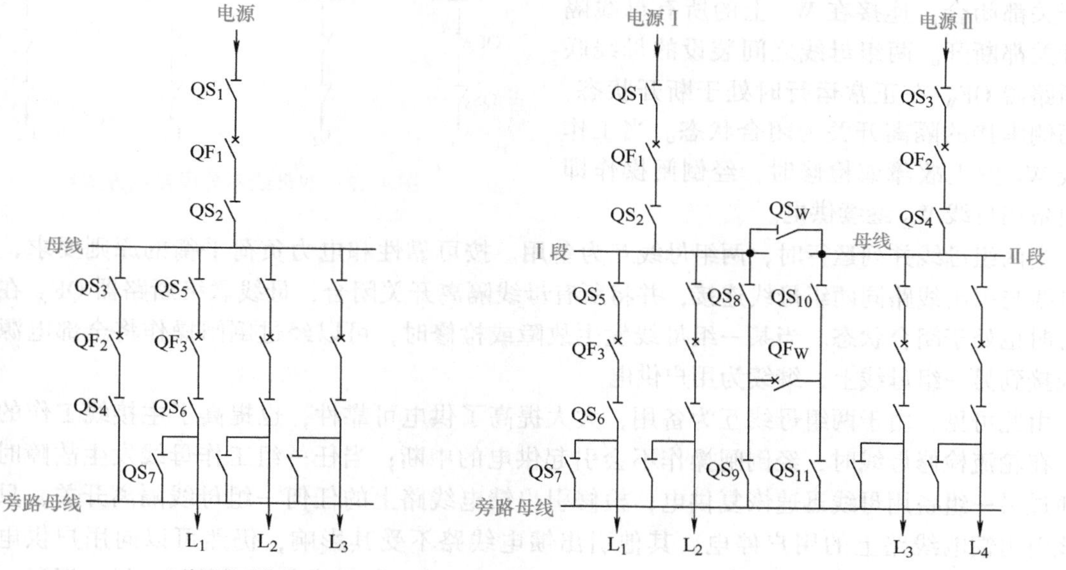

图4-11　单母线带旁路母线的接线方式

单母线不分段带旁路母线的接线方式如图4-11a所示。它与单母线不分段接线方式的区别是增设了一条旁路母线和旁路断路器QF_2，旁路母线通过旁路隔离开关（如QS_7）与每一出线连接，提高了供电可靠性和连续性。正常运行时，旁路断路器QF_2和旁路隔离开关断开。这种接线方式主要用于不能短时停电检修断路器的重要场合，在工业企业及民用建筑中应用较少。

单母线分段带旁路母线的接线方式如图4-11b所示。分段接线方式的区别是增设了三个隔离开关，主母线通过一个隔离开路断路器QF_W（兼作分段断路器），目的是提高供电可靠性和连续性。在正常运行时，旁路母线不带电，分段断路器QF_W和隔离开关在闭合状态，隔离开关QS_9、QS_{11}、QS_W均断开，此时QF_W既起到母线断路器作用，又起分段断路器作用。当检修某引出线的断路器（如QF_3）时，断路器QF_W作为旁路断路器运行，断路器QF_W和隔离开关QS_7、QS_9、

QS_{10}闭合（QS_8、QS_{11}均断开），旁路母线接至Ⅱ段母线，由电源Ⅱ继续向馈线 L_1 供电。同理，旁路母线也可以接在Ⅰ段母线上。当隔离开关 QS_W 闭合时，两组母线并列运行，此时母线为单母线运行方式。这种接线方式主要用于进出回路数不多的场合。

2. 双母线接线

为克服单母线分段隔离开关检修时该段母线上所有设备都要停电的缺点，当用电负荷大、重要负荷多、对供电可靠性要求高或馈电回路多而采用单母线分段接线存在困难时，应采用双母线接线方式。所谓双母线接线方式，是指任一供电回路或引出线都经一个断路器和两个隔离开关接在双母线上，两组母线互为备用。双母线接线方式可分为双母线不分段接线方式和双母线分段接线方式两种。

（1）双母线不分段接线方式　双母线不分段接线方式如图 4-12 所示。双母线不分段接线方式可以采用两组母线分别为运行与备用状态和两组母线并列运行。

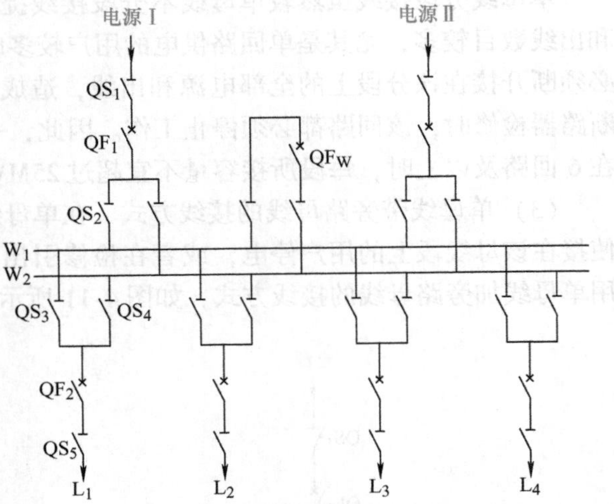

图 4-12　双母线不分段接线方式

当两组母线分别为运行与备用状态时，其中一组母线运行，一组母线备用，即两组母线互为运行与备用状态。通常情况下，W_1 工作，W_2 备用，连接在 W_1 上的所有母线隔离开关都闭合，连接在 W_2 上的所有母线隔离开关都断开。两组母线之间装设的母线联络断路器 QF_W 在正常运行时处于断开状态，其两侧串接的隔离开关为闭合状态。当工作母线 W_1 发生故障或检修时，经倒闸操作即可由备用母线 W_2 继续供电。

当两组母线并列运行时，两组母线互为备用。按可靠性和电力负荷平衡的原则要求，将电源进线与引出线路同两组母线连接，并将所有母线隔离开关闭合，母线联络断路器 QF_W 在正常运行时也处于闭合状态。当某一组母线发生故障或检修时，可以经过倒闸操作将全部电源和引出线接到另一组母线上，继续为用户供电。

由此可见，由于两组母线互为备用，大大提高了供电可靠性，也提高了主接线工作的灵活性。在轮流检修母线时，经倒闸操作不会引起供电的中断；当任一组工作母线发生故障时，可以通过另一组备用母线迅速恢复供电；检修引出馈电线路上的任何一组母线隔离开关，只会造成该引出馈电线路上的用户停电，其他引出馈电线路不受其影响，仍然可以向用户供电。在图 4-13中，当需要检修引出线上的母线隔离开关 QS_3 时，先要将备用母线 W_2 投入运行，工作母线 W_1 转入备用，然后切断断路器 QF_2，再先后断开隔离开关 QS_4、QS_2，此时可以对 QS_3 进行检修。

（2）双母线分段接线方式　双母线不分段接线方式具有单母线分段接线方式所不具备的优点，比没有备用电源用户供电时更有优越性。但是，由于倒闸操作程序较复杂，而且母线隔离开关被用于操作电器，在负荷情况下进行各种切换操作时，若误操作会产生强烈电弧而使母线短路，造成极为严重的人身伤亡和设备损坏事故。为了解决这一问题，保证一级负荷用电的可靠性要求，可以采用的双母线分段接线方式，如图 4-13 所示。

双母线分段接线方式将工作母线分段，在正常运行时只有分段母线组 W_{21} 和 W_{22} 投入工作，而母线 W_1 为固定备用。这样，当某段工作母线发生故障或检修时，可使倒闸操作程序简化，减少误操作，使其供电可靠性得到明显提高。

（3）双母线带旁路母线的接线方式　双母线带旁路母线的接线方式就是在双母线接线的基础上，增设旁路母线。其特点是具有双母线接线的优点，当线路侧或主变压器侧的断路器检修时，仍能继续向负荷供电，但旁路的倒换操作比较复杂，增加了误操作的可能性，也使保护及自动化系统复杂化，投资费用较大。

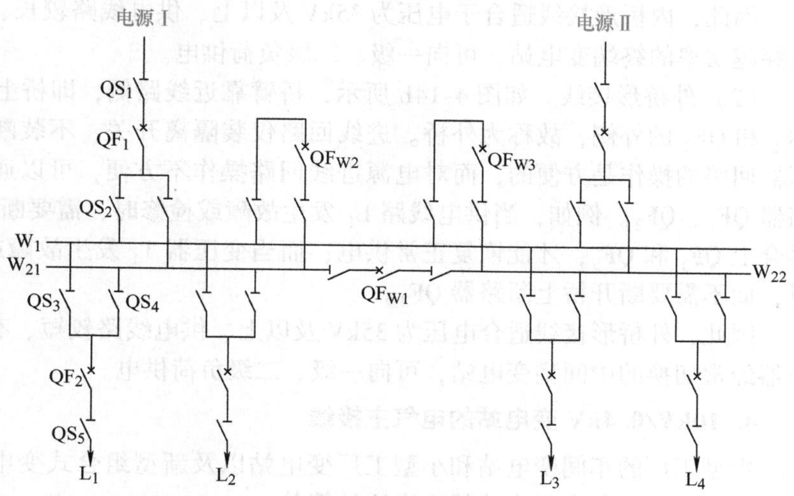

图4-13　双母线分段接线方式

加旁路母线虽然解决了断路器和保护装置检修不停电的问题，但旁路母线也带来了投资费用较大，占地面积较大等。

因此，双母线接线方式相对于单母线接线方式，其供电可靠性和灵活性提高了，但同时系统更加复杂，用电设备增多了，投资加大了，还容易实现自动控制，因此这种接线方式只适用于对供电可靠性要求很高的大型工业企业总降压变压变电站 35～110kV 母线系统和有重要高压负荷的 6～10kV 母线系统中。由于工厂或高层建筑供电回路不多，对于一级负荷采用三回进线单母线分段接线也可以满足其供电。所以，一般 6～10kV 变电站内不推荐使用双母线接线方式。

3. 桥形接线

当线路只有两台变压器和两条进线时，可以采用桥形接线。桥形接线所需的断路器数目较多。桥式接线按连接桥的位置可分为内桥形接线和外桥形接线，如图 4-14 所示。

（1）内桥形接线　如图 4-14a 所示，桥臂靠近变压器侧，即桥上断路器 QF_3 接在线路断路器 QF_1 和 QF_2 的内侧，故称为内桥。变压器一次回路仅装隔离开关，不装断路器，这种接线可提高供电线路 L_1 和 L_2 的运行方式的灵活性，但对投切变压器不够灵活。

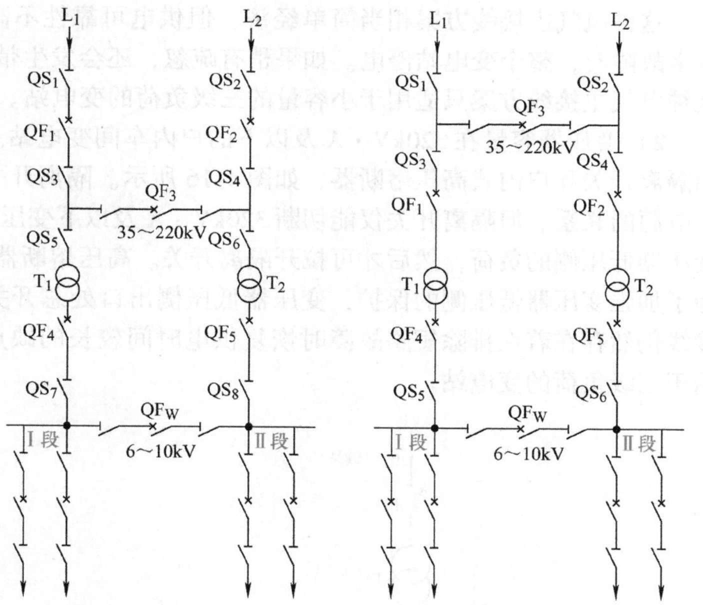

a) 内桥形接线　b) 外桥形接线

图4-14　桥形接线方式

当供电线路 L_1 发生故障或检修时，断开断路器 QF，而变压器 T_1 可由供电线路 L_2 经过桥臂继续供电，而不至于造成用户停电。同理，当检修断路器 QF_1 或 QF_2 时，借助连接桥的作用，可继续给两台变压器供电，保证用户持续用电。但当变压器（如 T_1）发生故障或检修时，需要断开 QF_1、QF_3、QF_4 后，断开 QS_5，再合上 QF_1 和 QF_3，才能恢复正常供电。

因此，内桥形接线适合于电压为35kV及以上、供电线路较长、变压器不需要经常切换、没有穿越功率的终端变电站，可向一级、二级负荷供电。

（2）外桥形接线　如图4-14b所示，桥臂靠近线路侧，即桥上断路器QF_3接在线路断路器QF_1和QF_2的外侧，故称为外桥。进线回路仅装隔离开关，不装断路器，因此外桥形接线对变压器回路的操作是方便的，而对电源进线回路操作不方便，可以通过穿越功率，电源不通过断路器QF_1、QF_2。例如，当供电线路L_1发生故障或检修时，需要断开QF_1和QF_3后，断开QS_1，再合上QF_1和QF_3，才能恢复正常供电；而当变压器T_1发生故障或检修时，断开QF_1、QF_4即可，而不需要断开桥上断路器QF_3。

因此，外桥形接线适合电压为35kV及以上、供电线路较短、有较稳定的穿越功率、允许变压器经常切换的中间型变电站，可向一级、二级负荷供电。

4. 10kV/0.4kV变电站的电气主接线

中型工厂的车间变电站和小型工厂变电站以及新型组合式变电站，变压器的容量一般不超过1000kV·A，其电气主接线方案比较简单。

（1）只装有一台主变压器的小型变电站电气主接线　只装有一台主变压器的小型变电站，其高压侧一般采用无母线的接线，根据其高压侧采用的开关电器不同，有以下四种比较典型的电气主接线方案。

1）变压器容量在630kV·A及以下的户外变电站。对于户外变电站、箱式变电站或杆上变压器，高压侧可以用户外高压跌落式熔断器，跌落式熔断器可以接通和断开630kV·A及以下的变压器空载电流，如图4-15所示。这种主接线受跌落式熔断器切断空载变压器容量的限制，一般只适用于630kV·A以下容量的变电站中。

在检修变压器时，拉开跌落式熔断器可以起隔离开关的作用；在变压器发生故障时，又可作为保护元件自动断开变压器。其低压侧必须装设带负荷操作的低压断路器。

这种电气主接线方案相当简单经济，但供电可靠性不高，当主变压器或高压侧停电检修或发生故障时，整个变电站停电。如果稍有疏忽，还会发生带负荷拉隔离开关的严重事故。所以，这种电气主接线方案只适用于小容量的三级负荷的变电站。

2）变压器容量在320kV·A及以下的户内车间变电站。对户内结构的变电站，高压侧可选用隔离开关和户内式高压熔断器，如图4-16所示。隔离开关用在检修变压器时切断变压器与高压电源的联系。但隔离开关仅能切断320kV·A及以下变压器的空载电流，因此停电时要先切除变压器低压侧的负荷，然后才可拉开隔离开关。高压熔断器能在变压器故障时熔断而断开电源。为了加强变压器低压侧的保护，变压器低压侧出口处总开关尽量采用低压断路器。这种电气主接线仍然存在着在排除短路故障时恢复供电时间较长的缺点，供电可靠性也不高，一般也只适用于三级负荷的变电站。

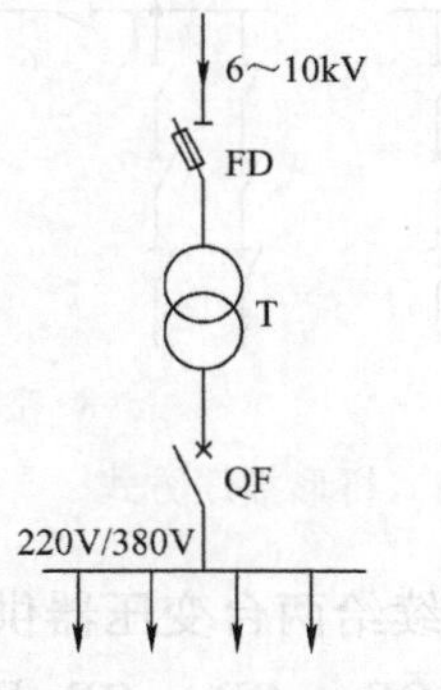

图4-15　630kV·A变电站电气接线图

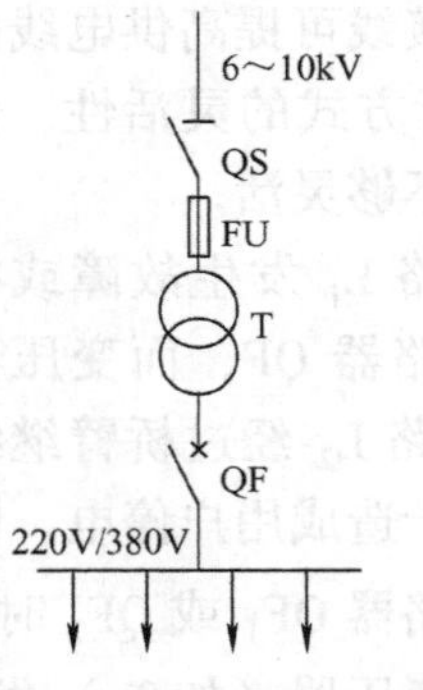

图4-16　320kV·A变压站电气接线图

3）变压器容量在 560 ~ 1000kV · A 的变电站。变压器高压侧选用负荷开关和高压熔断器时，负荷开关可在正常运行时操作变压器，熔断器可在短路时保护变压器。当熔断器不能满足断电保护条件时，高压侧应选用高压断路器。这种接线方式由于负荷开关和熔断器能带负荷操作，从而使得变电站的停、送电操作简便灵活得多，其接线方式如图 4-17 所示。

4）变压器容量在 1000kV · A 及以下的变电站如图 4-18 所示接线方案，一般也只适用于三级负荷；但如果变电站低压侧有联络线与其他变电站相连时，或另有备用电源时，则可用于二级负荷。如果变电站有两路电源进线，则供电可靠性相应提高，可供二级负荷或少量一级负荷。

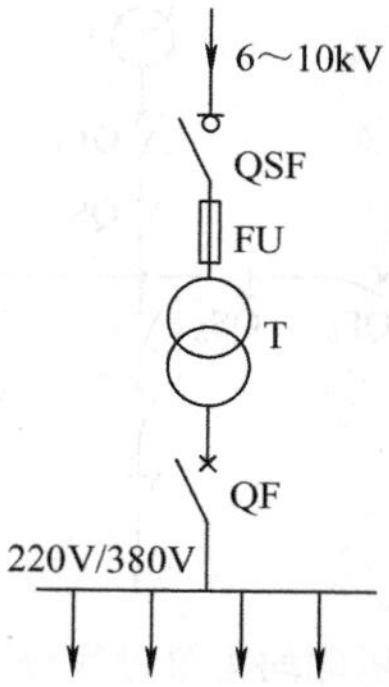

图 4-17　560 ~ 1000kV · A 的变电站电气主接线

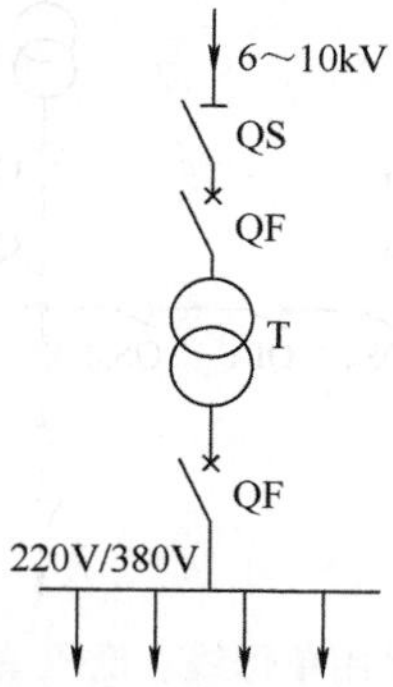

图 4-18　1000kV · A 及以下变电站电气主接线

变压器高压侧选用隔离开关和高压断路器的接线方案，其中隔离开关作为变压器、断路器检修时隔离电源用，需要装设在断路器之前，而高压断路器则作为正常运行时接通或断开变压器并在变压器故障时切断电源用。

（2）装有两台主变压器的变电站电气主接线图　装有两台主变压器的变电站，电气主接线有以下三种方案。

1）高压无母线、低压单母线分段。对于一级、二级负荷或用电量较大的变电站，应采用两个独立回路作为电源进线，如图 4-19 所示。

这种电气主接线的供电可靠性较高，当任一主变压器或任一电源进线停电检修或发生故障时，该变电站通过闭合低压母线分段开关，即可迅速恢复对整个变电站的供电。如果两台主变压器高压断路器装设互为备用的备用电源自动投入装置，则任一主变压器高压侧断路器因电源断电或失压而跳闸时，另一台主变压器高压侧的断路器在备用电源自动投入装置作用下自动合闸，恢复整个变电站的供电。这种主接线可供一级、二级负荷。

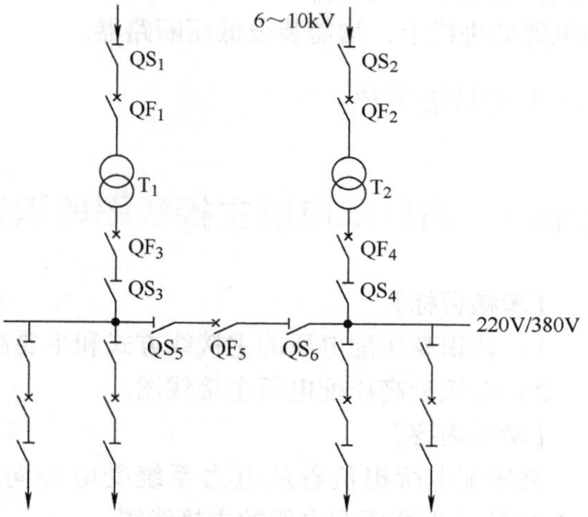

图 4-19　高压无母线、低压单母线分段的接线形式

2）高压采用单母线、低压单母线分段。这种主接线适用于装有两台及以上主变压器或具有多路高压出线的变电站，供电可靠性也较高，其接线形式如图 4-20 所示。

在这种接线中，任一主变压器检修或发生故障时，通过切换操作，即可迅速恢复对整个变电站的供电。但在高压母线或电源进线进行检修或发生故障时，整个变电站仍要停电。这种主接线只能供电给三级负荷。如果有与其他变电站相连的高压或低压联络线时，则可供一级、二级负荷。

3）高、低压侧均为单母线分段。高、低压侧均为单母线分段的变电站电气主接线图，其接线形式如图4-21所示。

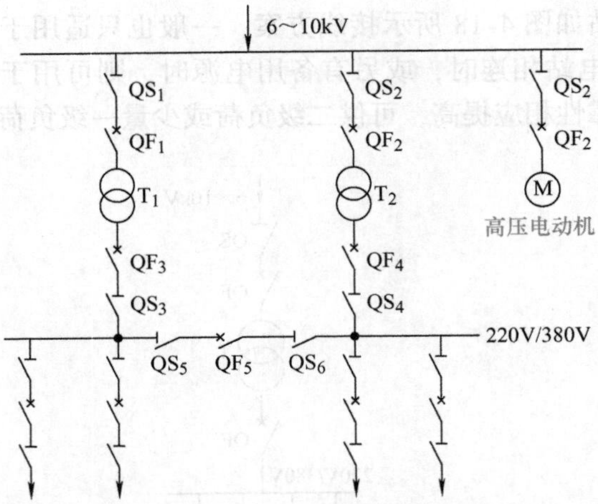

图4-20　高压采用单母线、低压单母线分段的接线形式

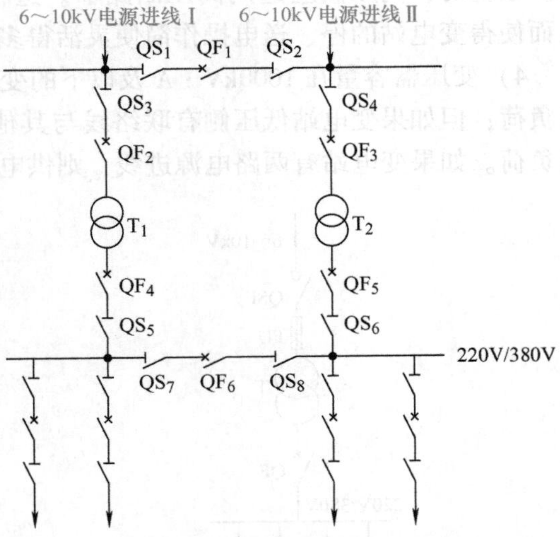

图4-21　高、低压侧均为单母线分段的接线形式

高、低压侧均为单母线分段的主接线，其两段高压母线在正常时可以接通运行，也可以分段运行。任一台主变压器或任一路电源进线停电检修或发生故障时，通过切换操作，均可迅速恢复整个变电站的供电，因此供电可靠性相当高，通常用来供一级、二级负荷。

工厂中的双电源变电站，其工作电源一路常常由系统中某一变电站引到本厂或车间的低压母线，备用电源则引自邻近车间220V/380V配电网。如果要求带负荷切换或自动切换时，在工作电源的进线上，均需装设低压断路器。

职业技能考核

考核1　高压配电所主接线图的识读

【考核目标】

1）认识高压配电所的主接线方式和主要高低压电气设备。

2）会识读高压配电所主接线图。

【考核内容】

高压配电所担负着从电力系统受电并向各车间变电站及某些高压用电设备配电的任务。图4-22所示为高压配电所的主接线图。

1. 高压配电所的电源进线

高压配电所有两路10kV电源进线，一路是架空线路WL_1，另一路是电缆线路WL_2。其中一路电源来自电力系统变电站，作为正常工作电源；而另一路电源则来自邻近单位的高压联络线，作为备用电源。

在这两路电源进线的主开关柜之前，各装有一台高压计量柜（图中No. 101和No. 112，也可在进线主开关柜之后），其中电流互感器和电压互感器专门用来连接计费电能表。

考虑到进线断路器在检修时有可能两端来电，因此为保证断路器检修人员的安全，断路器两端均装有高压隔离开关。

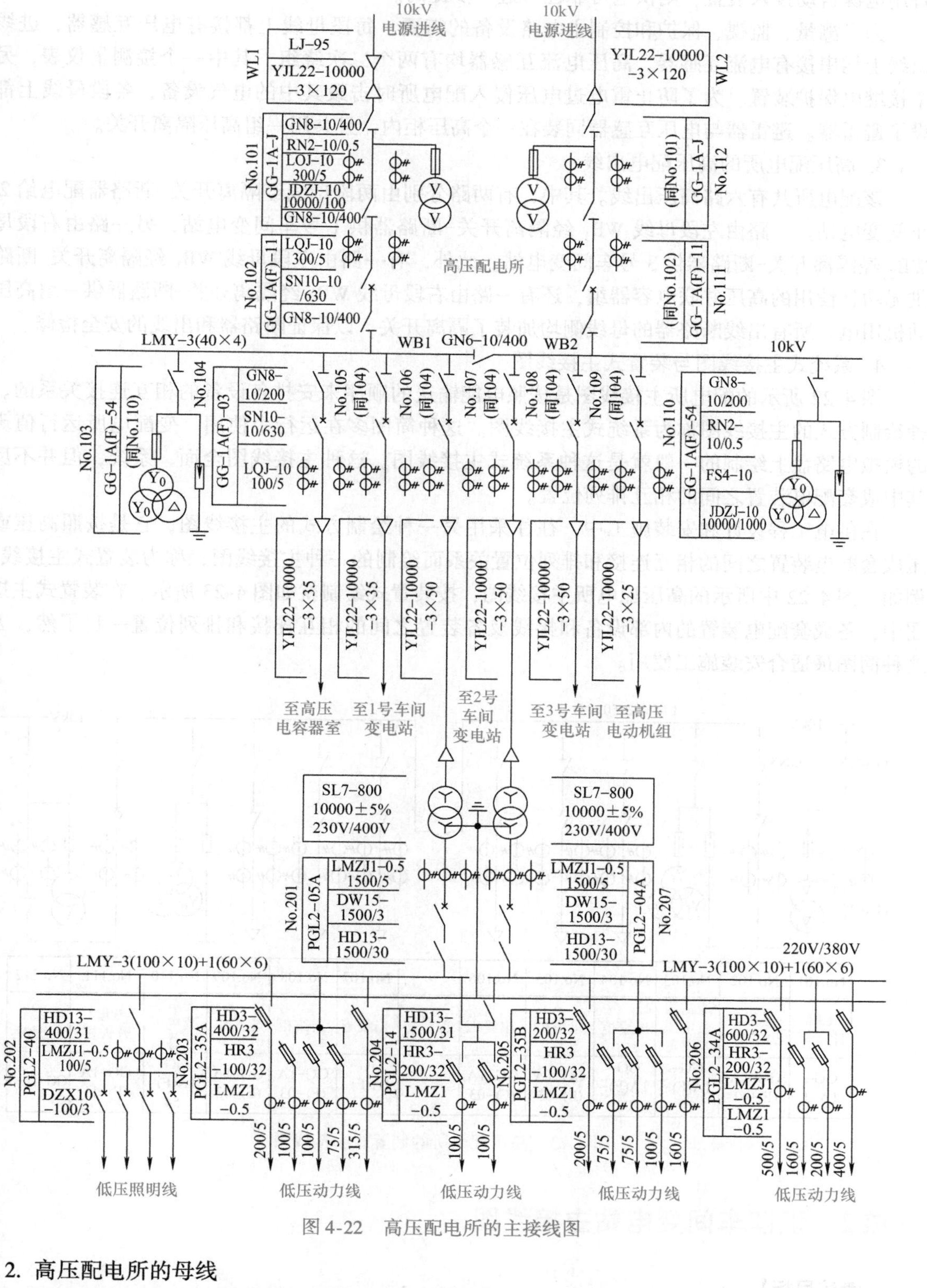

图 4-22　高压配电所的主接线图

2. 高压配电所的母线

由于该高压配电所通常采用一路电源工作、另一路电源备用的运行方式，因此母线分段开关通常是闭合的，高压并联电容器组对整个配电所的无功功率都进行补偿。当工作电源进线发生故障或进行检修时，在该进线切除后，投入备用电源即可使整个配电所恢复供电。如果采用备用电源自动投入装置，则供电可靠性可进一步提高。

为了测量、监视、保护和控制主电路设备的需要，每段母线上都接有电压互感器，进线和出线上均串接有电流互感器。高压电流互感器均有两个二次绕组，其中一个接测量仪表，另一个接继电保护装置。为了防止雷电过电压侵入配电所时击毁其中的电气设备，各段母线上都装设了避雷器。避雷器与电压互感器同装在一个高压柜内，且共用一组高压隔离开关。

3. 高压配电所的高压配电出线

该配电所共有六路高压出线。其中，有两路分别由两段母线经隔离开关–断路器配电给 2 号车间变电站。一路由左段母线 WB_1 经隔离开关–断路器供 1 号车间变电站，另一路由右段母线 WB_2 经隔离开关–断路器供 3 号车间变电站。此外，有一路由左段母线 WB_1 经隔离开关–断路器供无功补偿用的高压并联电容器组，还有一路由右段母线 WB_2 经隔离开关–断路器供一组高压电动机用电。所有出线断路器的母线侧均加装了隔离开关，以保证断路器和出线的安全检修。

4. 系统式主接线图与装置式主接线图

图 4-22 所示的配电所主接线图是按照电能输送的顺序来安排各设备的相互连接关系的。这种绘制方式的主接线图称为系统式主接线图。这种简图多在运行中使用。变配电所运行值班用的模拟电路盘上绘制的一般就是这种系统式主接线图。这种主接线图全面、系统，但并不反映其中成套配电装置之间的相互排列位置。

在供电工程设计和安装施工中，往往采用另一种绘制方式的主接线图，它是按照高压或低压成套配电装置之间的相互连接和排列位置关系而绘制的一种主接线图，称为装置式主接线图。例如，图 4-22 中所示的高压配电所主接线图，按装置式绘制就如图 4-23 所示。在装置式主接线图中，各成套配电装置的内部设备和接线及各装置之间的相互连接和排列位置一目了然，因此这种简图最适合安装施工使用。

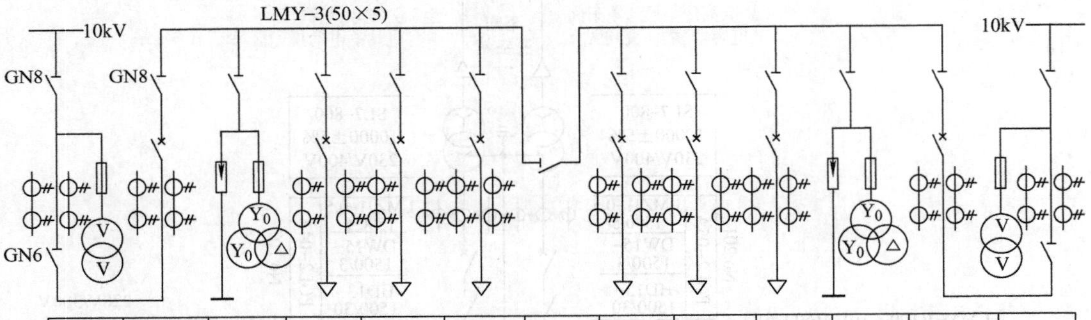

No.101	No.102	No.103	No.104	No.105	No.106		No.107	No.108	No.109	No.110	No.111	No.112
电能计量柜	1号进线开关柜	避雷器及电压互感器	出线柜	出线柜	出线柜	GN6–10/400	出线柜	出线柜	出线柜	避雷器及电压互感器	2号进线开关柜	电能计量柜
GG–1A–J	GG–1A(F)–11	GG–1A(F)–54	GG–1A(F)–03	GG–1A(F)–03	GG–1A(F)–03		GG–1A(F)–03	GG–1A(F)–03	GG–1A(F)–03	GG–1A(F)–54	GG–1A(F)–11	GG–1A–J

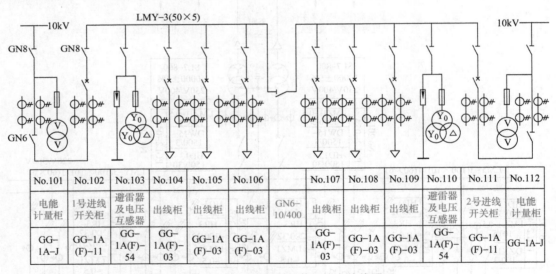

图 4-23　高压配电所的装置式主接线图

考核 2　识读车间变电站主接线图

【考核目标】

1）认识车间变电站的主接线方式。

2）会识读车间变电站主接线图。

【考核内容】

车间变电站和一些小型工厂变电站是将 6～10kV 降为一般用电设备所需低压 220V/380V 的终端变电站。它们的主接线比较简单。

车间变电站高压侧主接线方案如图 4-24 所示。其高压侧的开关电器、保护装置和测量仪表等，一般都安装在高压配电线路的首端，即安装在总变配电所的高压配电室内，而车间变电站只设变压器室（室外为变压器台）和低压配电室。其高压侧大多不装开关，或者只装简单的隔离开关、熔断器（室外则装跌落式熔断器）、避雷器等。

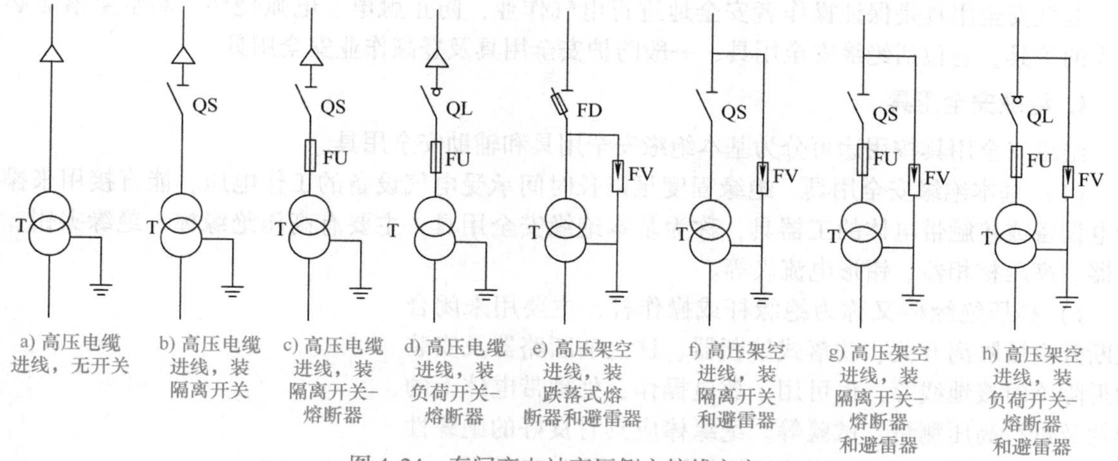

图 4-24　车间变电站高压侧主接线方案

由图 4-24 可以看出，凡是高压架空进线，无论变电站为户内式还是户外式，均须装设避雷器以防雷电波沿架空线侵入变电站；而采用高压电缆进线时，避雷器则装设在电缆进线端，而且避雷器的接地端要同电缆的金属外壳一起接地。如果变压器高压侧为架空线加一段引入电缆的进线方式，则变压器高压侧仍应装设避雷器。

【思考】

1. 变配电所的作用和任务是什么？车间变电站有哪些类型？

2. 变配电所地址选择应遵循哪些原则？地址靠近负荷中心有哪些好处？

3. 变配电所的总体布置应考虑哪些要求？变压器室、高压配电室、低压配电室与值班室相互之间的位置通常是怎么考虑的？

4. 组合式成套变电站主要由哪几部分组成？

5. 对变配电所电气主接线的设计有哪些要求？内桥接线与外桥接线各有什么特点？各适用于什么情况？

6. 简述变配电所电气主接线几种形式的优缺点。

任务 2　电气作业安全用具、安全措施及事故处理

任务概述

变配电所是电力系统的重要组成部分，是供配电系统的核心，变配电所值班人员的主要职责之一就是停电与送电操作，所以变配电所人员值班制度、值班人员的职责以及进行变配电所停电与送电操作是本任务主要研究的内容。

倒闸操作是变配电所值班人员的一项经常性、复杂而细致的工作，同时又十分重要，稍有

疏忽或差错都将造成严重事故，带来难以挽回的损失。所以，倒闸操作时应对倒闸操作的步骤十分熟悉，并在实际执行中严格按照这些规则操作。学习相关变电运行技术，可以提高运行技术人员贯彻执行相关岗位责任制的水平，保证生产运行的正常进行。

知识准备

子任务 1　电气安全用具的使用

电气安全用具是保证操作者安全地进行电气作业，防止触电、电弧烧伤、高空坠落等必不可少的工具。它包括绝缘安全用具、一般防护安全用具及登高作业安全用具。

1. 绝缘安全用具

绝缘安全用具按用途可分为基本绝缘安全用具和辅助安全用具。

（1）基本绝缘安全用具　绝缘程度足以长时间承受电气设备的工作电压，能直接用来操作带电设备或接触带电体的工器具，称为基本绝缘安全用具，主要有高压绝缘棒、绝缘夹钳、验电器、高压核相器、钳形电流表等。

1）高压绝缘棒又称为绝缘杆或操作杆，主要用来闭合或断开高压隔离开关、跌落式熔断器、柱上油断路器及安装和拆除临时接地线等，也可用于放电操作、处理带电体上的异物及进行高压测量、试验等。绝缘棒应具有良好的绝缘性能和足够的机械强度。高压绝缘棒的结构如图 4-25 所示。

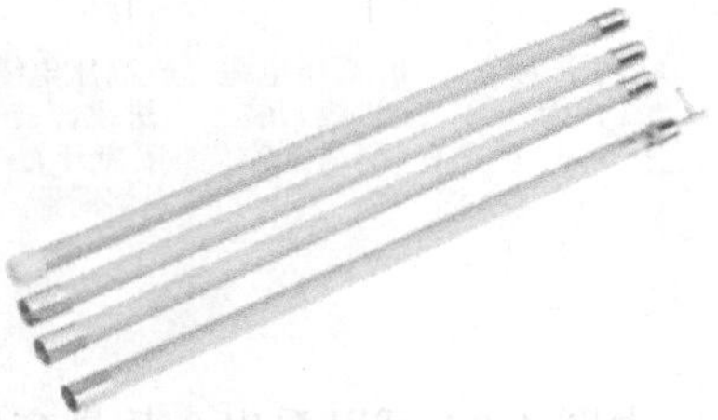

图 4-25　高压绝缘棒的结构

使用高压绝缘棒的注意事项如下：

① 使用前先检查是否在有效期内，外表是否完好，连接是否紧固。

② 操作前应用干布擦拭表面以保持清洁、干燥。

③ 必须使用符合被操作设备电压等级要求的绝缘棒，切不可任意选用。

④ 必须戴相应等级的绝缘手套，穿绝缘靴或站在绝缘垫（台）上操作，手握部位不得超过护环。

⑤ 雨天使用时应在绝缘部分安装防雨罩，户外操作时还应穿绝缘靴。

⑥ 当接地网接地电阻不符合要求或不了解接地网情况时，晴天操作也应穿绝缘靴。

⑦ 使用时应有监护人监护，操作要准确、迅速、有力，尽量缩短与高压接触时间。

⑧ 绝缘棒应统一编号，存放在特制的木架上。

2）绝缘夹钳主要用于电压为 35kV 及以下的电力系统中，是安装和拆卸高压熔断器或执行其他类似工作的工具。绝缘夹钳由工作钳口、绝缘部分（钳身）和握手部分（钳把）组成，握手部分和绝缘部分用浸过绝缘漆的木材、硬塑料、胶木或玻璃钢制成，其间有护环分开，如图 4-26 所示。

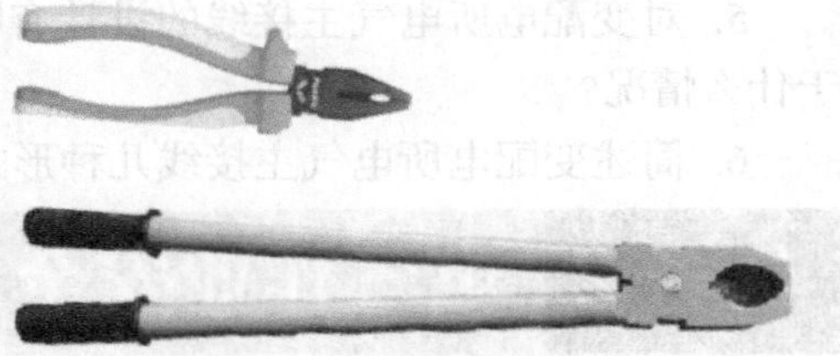

图 4-26　绝缘夹钳

使用绝缘夹钳的注意事项如下：

① 使用前应测试其绝缘电阻，钳体应无损伤，表面应清洁、干燥。

② 使用时操作人员应戴护目镜、绝缘手套，穿绝缘鞋或站在绝缘垫（台）上，手握绝缘夹钳时，要集中精力，保持平衡。

③ 必须在切断负荷后进行操作。

④ 操作时应有人监护。

⑤ 雨天在室外操作时，应使用带有防雨罩的绝缘夹钳。

⑥ 钳口不允许装接地线，防止接地线晃荡而造成接地短路和触电事故。

⑦ 应放置在室内干燥、通风场所，防止受潮磨损。

3）验电器是检验电气线路和电气设备上是否带电的安全用具。因验电器的电压等级不同，可分为高压和低压两种，如图 4-27 所示。

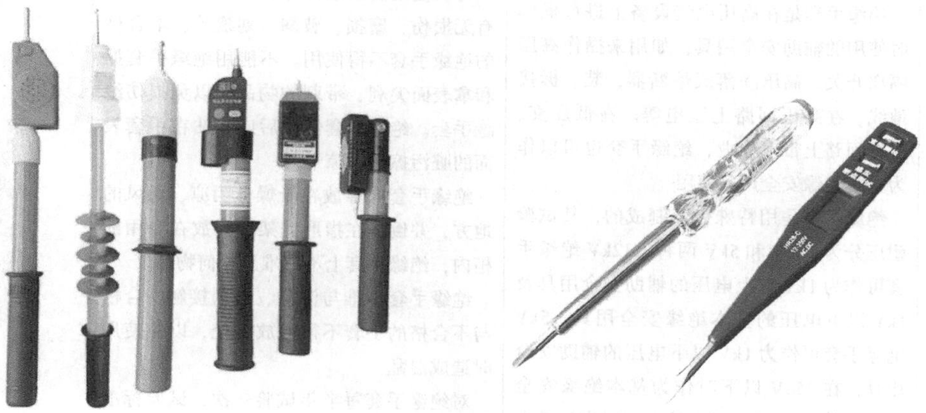

图 4-27 验电器

低压验电器又称为验电笔，是用于测试 60～550V 交、直流电路是否有电和检查电气用具或电力导线是否漏电等故障的专用安全用具，其种类有笔式、螺钉旋具式和组合式，由氖管、电阻、弹簧、笔身、金属触头等组成。

高压验电器用于在高压交流系统中作验电工具使用，常用的有回转验电器和具有声光信号的验电器。

验电器的使用注意事项如下：

① 使用前应检查验电器的工作电压与被测设备的额定电压是否相符，是否在有效期内，结构是否完好，有无损坏、裂纹、污垢等。

② 利用验电器的自检装置，检查验电器的指示器叶片是否旋转及声光信号是否正常。

③ 使用高压验电器时，应两人进行，一人操作，一人监护，操作人员必须戴符合耐压等级要求的绝缘手套，必须握在绝缘棒护环以下的握手部分，绝不能超过护环。

④ 每次验电前应先在确认有电的设备上验电，确认验电器有效后才能使用。

⑤ 验电时，操作人员的身体各部位应与带电体保持足够的安全距离，用验电器的金属触头逐渐靠近被测设备，一旦验电器开始回转，且发出声光信号，即说明该设备有电，此时应立即将金属触头移开被测设备，以保证验电器的使用寿命。

⑥ 验电时，若指示器的叶片不转动，也没有发出声光信号，则说明验电部位无电。

⑦ 在停电设备上验电时，必须在设备进出线两侧及需要短路接地的部位各相分别验电，以防可能出现的一侧或其中一相带电而未被发现的情况。

⑧ 验电时，验电器不应装接地线，除非在木梯、木杆上验电，不接地线不能指示者，才可装接地线。

⑨ 验电器应按电压等级统一编号，并明示在验电器盒的外壳上。

⑩ 验电器使用后，应装盒并放入指定位置，保持干燥，避免积灰和受潮。

（2）辅助安全用具 辅助安全用具是指绝缘强度不足以承受电气设备的工作电压，不能用来直接接触高压电气设备的带电部分，只能用来加强基本绝缘安全用具的保安作用，用来防止接触电压、跨步电压、电弧烧伤等对操作人员造成伤害的用具。辅助安全用具主要有绝缘手套、绝缘鞋（靴）、绝缘垫、绝缘台、绝缘隔板、绝缘罩等，其使用方法及保管注意事项见表4-6。

表4-6　辅助安全用具的使用方法及保管注意事项

名称	用途	使用方法及保管注意事项	外形图
绝缘手套	绝缘手套是在高压电气设备上进行操作时使用的辅助安全用具，如用来操作高压隔离开关、高压跌落式熔断器，装、拆接地线，在高压回路上验电等。在低压交、直流回路上带电作业，绝缘手套也可以作为基本绝缘安全用具使用。 绝缘手套是用特殊橡胶制成的，其试验耐压分为12kV和5kV两种。12kV绝缘手套可作为1kV以上电压的辅助安全用具及1kV以下电压的基本绝缘安全用具。5kV绝缘手套可作为1kV以下电压的辅助安全用具，在250V以下时作为基本绝缘安全用具，禁止在1kV以上的电压时作为基本绝缘安全用具	每次使用前应进行外部检查，查看表面有无损伤、磨损、破漏、划痕等，不合格的绝缘手套不得使用。不能用绝缘手套抓和拿表面尖利、带刺的物品，以免损伤绝缘手套。绝缘手套使用后应将沾在手套表面的脏污擦净、晾干。 绝缘手套应存放在干燥、阴凉、通风的地方，并倒置在指形支架或存放在专用的柜内，绝缘手套上不得堆压任何物品。 绝缘手套不准与油脂、溶剂接触。合格与不合格的手套不得混放一处，以免使用时造成混乱。 对绝缘手套每半年试验一次，试验标准按规定执行并登记记录，超试验周期的手套不准使用	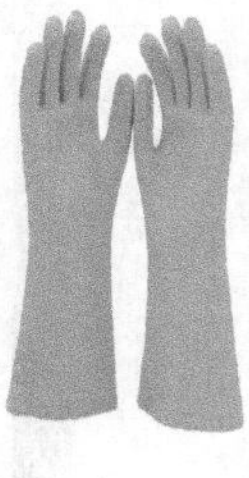
绝缘鞋（靴）	绝缘鞋（靴）的作用是使人体与地面保持绝缘，是高压操作时作业人员用来与大地保持绝缘的辅助安全用具，可以作为防跨步电压的基本绝缘安全用具。常用的绝缘靴，37～40号靴筒高为230mm，41～43号靴筒高为250mm	不能当胶鞋或雨靴使用，在每次使用前应进行外部检查，表面应无损伤、磨损、破漏、划痕等，有破漏、砂眼的绝缘靴禁止使用。 为方便作业人员使用，现场应配大号、中号绝缘靴各两双。 应存放在干燥、阴凉的专用柜内，其上不得放压任何物品。 不得与油脂、溶剂接触，合格与不合格的绝缘靴不准混放，以免使用时拿错。 每半年对绝缘靴试验一次，试验标准按规定执行并登记记录，不合格的绝缘靴应及时收回，超试验期的绝缘靴禁止使用	
绝缘垫	绝缘垫通常铺设在高低压配电室的地面上，以加强作业人员对地的绝缘，防止接触电压和跨步电压，其作用与绝缘靴基本相同	绝缘垫的最小尺寸不得小于0.8m×0.8m。在使用过程中，应保持绝缘垫干燥、清洁，注意防止与酸、碱及各种油类物质接触；应避免阳光直射、距离热源过近及锐利金属划刺，以免造成腐蚀，加速老化、龟裂或变黏，降低绝缘性能。 应经常检查其有无裂纹、划痕，发现问题时应立即停止使用并及时更换	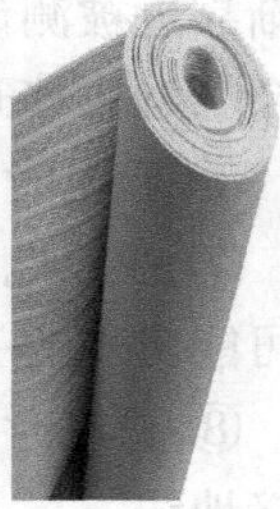
绝缘台	绝缘台的作用与绝缘垫、绝缘靴相同。可在任何电压等级的电力设备上带电工作时使用，多用于变电站和配电室，如用于室外	不应使台脚陷入泥土或台面触及地面，以免过多地降低其绝缘性能	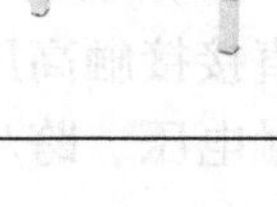

（续）

名称	用途	使用方法及保管注意事项	外形图
绝缘隔板	绝缘隔板是在停电检修时，为防止检修人员接近带电设备而在两设备之间放置的辅助安全用具，常用环氧玻璃布板或聚乙烯塑料制作。 在35kV及以下情况，也可将绝缘隔板和带电体直接接触使用，但应注意工作人员不得和绝缘隔板接触	绝缘隔板安装时应满足一定的安全距离，其大小视带电体的尺寸和作业人员活动范围确定。 放置时，带电体到绝缘隔板的距离不得小于20cm；在特殊情况下，若作业人员必须接触绝缘隔板，则要求其绝缘水平须和带电体的工作电压相适应，且满足带电体到其边缘距离不小于规定值。 绝缘隔板应保持光滑，不允许有裂纹、孔洞、气泡等，厚度不小于3mm。应将绝缘隔板存放在干燥、通风的室内，不得着地或靠墙放置，使用前应擦拭干净，并检查外观是否良好	
绝缘罩	当作业人员与带电体之间的安全距离达不到要求时，为防止作业人员触及带电体造成触电，可将绝缘罩放置在带电体上	绝缘罩使用前应检查是否完好，是否在有效期范围内，并将其表面擦净。 放置时，应使用绝缘棒，戴绝缘手套操作，放置应牢靠。 绝缘罩应统一编号，存放在室内干燥的工具架上或柜内，并按规定进行试验，超过试验期不得使用	

2. 一般防护安全用具

一般防护安全用具是指本身没有绝缘性能，但可以起到在作业中防止作业人员受到伤害作用的安全用具。它分为人体防护用具和安全技术防护用具。

（1）人体防护用具　人体防护用具的主要作用是保护人身安全。当工作人员穿戴必要的防护用具时，可以防止外来伤害，如安全帽、护目镜、防护面罩、防护工作服等，如图4-28所示。

安全帽　　护目镜　　防护面罩　　防护工作服

图4-28　人体防护用具

（2）安全技术防护用具　安全技术防护用具主要有携带型接地线和临时遮栏、栅栏。

1）携带型接地线又称三相短路接地线，是在电气设备和电力线路停电检修时，防止突然来电，确保作业人员安全而采取的保证安全的技术措施。在全部停电或部分停电的电气设备中，应向可能来电的各侧装设接地线，悬挂标志牌并加装遮栏。携带型接地线主要由线夹、绝缘操作棒、多股软铜线和接地端等部件组成，如图4-29所示。

多股软铜线是接地线的主要部件，其中三根短软铜线用于连接三相导线，接在线夹上，另一端共同连接接地线，接地线的另一端（接地端）连接接地装置，要求导电性能好，其外包有透明的绝缘塑料护套，以预防外伤断股。

使用接地线的注意事项如下：

① 接地线应采用多股软铜线，其截面积的选择应根据使用地点的短路容量来确定，但不得小于 $25mm^2$。

② 每次使用前应仔细检查软铜线有无断股、损坏，各连接处要牢固，严禁使用不合格的导线作为接地线或短路线。

③ 应按不同电压等级选用对应规格的接地线。

④ 挂接地线前必须先验电，防止带电挂接地线。

⑤ 操作时必须两人同时进行，一人操作，一人监护，多电源的线路及设备停电时，各回路均应加装接地线。

⑥ 装拆顺序要正确，即装设时先接接地端，后接导线端，而拆除时先拆导线端，后拆接地端。

⑦ 连接要牢固，严禁用缠绕方法进行接地或短路。

⑧ 接地点和工作设备之间不允许连接开关和熔断器。

⑨ 要加强对接地线的管理，要专门定人定点保管、维护，并编号造册，定期检查记录。

⑩ 观察外表有无腐蚀、磨损、过度氧化、老化等现象，以免影响接地线的使用效果。接地线通过一次短路电流后，一般应报废。

2）为限制作业人员作业中的活动范围，防止其超过安全距离或在危险地点接近带电部分，误入带电间隔，误登带电设备发生触电事故，在邻近带电设备和工作地点周围安装遮栏、栅栏，如图 4-30 所示。安装遮栏、栅栏是保证安全的技术措施之一，同时也能防止非工作人员进入。

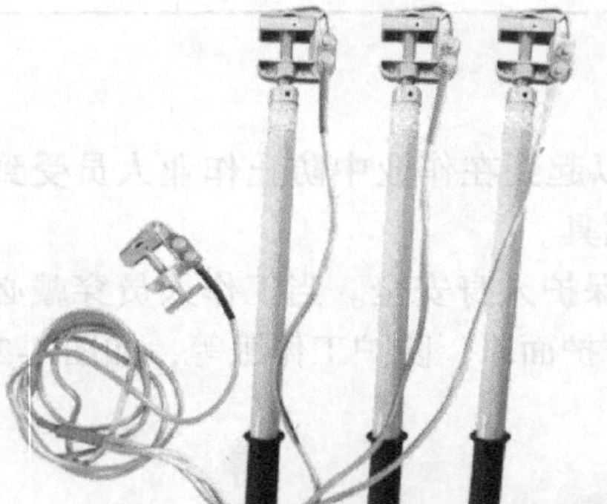

图 4-29　携带型接地线

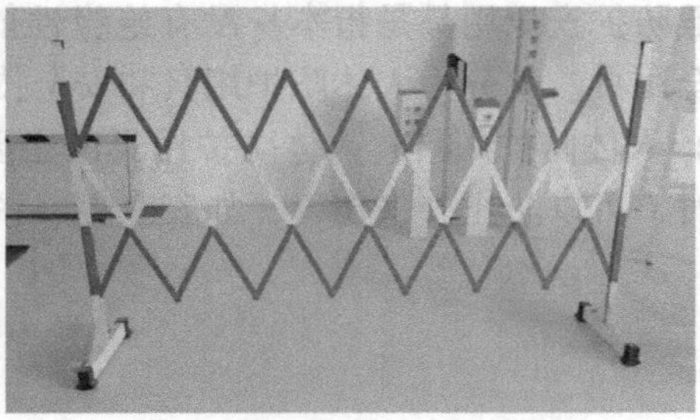

图 4-30　遮栏、栅栏

3. 登高作业安全用具

登高作业安全用具是在登高作业及上下过程中使用的专用工具或高处作业时防止高空坠落而制作的防护用具，如安全带、木梯、软梯、踩板、脚扣、安全绳、安全网等，如图 4-31 所示。

图 4-31　登高作业安全用具

4. 安全标志与安全色

安全色是表达安全信息含义的颜色。在电气工程中，用黄、绿、红色分别代表 L1、L2、L3 三个相序；涂上红色的电器外壳表示其外壳带电；灰色的电器外壳表示其外壳接地；明敷接地扁钢或圆钢涂黑色；在交流回路中，黄绿双色绝缘导线代表保护线，浅蓝色表示中性线；在直流回路中，棕色代表正极，蓝色代表负极。

安全标志是由安全色、几何图形或图形符号构成的用以表达特定含义安全信息的标志，是保证电气工作人员人身安全的重要技术措施。常用电力安全标示牌式样见表4-7。

表4-7 电力安全标示牌式样

序号	名称	图样	悬挂处所	式样		
				(长/mm)×(宽/mm)	颜色	字样
1	禁止合闸，有人工作	禁止合闸 有人工作	一经合闸即可送电到施工设备的断路器和隔离开关的操作把手上	200×100和80×50	白底	红字
2	禁止合闸，线路有人工作	禁止合闸 线路有人工作	线路断路器和隔离开关的操作把手上	200×100和80×50	红底	白字
3	在此工作	在此 工作	室外和室内工作地点和施工设备上	250×200	绿底中有直径为210mm的白圆圈	黑字，写于白色圆圈中
4	止步，高压危险	止步 高压危险	施工地点临近带电设备的遮栏上；室外工作地点的围栏上；禁止通行的过道上；高压试验地点；室外架构上；工作地点邻近带电设备的横梁上	250×200	白底红边	黑字，有红色箭头
5	从此上下	从此 上下	工作人员上下的铁架、梯子上	250×200	绿底中有直径为210mm的白圆圈	黑字，写于白色圆圈中
6	禁止攀登，高压危险	禁止攀登 高压危险	工作人员上下的铁架邻近可能上下的其他铁架上；运行中变压器的梯子上	250×200	白底红边	黑字，有红色箭头

5. 电气安全用具的管理规定

各种电气安全用具都应编号，并放置在使用方便的固定地点（安全工具室），并“对号入座”；各种安全用具应按规定时间进行电气绝缘试验，并挂有试验标志牌；各种安全用具要妥善保管，不得故意损坏；安全工具室应通风、透光，保持干燥、清洁、整齐；含有橡胶制品的工具严禁阳光直射暴晒、酸碱油污腐蚀、坚硬物体打击等；安全用具的清点应作为运行交接班的内容之一；安全用具不准外借，且不允许把安全用具作为一般工具使用。

子任务2　触电急救

1. 人体触电的基本知识

人体接触或接近带电体，使电流流过人体，发生不同程度的肌肉抽搐，严重时发展到呼吸困难、心脏麻痹，以致人死亡的现象称为触电，又称电击。

人体触电方式有单相触电和两相触电两种。

单相触电是常见的触电方式，是指人体的一部分接触带电体的同时，另一部分又与大地或中性线相接，电流从带电体流经人体到大地（或中性线）形成回路的触电方式。

两相触电是当人体同时接触三相供电系统中的任意两根相线时，人体承受电网的线电压，且触电电流通过人体的要害部位，这种触电方式危险性很大。

2. 触电的急救处理方式

因某种原因，发生人员触电事故时，对触电者的现场急救，是抢救过程的一个关键。如果能正确并及时地处理，就可能使触电者获救；反之则可能带来不可弥补的后果。因此，从事电气工作的人员必须熟悉和掌握触电急救技术。

一旦发生触电事故，要分秒必争地对触电者进行现场急救。进行触电急救时要镇静、迅速、得法，即要保持沉着、冷静，迅速使触电者脱离电源，然后采用正确的方法进行抢救。

（1）使触电者脱离电源　触电急救，首先要使触电者迅速脱离电源，越快越好，因为触电时间越长，伤害越重。

1）如果触电者触及低压带电设备，则救护人员应设法迅速切断电源，可采用“拉”“切”“挑”“拽”“垫”的方法，如拉开电源开关或拔下电源插头，或者使用绝缘工具、干燥木棒等不导电物体解脱触电者，也可抓住触电者干燥而不贴身的衣服将其拖开，还可戴绝缘手套或将手用干燥衣物等包起绝缘后解脱触电者。救护人员也可站在绝缘垫或干木板上进行救护。

2）如果触电者触及高压带电设备，则救护人员应立即通知有关供电单位或用户停电，或者迅速用相应电压等级的绝缘工具按规定要求拉开电源开关或熔断器，也可抛掷先接好地的裸金属线使高压线路短路接地，迫使线路保护装置动作，断开电源。抛掷短接线时一定要保证安全，抛出短接线后，要迅速到短接线接地点8m以外，或双脚并拢，以防跨步电压伤人。

3）如果触电者处于高处，断开电源后触电者可能从高处掉下，则要采取相应的安全措施，以防触电者摔伤或致死。

4）如果触电事故发生在夜间，则在切断电源救护触电者时，应考虑到救护所必需的应急照明，但也不能因此而延误切断电源、进行抢救的时间。

5）救护人员既要救人，又要注意保护自己，防止触电。触电者未脱离电源前，救护人员不得用手触及触电者。

（2）采用正确的方法进行现场急救　当触电者脱离电源后，应立即根据具体情况对症救治，同时通知医生前来抢救。

1）如果触电者神志尚清醒，则应使之就地躺平，或抬至空气新鲜、通风良好的地方让其躺下，严密观察，暂时不要让其站立或走动。

2）如果触电者已神志不清，则应使之就地仰面躺平，且确保空气通畅，并用5s左右时间间隔呼叫触电者，或轻拍其肩部，以判定其是否意识丧失。禁止摇动触电者头部呼叫。

3）如果触电者已失去知觉，停止呼吸，但心脏微有跳动，则应在通畅气道后，立即施行口对口或口对鼻的人工呼吸。

4）如果触电者伤害相当严重，心跳和呼吸均已停止，完全失去知觉，则在通畅气道后，立即同时进行口对口（鼻）的人工呼吸和胸外按压心脏的人工循环。当现场仅有一人抢救时，可交替进行人工呼吸和胸外按压。

抢救伤员要就地迅速进行，抢救过程要坚持不断进行，在医疗部门未到场接替救治前要不停地进行施救。在送往医院的途中也不能停止抢救。若抢救者出现面色好转、嘴唇逐渐红润、瞳孔缩小（见图4-32）、心跳和呼吸迅速恢复正常的特征，即为抢救有效。

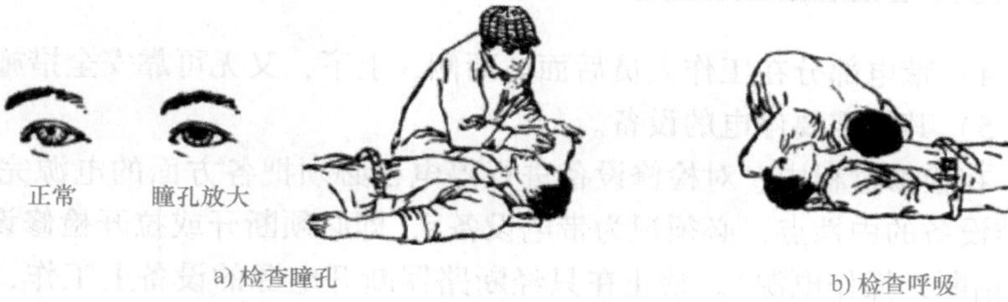

图4-32　检查瞳孔和呼吸

子任务3　电气火灾事故的处理

电气火灾的特点是失火的电气线路或设备可能带电，因此灭火时要防止触电，最好是尽快切断电源；失火的电气设备内可能充有大量的可燃油，因此要防止充油设备爆炸，引起火势蔓延；电气失火时会产生大量浓烟和有毒气体，不仅对人体有害，而且会对电气设备产生二次污染，影响电气设备今后的安全运行，因此在扑灭电气火灾后，必须仔细清除这种二次污染。

带电灭火时，应使用二氧化碳（CO_2）灭火器、干粉灭火器或1211（二氟一氯一溴甲烷）灭火器。这些灭火器的灭火剂不导电，可直接用来扑灭带电设备的失火。但使用二氧化碳灭火器时，要防止冻伤和窒息，因为其二氧化碳是液态的，射出来后强烈扩散，大量吸热，形成温度很低（可低至−78℃）的雪花状干冰，降温灭火，并隔绝氧气。因此，使用二氧化碳灭火器时，要打开门窗，并要离开火区2～3m，防止干冰沾上皮肤，造成冻伤。

不能使用一般泡沫灭火器，因为其灭火剂（水溶液）具有一定的导电性，而且对电气设备的绝缘有一定的腐蚀性。一般也不能用水来灭电气失火，因为水中多少含有导电杂质，用水进行带电灭火，容易发生触电事故。

对于小面积的电气火灾，可使用干砂来覆盖进行带电灭火。

必须注意带电灭火时，应采取防触电的可靠措施。

子任务4　电气作业的安全措施

1. 安全技术措施

在全部停电或部分停电的电气设备上工作时，必须完成停电、验电、接地、悬挂标志牌和装设遮栏等安全技术措施。以上安全技术措施由运行人员或有权执行操作的人员执行。

（1）停电　在电气设备上工作，停电是一个很重要的环节。在工作地点，应停电的设备如下：

1）检修的设备。

2）与工作人员工作中正常活动范围的距离小于表4-8规定的设备。

表4-8　正常工作与带电设备的安全距离

电压等级/kV	10及以下（13.8）	20～35	44	60～110	220	330	500
安全距离/m	0.35	0.60	0.90	1.50	3.00	4.00	5.00

注：表中未列电压按高一档电压等级的安全距离。

3）在35kV及以下的设备处工作，安全距离虽大于表4-8规定，但小于表4-9规定，同时又无绝缘隔板、安全遮栏措施的设备。

表4-9　运行带电设备的安全距离

电压等级/kV	10及以下（13.8）	20~35	63~110	220	330	500
安全距离/m	0.70	1.00	1.50	3.00	4.00	5.00

4）带电部分在工作人员后面、两侧、上下，又无可靠安全措施的设备。

5）其他需要停电的设备。

在检修过程中，对检修设备进行停电，必须把各方面的电源完全断开（任何运行中的星形联结设备的中性点，必须视为带电设备），即必须断开或拉开检修设备两侧的断路器、隔离开关（包括断开操作电源）。禁止在只经断路器断开电源的设备上工作，必须断开隔离开关，使各方面至少有一个明显的断开点。与停电设备有关的变压器和电压互感器，必须从高低压两侧断开，防止向停电检修设备反送电。

（2）验电　验电时，必须使用电压等级合适且合格的验电器；应先在有电的设备上进行测试，以确认验电器良好；验电时，在检修设备进出线两侧各相分别验电；高压验电必须戴绝缘手套；如果在木杆、木梯或木构架上验电，不接地线不能指示者，可在验电器上接地线，但必须经值班负责人许可。

必须注意：表示设备断开和允许进入间隔的信号、电压表的指示值为零等，不得作为设备无电的依据；但如果指示有电，则禁止在该设备上工作。

（3）接地　在检修的电气设备或线路上，接地的作用是保护工作人员在工作地点防止突然来电、消除邻近高压线路上的感应电压、放净线路或设备上可能残存的电荷、防止雷电电压的威胁。接地操作有以下注意事项。

1）当验明设备无电后，应立即将检修设备接地并三相短路（即装接地线）。对于电缆及电容器，接地前应逐相充分放电，星形联结的电容器中性点应接地，串联电容器及与整组电容器脱离的电容器应逐个放电，装在绝缘支架上的电容器的外壳也应放电。

2）对于可能送电至停电设备的各方面，都应装设接地线或合上接地开关。所装接地线与带电部分应考虑接地线摆动时仍符合安全距离的规定。

3）对于因平行或邻近带电设备导致检修设备可能产生感应电压的情况，应加装接地线或工作人员使用个人保安接地线。加装的接地线应登记在工作票上，个人保安接地线由工作人员自装自拆。

4）若检修部分分为几个在电气上不相连接的部分（如分段母线以隔离开并或断路器隔开分成几段），则各段应分别验电后再接地短路。降压变电站全部停电时，应将各个可能来电侧的部分接地短路，其余部分不必每段都装接地线或合上接地开关。

5）接地线、接地开关与检修设备之间不得连有断路器或熔断器。若由于设备原因，接地开关与检修设备之间连有断路器，则在接地开关和断路器合上后，应有保证断路器不会分闸的措施。

6）在配电装置上，接地线应装在该装置导电部分的规定地点。这些地点的油漆应刮去，并画有黑色标记。在所有配电装置的适当地点，均应设有与接地网相连的接地端，接地电阻应合格。接地线应采用三相短路式接地线，若使用分相式接地线，则应设置三相合一的接地端。

7）装设接地线应由两人进行，经批准可以单人装设接地线的项目及运行人员除外。若为单人值班，则只允许使用接地开关接地，或使用绝缘棒闭合接地开关。

8）装设接地线必须先接接地端，后接导体端，且必须接触良好，连接可靠。拆接地线的顺序则相反。装、拆接地线均应使用绝缘棒和戴绝缘手套。人体不得碰触接地线或未接地的导线，以防触及感应电。

9）成套接地线应由有透明护套的多股软铜线组成，其截面积不得小于25mm^2，同时应满足装设地点短路电流的要求。禁止使用其他导线做接地线或短路线。

10）对装、拆的接地线应做好记录，交接班时应交代清楚。

（4）悬挂标志牌和装设遮栏　标志牌的悬挂应牢固，位置应准确，应正面朝向工作人员。标志牌的悬挂与拆除，应按工作票的要求进行。在不同地点应装设的遮栏和悬挂的标志牌具体如下。

1）在一经合闸即可送电到工作地点的断路器和隔离开关的操作把手上，均应悬挂“禁止合闸，有人工作”的标志牌。如果线路上有人工作，则应在线路断路器和隔离开关的操作把手上悬挂“禁止合闸，线路有人工作”的标志牌。

2）若由于设备原因，接地开关与检修设备之间连有断路器，则在接地开关和断路器合上后，在断路器操作把手上应悬挂“禁止分闸”的标志牌。

3）在显示屏上进行操作的断路器和隔离开关的操作处均应相应设置“禁止合闸，有人工作”或“禁止合闸，线路有人工作”的标志牌。

4）对于部分停电的工作，在安全距离小于表4-8规定距离、没有停电的设备处，应装设临时遮栏，并悬挂“止步，高压危险”的标志牌。

5）在室内高压设备上工作，应在工作地点两旁间隔和对面间隔的遮栏上及禁止通行的过道上悬挂“止步，高压危险”的标志牌。

6）在室外地面高压设备上工作，应在工作地点四周用绳子做好围栏，其出入口要围到邻近道路旁边，并设有“从此进出”的标志牌。工作地点四周围栏上应悬挂适当数量的“止步，高压危险”的标志牌，且标志牌应朝向围栏外面。若室外配电装置的大部分设备停电，只有个别地点保留有带电设备而其他设备无触及带电导体的可能性，则可以在带电设备四周装设全封闭围栏，围栏上悬挂适当数量的“止步，高压危险”的标志牌，且标志牌应朝向围栏外面。

7）在工作地点悬挂“在此工作”的标志牌。

8）在室外构架上工作，则应在工作地点邻近带电部分的横梁上悬挂“止步，高压危险”的标志牌。在工作人员上下用的铁架上应悬挂“从此上下”的标志牌，而邻近可能上下的其他铁架上、运行中的变压器的梯子上应悬挂“禁止攀登，高压危险”的标志牌。

禁止工作人员在工作中移动、越过或拆除遮栏进行工作。

2. 安全组织措施

在电气设备上工作，保证安全的组织措施有工作票制度、工作许可制度、工作监护制度以及工作间断、转移和终结制度。

（1）工作票制度　在电气设备上工作，应填写工作票或按命令执行，其方式有：第一种工作票、第二种工作票、口头或电话命令。

1）使用第一种工作票的工作：高压设备上的工作，需要全部停电或部分停电者；高压室内的二次接线和照明等回路上的工作，需要将高压设备停电或采取安全措施者。第一种工作票的格式见表4-10。

表4-10　发电机（变配电所）第一种工作票的格式

第______号
1. 工作负责人（监护人）：__________班组：______
工作班人员：______________________________
2. 工作任务（内容和工作地点）：______________________________ ______________________________

（续）

3. 计划工作时间：自____年____月____日____时____分至____年____月____日____时____分

4. 停电范围与安全措施

（1）停电范围：

（2）安全措施：

下列由工作票签发人填写

应拉断路器和隔离开关：________

____

应装接地线位置（注明确实地点）：

应设遮栏、应挂标志牌地点：________

工作票签发人（签名）：________

收到工作票时间：____年____月____日____时____分

值班负责人（签名）：________

下列由工作许可人填写

已拉断路器和隔离开关：________

____

已装接地线（注明接地线编号和装设地点）：________

____

已设遮栏、已挂标志牌（注明地点）：________

____

工作许可人（签名）：________

值班负责人（签名）：________

5. 许可工作开始时间：____年____月____日____时____分

工作许可人（签名）：________

工作负责人（签名）：________

6. 工作负责人变动

原工作负责人________离去，变更________为工作负责人

变动时间：____年____月____日____时____分

工作票签发人（签名）：________

7. 工作票延期，有效期延长到：____年____月____日____时____分

工作负责人（签名）：________值班负责人（签名）：________

8. 工作终结

（1）工作班人员已全部撤离，现场已清理完毕。

（2）接地线共________组已拆除。

（3）全部工作于____年____月____日____时____分结束。

工作负责人（签名）：________工作许可人（签名）：________

9. 备注：________

____

2）使用第二种工作票的工作：带电作业和在带电设备外壳上的工作；控制盘和低压配电盘、配电箱、电源干线上的工作；二次接线回路上的工作，不需要将高压设备停电者；转动中的发电机、同期调相机的励磁回路或高压电动机转子电阻回路上的工作；非当班值班人员用绝缘棒、电压互感器定相或用钳形电流表测量高压回路的电流。第二种工作票的格式见表4-11所示。

表 4-11　发电机（变配电所）第二种工作票的格式

第______号

1. 工作负责人（监护人）：______________ 班组：______

工作班人员：____

2. 工作任务（内容和工作地点）：____

3. 计划工作时间：自___年___月___日___时___分至___年___月___日___时___分

4. 工作范围（停电或不停电）：____

5. 安全措施：____

6. 许可工作开始时间：___年___月___日___时___分

工作许可人（签名）：________

工作负责人（签名）：________

7. 工作终结时间：___年___月___日___时___分

工作负责人（签名）：________

工作许可人（签名）：________

8. 备注：____

以上两种工作票的管理应按 DL 408—1991《电业安全工作规程（发电厂和变电所电气部分）》中相关规定执行。

3）口头或电话命令必须清楚正确，值班员应将发令人、负责人及工作任务详细记入操作记录簿中，并向发令人复诵核对一遍。

（2）工作许可制度　工作许可制度是许可人（值班员）协同工作负责人检查实施的安全措施，是工作中互相监督配合、保证安全完成任务的一项重要组织措施。

1）工作许可人应负责审查工作票中所列的安全措施是否正确、完备，是否符合现场条件，并完成施工现场的安全措施。

2）在变配电所工作时，工作许可人应会同工作负责人检查在停电范围内所采取的安全措施，并指明邻近带电部位，验明检修设备确无电压后，双方在工作票上签字。

3）在变配电所出线电缆的另一端（或线路上的电缆头）的停电工作，应在得到送电端的值班员或调度员的许可后，方可进行工作。

4）工作负责人及工作许可人，任何一方不得擅自变更安全措施及工作项目。工作许可人不得改变检修设备的运行接线方式，当需要改变时，应事先得到工作负责人的同意。

5）在工作过程中，当工作许可人发现有违反安全工作规程规定时，或要拆除某些安全设施时，应立即命令工作人员停止工作，并进行更正。

（3）工作监护制度　工作监护制度是保证人身安全和操作正确性的主要组织措施。

1）监护人的条件：监护人应有一定的安全技术经验，能掌握工作现场的安全、技术、工艺质量、进度等要求，有处理应急问题的能力。通常监护人的安全技术等级应高于操作人。

2）操作人的条件：操作人应熟练掌握操作技术，熟悉设备的运行方式及运行情况，能在规定的时间内完成工作任务，并应听从监护人的指挥。

3）监护人工作职责：在部分停电工作时，监护人应始终不间断地监护工作人员的最大活动范围，使其保持在规定的安全距离内工作；在带电工作时，监护人应监护所有工作人员的活动范围，工作人员与带电部分的距离不应小于安全距离；查看工作位置是否安全，工器具使用及操作方法是否正确等，若发现某些工作人员有不正确动作时，则应及时提出纠正，必要时命令其停止工作；监护人在执行监护工作中，应集中注意力，不得兼任其他工作，若需要离开工作现场，则应另行指派监护人，并通知被监护的工作人员。

（4）工作间断、转移和终结制度　工作间断、转移和终结制度是保证人身安全和设备安全，保证检修质量、防止误操作的一项组织措施。

1）工作间断（休息、下班）或遇雷雨等威胁时，应使全体工作人员撤离工作现场，工作票由工作负责人执存，所有的安全措施不能变动；继续工作时，工作负责人必须向全体工作人员重申安全措施；在变电站工作，工作班每日收工时，要将工作票交给值班员，次日开始工作前，必须重新履行工作许可手续后，方开始工作。

2）对于连续性工作，在同一电气连接部分用同一工作票依次在几个工作地点转移工作时，全部安全措施由值班员在开始工作前一次完成，不需要再办理转移手续，但在转移到下一个工作地点时，工作负责人应向工作人员交代停电范围、安全措施和注意事项。

3）工作间断期间，遇有紧急情况需要送电时，值班员应得到工作负责人的许可，并通知全体工作人员撤离现场。送电前应完成下列措施：拆除临时遮栏、接地线和标志牌，恢复常设的遮栏和原标志牌；对于较复杂或工作面较大的工作，必须在所有通道派专人看守，告诉工作班人员“设备已经合闸送电，不能继续工作”。看守人在工作票未收回前，不应离开守候地点。

4）工作终结、送电前，工作负责人应对检修设备进行全面质量检查。检修设备的检修工艺应符合技术要求。在变配电所工作时，工作负责人应会同值班人员对设备进行检查，特别应核对隔离开关及断路器分、合位置的实际情况是否与工作票上填写的位置相符，核对无误后双方在工作票上签字。

5）全部工作完结后，工作班应清扫、清理现场。工作负责人应先进行周密的检查，当全体工作人员撤离工作地点后，再向值班人员讲清所修项目、发现问题、试验结果和存在问题等，并与值班人员共同检查设备状况，有无遗留物件，是否清洁等，然后在工作票上填明工作终结时间，经双方签名后，工作票方告结束。

6）只有在同一停电系统的所有工作票结束，拆除所有接地线、临时遮栏和标志牌，恢复常设遮栏，并得到值班调度员或值班负责人的许可命令后，方可合闸送电。

子任务 5　倒闸操作

1. 倒闸操作的基本概念

电力系统中运行的电气设备，常会遇到检修、试验、消除设备缺陷等工作，需要改变设备的运行状态或主接线系统的运行方式。当电气设备由一种状态转换到另一种状态或改变主接线系统的运行方式时，需要进行一系列的操作才能完成，这种操作统称为电气设备的倒闸操作。

因此，倒闸操作的内容主要是拉、合某些断路器和隔离开关，拉、合某些断路器的操作熔断器和合闸熔断器（或储能电源熔断器），投、切某些继电保护装置和自动装置或改变其整定值，拆、装临时接地线等。倒闸操作可以通过就地操作、遥控操作、程序操作来完成。

电气设备的倒闸操作是一项重要又复杂的工作。若发生误操作事故，则可能导致设备损坏、危及人身安全及造成大面积停电。

（1）运行人员在倒闸操作中的责任和任务　倒闸操作是电力系统保证安全、经济供配电的一项极为重要的工作。值班人员必须严格遵守规章制度，认真执行倒闸操作监护制度，正确实现电气设备状态的改变和转换，以保证电网安全、稳定、经济地连续运行。倒闸操作人员的责任和任务如下：

1）正确无误地接受当值调度员的操作预令，并记录。

2）接受工作票后，认真审查工作票中所列安全措施是否正确、完备，是否符合现场条件。

3）根据调度员或工作票所发任务填写操作票。

4）根据当值调度员的操作指令按照操作票操作，操作完成后应进行一次全面检查。

5）向调度员汇报并在操作票上盖“已执行”章，并按要求将操作情况记入运行记录。

6）收存操作票于专用夹中。

（2）倒闸操作现场必须具备的条件　正确执行倒闸操作的关键：一是发令、受令准确无误，二是填写操作票准确无误，三是具体操作过程中要防止失误。除此之外，倒闸操作现场还必须具备以下条件：

1）变配电所的电气设备必须标明编号和名称，字迹清楚、醒目，不得重复，设备有传动方向指示、切换指示，以及区别相位的漆色，接地开关垂直连杆应漆黑色或黑白环色。

2）设备应有防误操作装置，如达不到，必须经上级部门批准。

3）各控制盘前后、保护盘前后、端子箱、电源箱等均应标明设备的编号、名称，一块控制盘或保护盘有两个及以上回路时要划出明显的红白分界线。运行中的控制盘、保护盘盘后应有红白遮栏。

4）变配电所内要有和实际电路相符合的电气一次系统模拟图和继电保护图。

5）变配电所要备有合格的操作票，还必须根据设备具体情况制订出现场运行有关规程、操作注意事项和典型操作票。

6）要有合格的操作工具和安全用具，如验电器、验电棒、绝缘棒、绝缘手套、绝缘靴和绝缘垫等，接地线和存放架均应编号并对号入座。

7）要有统一的、确切的调度术语和操作术语。

8）值班人员必须经过安全教育、技术培训，熟悉业务和有关规章制度，经上岗考试合格后方能担任副值、正值或值班长，接受调度命令进行倒闸操作或监护工作。

9）值班人员如调到其他所值班时也必须按第8条规定执行。

10）新的值班人员必须经过安全教育技术培训3个月，培训后由所长、培训员考试合格后，经工区批准才可担任实习副值，而且必须在双监护下才能进行操作。

11）值班人员在离开值班岗位1~3个月后，再回到岗位上时必须复习规章制度，并经所长和培训员考核合格后方可上岗工作。离开岗位3个月以上者，要经上岗考核合格后方能上岗。

（3）电气设备的状态　变配电所电气设备分为运行、热备用、冷备用和检修四种状态。

1）运行状态是指电气设备的隔离开关及断路器都在合闸位置带电运行，如图4-33所示。

图4-33　运行状态

2）热备用状态是电气设备的隔离开关在合闸位置，只有断路器在断开位置，如图4-34所示。

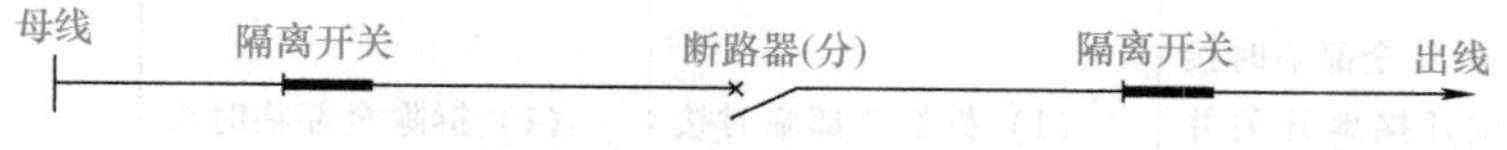

图4-34　热备用状态

3）冷备用状态是电气设备的隔离开关及断路器都在断开位置，如图4-35所示。

图4-35　冷备用状态

4）检修状态是电气设备的所有隔离开关及断路器均在断开位置，并布置好了与检修有关的安全措施（如合上接地开关或装设接地线、悬挂标志牌、装设临时遮栏等），如图4-36所示。

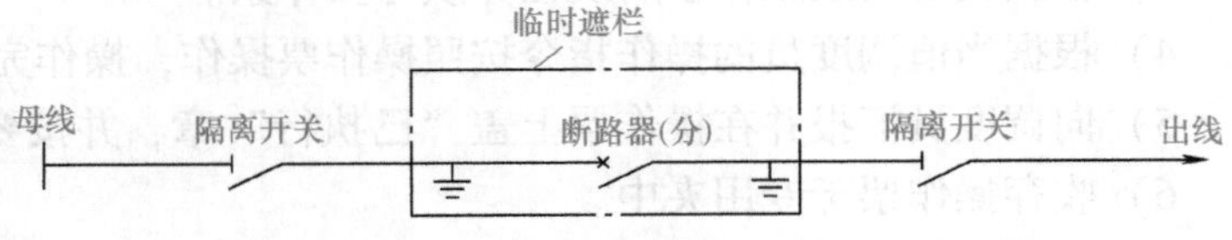

图4-36 检修状态

变配电所电气设备四种状态相互转换的典型操作步骤见表4-12。

表4-12 变配电所电气设备四种状态相互转换的典型操作步骤

设备状态	转换后状态			
	运行	热备用	冷备用	检修
运行		（1）拉开必须断开的断路器 （2）检查所拉开的断路器确在断开位置	（1）拉开必须断开的断路器 （2）检查所拉开的断路器确在断开位置 （3）拉开必须断开的全部隔离开关并检查	（1）拉开必须断开的断路器 （2）检查所拉开的断路器确在断开位置 （3）拉开必须断开的全部隔离开关并检查 （4）验明确无电压后，挂上临时接地线或合上接地开关并检查
热备用	（1）合上必须合上的断路器 （2）检查所合的断路器确在合上位置		（1）检查断路器确在断开位置 （2）拉开必须断开的全部隔离开关并检查	（1）检查断路器确在断开位置 （2）拉开必须断开的全部隔离开关并检查 （3）验明确无电压后，挂上临时接地线或合上接地开关并检查
冷备用	（1）检查设备上无接地线（或无接地隔离开关合上） （2）检查所拉的断路器确在断开位置 （3）合上必须合上的全部隔离开关并检查 （4）合上必须合上的断路器 （5）检查所合的断路器确在合上位置	（1）检查设备上无接地线（或无接地隔离开关合上） （2）检查所拉的断路器确在断开位置 （3）合上必须合上的全部隔离开关并检查		（1）检查断路器确在断开位置 （2）检查所拉开的隔离开关确在断开位置 （3）验明确无电压后，挂上临时接地线或合上接地开关并检查
检修	（1）拆除全部临时接地线或拉开接地开关并检查 （2）检查断路器确在断开位置 （3）合上必须合上的隔离开关 （4）检查所合的断路器确在合上位置	（1）拆除全部临时接地线或拉开接地隔离开关并检查 （2）检查断路器确在断开位置 （3）合上必须合上的隔离开关并检查	（1）拆除全部临时接地线或拉开接地开关并检查 （2）检查断路器确在断开位置 （3）检查所拉的隔离开关确在断开位置	

（4）倒闸操作的类型　倒闸操作包括电力线路的停、送电操作，变压器的停、送电操作，发电机的启动、并列与解列操作，电网的合环与解环，母线接线方式的改变（倒母线操作），中性点接地方式的改变，继电保护自动装置使用状态的改变，接地线的安装与拆除等。

（5）倒闸操作标准设备名称及操作术语　常用倒闸操作标准设备名称有主变（所变）、断路器、隔离开关、接地开关、母线、线路、压变、流变、电缆、避雷器、电容器、电抗器、消弧线圈、跌落式熔断器、保护。

常用倒闸操作术语及其含义见表4-13。

表4-13　常用倒闸操作术语及其含义

操作术语	操作内容
操作命令	值班调度员对其所管辖的设备变更电气接线方式和进行事故处理而发布倒闸操作的命令
操作许可	电气设备在变更状态操作前，由变电站值班员提出操作项目，值班调度员许可其操作
合环	在电气回路内或电网上开口处经操作将开关或隔离开关合上后形成回路
解环	在电气回路内或电网上某处经操作后将回路解开
合上	把开关或隔离开关置于接通位置
拉开	将开关或隔离开关置于断开位置
倒母线	线路或主变压器由正（副）母线倒向副（正）母线
强送	设备因故障跳闸后，未经检查即送电
试送	设备因故障跳闸后，经初步检查后再送电
充电	不带电设备接通电源，但不带负荷
验电	用校验工具验明设备是否带电
放电	高压设备停电后，用工具将电荷放尽
挂（拆）接地线［或合上（拉开）接地开关］	用临时接地线（或接地开关）将设备与大地接通（或断开）
短接	用临时导线将开关或隔离开关等设备跨接旁路
××设备××保护更改定值	将××保护电压、电流、时间等从××值改为××值
××开关改为非自动	将开关直流控制电源断开
××开关改为自动	恢复开关的直流操作回路
放上或取下熔丝	将熔丝放上或取下
紧急拉路	在事故情况下（或当超计划用电时），将供向用户用电的线路切断停止送电
限电	限制用户用电

2. 倒闸操作票

（1）倒闸操作票的使用　倒闸操作票是运行人员对电气设备进行倒闸操作的书面依据。根据DL 408—1991《电业安全工作规程（发电厂和变电所电气部分）》的要求，对1000V以上的电气设备进行正常操作时，均应填写操作票。但当下列情况时，可以不使用操作票。

1）处理事故时，为了能迅速断开故障点，缩小事故范围，以限制事故的发展，及时恢复供电，可不填写操作票。但事故处理结束后，应尽快向有关领导汇报，并做好记录。

2）当隔离开关和断路器之间有联锁装置，且全部隔离开关或断路器均系控制屏远方操作时，可不填写操作票。这是因为有了隔离开关与断路器间的联锁装置后，误操作的可能性大为减小。同时，由于是远方操作，即使发生隔离开关误操作事故，也不会危及人身安全。

3）在简单设备上进行单一操作时，如拉、合断路器，拉、合接地开关，拆、装一组临时接地线，380V开关室内的单项设备的停、送电操作等。

4）寻找直流接地故障。

上述操作，应记入操作记录簿内。

（2）倒闸操作票上需要填写的内容　操作票应用钢笔或圆珠笔填写，票面应清楚整洁，不得任意涂改。操作人和监护人应根据模拟图板或接线图核对所填写的操作项目，并分别签名，然后经值班负责人审核签名。特别重要和复杂的操作还应由值班长审核签名。操作票上应填写设备的双重名称，即设备名称和编号。

倒闸操作票上需要填写以下内容。

1）拉开或合上的断路器及隔离开关。

2）取下或装上的操作熔断器（投切断路器的操作电源）、合闸熔断器（或储能电源熔断器）。

3）投切电压互感器的隔离开关及取下或装上它的熔断器。

4）检查相关断路器和隔离开关的实际开合位置。

5）使用验电器检验需要接地部分是否确已无电。

6）起用或停用的继电保护装置及自动装置，或改变整定值、投切它们的直流电源。

7）应拆、装的接地线并检查有无接地。

8）检查断路器合闸后，相关线路、变压器等的负荷分配。

（3）倒闸操作票的管理规定　倒闸操作票是由上级主管部门预先用打号机统一编写的，填写错误而作废的或未执行的倒闸操作票，要盖“作废”章；已执行的盖“已执行”章。DL 408—1991《电业安全工作规程（发电厂和变电所电气部分）》规定：用过的操作票要保存三个月。对于平时操作次数较少的变配电所，保存时间可延长。

3. 倒闸操作的基本原则和要求

为了确保运行安全，防止误操作，电气设备运行人员必须严格执行倒闸操作票制度和监护制度。

按 DL 408—1991《电业安全工作规程（发电厂和变电所电气部分）》规定：倒闸操作必须根据值班调度员或值班负责人命令，受令人复诵无误后执行。倒闸操作由操作人填写操作票（其格式见表4-14）。单人值班时，操作票由发令人用电话向值班员传达，值班员应根据传达填写操作票，复诵无误，并在“监护人”签名处填入发令人的姓名。

表4-14　倒闸操作票格式发电厂（变电站）倒闸操作票　　编号：

操作开始时间：　年　月　日　时　分		操作终了时间：　年　月　日　时　分
操作任务：WL_1 电源进线送电		
√	顺序	操作项目
	1	拆除线路端及接地端接地线；拆除标示牌
	2	检查 WL_1、WL_2 进线所有开关均在断开位置，合上母线 WB_1 和 WB_2 之间的联络隔离开关
	3	依次合 No. 102 隔离开关，No. 101－1、No. 101－2 隔离开关，再合 No. 102 高压断路器
	4	合 No. 103 隔离开关，合 No. 110 隔离开关
	5	依次合 No. 104～No. 109 隔离开关；依次合 No. 104～No. 109 高压断路器
	6	合 No. 201 刀开关；合 No. 201 低压断路器
	7	检查低压母线电压是否正常
	8	合 No. 202 刀开关；依次合 No. 202～No. 206 低压断路器
操作人：　　监护人：　　值班负责人：　　值长：		

操作票内应填入下列项目：应拉合的断路器和隔离开关，检查断路器和隔离开关的位置，检查接地线是否拆除，检查负荷分配，装拆接地线，安装或拆除控制回路或电压互感器回路的熔断器，切换保护回路以及检验是否确无电压等。

开始操作前，应先在模拟图板上进行核对性模拟预演，无误后再实地进行设备操作。操作前应核对设备名称、编号和位置。操作中应认真执行监护复诵制；发布操作命令和复诵操作命令都应严肃认真，声音应洪亮清晰。必须按操作票填写的顺序逐项操作。每操作完一项，应检查无误后在操作票该项前画“√”。全部操作完毕后进行复查。

倒闸操作一般应由两人执行，其中对设备较为熟悉的一个人做监护。单人值班的变配电所，倒闸操作可由一人执行。特别重要和复杂的倒闸操作，由熟练的值班员操作，值班负责人或值长监护。

操作中发生疑问时，应立即停止操作，并向值班调度员或值班负责人报告，弄清问题后，再进行操作。不准擅自更改操作票。

4. 典型倒闸操作票的填写

线路倒闸操作票分为两类：一类是线路检修，另一类是线路的断路器检修。一般检修的操作票，仅写到将断路器改为冷备用状态为止，而由冷备用状态改为检修状态则由值班人员根据安全措施要求填写安全措施操作票。对线路检修的操作票，是将操作票一直写到线路检修状态。

以某出线回路主接线图中线路 WL_1 倒闸操作票为例进行说明，如图 4-37 所示。

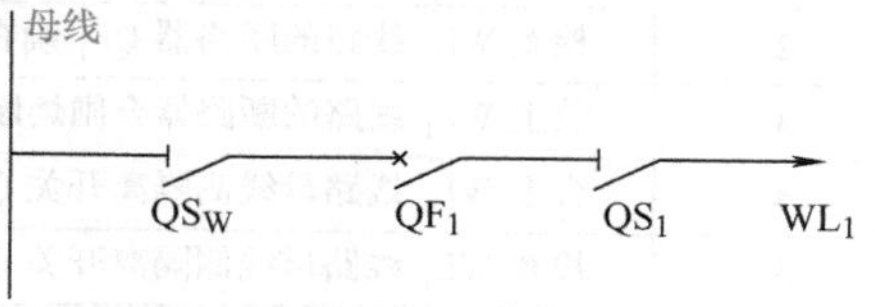

图 4-37　某出线回路主接线图

（1）填写线路检修倒闸操作票　线路停电、送电时的原则：停电时先断开断路器，后拉负荷侧隔离开关，再拉母线侧隔离开关；送电时先合母线侧隔离开关，后合负荷侧隔离开关，再合线路侧断路器。线路检修是直接由运行状态转为检修状态的，在拉开线路断路器及两侧隔离开关后，应在其操作把手上挂上“禁止合闸，线路有人工作！”的标志牌，以提示操作人员。线路检修倒闸操作票见表 4-15 和表 4-16 所示。

表 4-15　线路由运行转检修的倒闸操作票

发电厂（变配电所）倒闸操作票

单位__________　编号__________

<table>
<tr><td>发令人</td><td></td><td>受令人</td><td></td><td colspan="2">发令时间：　年　月　日　时　分</td></tr>
<tr><td colspan="4">操作开始时间：　年　月　日　时　分</td><td colspan="2">操作结束时间：　年　月　日　时　分</td></tr>
<tr><td colspan="6">（　　）监护下操作　　（　　）单人操作　　（　　）检修人员操作</td></tr>
<tr><td colspan="6">操作任务：线路 WL_1 由运行改检修</td></tr>
<tr><td>顺序</td><td colspan="4">操作项目</td><td>√</td></tr>
<tr><td>1</td><td colspan="4">停用 WL_1 线路的自动重合闸</td><td></td></tr>
<tr><td>2</td><td colspan="4">拉开 WL_1 线路的断路器 QF_1</td><td></td></tr>
<tr><td>3</td><td colspan="4">取下 WL_1 线路的断路器操作熔断器</td><td></td></tr>
<tr><td>4</td><td colspan="4">检查 WL_1 线路的断路器 QF_1 确在断开位置</td><td></td></tr>
<tr><td>5</td><td colspan="4">拉开 WL_1 线路侧隔离开关 QS_1</td><td></td></tr>
<tr><td>6</td><td colspan="4">检查 WL_1 线路侧隔离开关 QS_1 确在断开位置</td><td></td></tr>
<tr><td>7</td><td colspan="4">拉开 WL_1 线路母线侧隔离开关 QS_W</td><td></td></tr>
<tr><td>8</td><td colspan="4">检查 WL_1 线路母线侧隔离开关 QS_W 确在断开位置</td><td></td></tr>
<tr><td>9</td><td colspan="4">取下 WL_1 线路的断路器合闸熔断器</td><td></td></tr>
</table>

（续）

顺序	操作项目	√
10	在 WL_1 线路上验明无电后挂一组 1 号接地线	
11	在 WL_1 线路的断路器、隔离开关操作把手上挂上“禁止合闸，线路有人工作！”的标志牌	
备注：		
操作人：　　监护人：　　值班负责人（值班长）：		

表 4-16　线路由检修转运行的倒闸操作票

发电厂（变配电所）倒闸操作票

单位________　编号________

发令人		受令人		发令时间：　年　月　日　时　分
操作开始时间：　年　月　日　时　分				操作结束时间：　年　月　日　时　分
（　）监护下操作　（　）单人操作　（　）检修人员操作				
操作任务：线路 WL_1 由检修改运行				

顺序	操作项目	√
1	收回 WL_1 线路的检修工作票，拆除临时安全措施	
2	检查 WL_1 线路的断路器 QF_1 确在断开位置	
3	放上 WL_1 线路的断路器合闸熔断器	
4	合上 WL_1 线路母线侧隔离开关 QS_W	
5	检查 WL_1 线路母线侧隔离开关 QS_W 确在合闸位置	
6	合上 WL_1 线路侧隔离开关 QS_1	
7	检查 WL_1 线路侧隔离开关 QS_1 确在合闸位置	
8	放上 WL_1 线路的断路器操作熔断器	
9	合上 WL_1 线路的断路器 QF_1	
10	检查 WL_1 线路的断路器 QF_1 确在合闸位置	
11	投入 WL_1 线路的自动重合闸	
备注：		
操作人：　　监护人：　　值班负责人（值班长）：		

（2）填写断路器检修倒闸操作票　断路器检修的倒闸操作票和线路检修的倒闸操作票的填写基本相同。从冷备用状态到检修状态在值班员得到值班负责人的许可后，根据安全措施要求填写安全措施操作票。断路器由运行改检修的倒闸操作票见表 4-15。

（3）倒闸操作票填写的其他有关事项　线路冷备用时，接在线路上的所有变压器高低压熔断器一律取下，高压隔离开关拉开，若高压侧无法断开，则应断开低压侧。

线路的停电或送电操作，关键在于拉开或合上线路断路器后一定要到现场看断路器的分合闸指示器，看清断路器是否确已分闸或合闸。否则，仅根据表计的指示或信号灯的指示就断定断路器已断开或合上，可能造成带负荷拉隔离开关事故。

职业技能考核

考核 1　验电、挂接地线

【考核目标】

1）会检查常用电气安全用具。

2）会正确使用高压验电器进行验电并对设备挂接地线。

【考核内容】

1. 考核前的准备

1）工器具的选择、检查：要求能满足工作需要，质量符合要求。

2）着装、穿戴：工作服、绝缘鞋、安全帽、安全带。

2. 考核内容

（1）验电　对给定的电气设备进行验电，操作注意事项如下：

1）使用高压验电器验电时，应两人进行，一人监护，一人操作，操作人员必须戴符合耐压等级的绝缘手套，必须握在绝缘棒护环以下的握手部分，绝不能超过护环。

2）验电前应先在确认有电的设备上验电，确认验电器有效后方可使用。

3）验电时，操作人员的身体各部位应与带电体保持足够的安全距离。用验电器的金属触头逐渐靠近被测设备，一旦验电器开始回转，且发出声光信号，即说明该设备有电，此时应立即将金属触头移开被测设备，以保证验电器的使用寿命。

4）在停电设备上验电时，必须在设备进出线两侧（如断路器的两侧、变压器的高低压侧等）及需要短路接地的部位各相分别验电，以防可能出现的一侧或其中一相带电而未被发现的情况。

（2）挂接地线　对验电且确认无电后的电气设备挂接地线，操作过程如下：

1）先接接地端，接触必须牢固。

2）在电气设备所规定的位置接地。

3）接地时，应先接靠近人体相，然后接其他两相，接地线不能触及人身。

4）所挂接地线应与带电设备保持安全距离。

拆除接地线时顺序相反。

考核2　演练触电急救

【考核目标】

1）掌握触电急救方法。

2）会进行触电急救。

【考核内容】

1. 演练前的准备

准备触电急救模拟人等器具，要求能满足工作需要，质量符合要求。

2. 演练内容

（1）演练人工呼吸法　人工呼吸法有仰卧压胸法、俯卧压背法和口对口（鼻）吹气法等，这里仅进行现在公认简便易行且效果较好的口对口（鼻）吹气法演练。

1）首先迅速解开触电者衣服、裤带，松开上身的紧身衣、围巾等，使其胸部能自由扩张，不会妨碍呼吸。

2）使触电者仰卧，不垫枕头，头先侧向一边，清除其口腔内的血块、假牙及其他异物。如果舌根下陷，则应将舌根拉出，使气道畅通。如果触电者牙关紧闭，则救护人员应以双手托住其下颌骨的后角处，大拇指放在下颌角边缘，用手将下颌骨慢慢向前推移，使下牙移到上牙之前；也可用开口钳、小木片、金属片等，小心地从口角伸入牙缝撬开牙齿，清除口腔内异物；然后将其头扳正，使之尽量后仰，鼻孔朝天，使气道畅通，如图4-38a所示。

3）救护人员位于触电者一侧，用一只手捏紧鼻孔，使之不漏气，用另一只手将下颌拉向前下方，使嘴巴张开。可在触电者嘴上盖一层纱布，准备进行吹气。

4）救护人员做深呼吸后，紧贴触电者的嘴，向他大口吹气，如图 4-38b 所示。如果掰不开嘴，也可捏紧嘴，紧贴鼻孔吹气。吹气时，要使其胸部膨胀。

5）救护人员吹完一口气后换气时，应立即离开触电者的嘴（或鼻孔）并放松紧捏的鼻孔（或嘴），让其自由排气，如图 4-38c 所示。

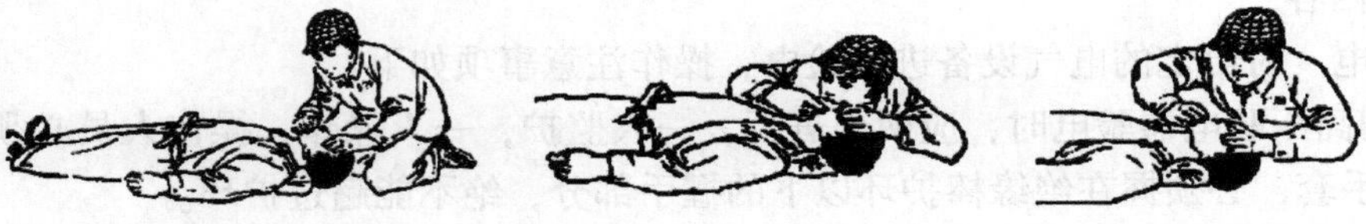

a) 触电者平卧姿势　b) 救护人员吹气方法　c) 触电者呼气姿态

图 4-38　口对口吹气法

按照上述操作要求对触电者反复地吹气、换气，每分钟约 12 次。对幼小儿童施行此法时，鼻子不捏紧，任其自由呼气，而且吹气也不能过猛，以免其肺泡胀破。

（2）演练胸外按压心脏的人工循环法　按压心脏的人工循环法，有胸外按压和开胸直接挤压两种。后者是在胸外按压心脏效果不大的情况下，由胸外科医生进行的一种手术。这里仅演练胸外按压心脏的人工循环法。

1）与口对口吹气法的要求一样，首先要解开触电者的衣服、裤带、围巾等，并清除口腔内异物，使气道畅通。

2）使触电者仰卧，姿势与口对口吹气法一样，但后背着地处的地面必须平整牢固，为硬地或木板等。

3）救护人员位于触电者一侧，最好是跨跪在触电者腰部，两手相叠（对儿童可只用一只手），手掌根部放在心窝稍高一点的地方，如图 4-39a 所示。

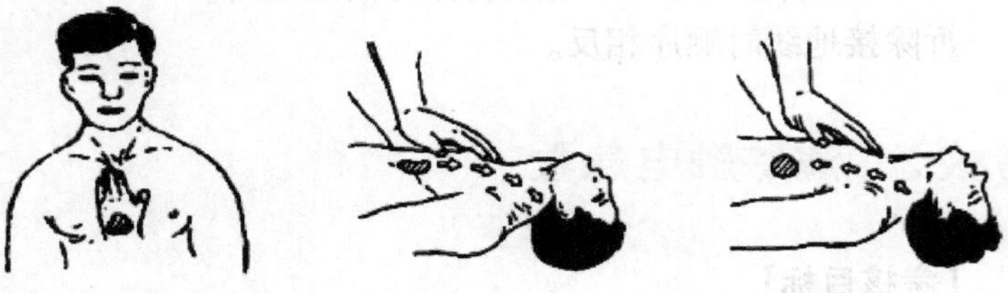

a) 按压位置　b) 向下按压　c) 放松回流

图 4-39　胸外按压心脏的人工循环法

4）救护人员找到触电者的正确按压点后，自上而下、垂直均衡地用力向下按压，使心脏里面的血液流向身体各处，如图 4-39b 所示。对儿童用力应适当小一些。

5）按压后，掌根迅速放松（但手掌不要离开胸部），使触电者胸部自动复原，心脏扩张，血液又回流到心脏，如图 4-39c 所示。

按照上述操作要求对触电者的心脏反复地进行按压和放松，每分钟约 60 次。按压时，定位要准确，用力要适当。

在施行人工呼吸和胸外按压心脏的人工循环法时，救护人员应密切观察触电者的反应。只要发现触电者有苏醒征象，如眼皮闪动或嘴唇微动，就应终止操作几秒，让触电者自行呼吸和心跳。

考核 3　变配电所的典型倒闸操作

【考核目标】

1）能根据操作任务正确填写倒闸操作票。

2）掌握倒闸操作步骤。

3）掌握操作隔离开关、断路器的动作要领。

【考核内容】

1. 考核前的准备

1）工器具的选择、检查：要求能满足工作需要，质量符合要求。

2）着装、穿戴：工作服、绝缘鞋、安全帽、安全带。

2. 考核内容

（1）倒闸操作的步骤

1）接受命令——由值班负责人接受操作命令，接令时应双方互通姓名，接受操作命令人员应根据调度命令做好记录，同时应使用录音机做好录音，记录完成后对调度人员进行复诵。若有疑问则应及时向调度人员提出。对于有计划的复杂操作和大型操作，应在操作前一天下达操作命令，以便操作人员提前做好准备。

2）宣布命令——值班负责人接受命令后应对当班值班人员宣布操作命令，讲清操作目的和操作设备状况，指定操作人和监护人，并由操作人员填写操作票。

3）接受任务——操作人员接到操作命令后，应复诵一遍后将此任务记入操作记录簿内，并做好操作前的准备工作，当接到正式操作命令后再进行操作。

4）填写操作票——在进行倒闸操作前，应由操作人员中的一人填写操作票。操作人员应根据操作任务，查对模拟系统图，在操作票上逐项填写操作项目，并由操作人和监护人在操作票上分别签名。

5）审核批准——操作票填写好后应由操作人员进行检查，无误后由监护人、值班负责人逐级审核，操作票经审核确认无错误后签名批准，并在操作票最后一行加盖“以下空白”章，最后将操作票交还给操作人。

6）模拟操作——审核后的操作票由操作人、监护人在模拟系统图板上按操作票所列操作顺序进行模拟操作。模拟操作时由监护人唱票，操作人复诵。操作人在指定操作设备的模拟开关或隔离开关的指定拉合方向，监护人在操作人对所要操作的设备复诵和拉合方向正确后下达“对，可以操作”的命令，操作人方可将所要操作的开关或隔离开关转换到指定的位置上，这项操作后监护人对模拟操作的内容检查无误后，在模拟项上画“√”进行确定，直到操作票上的所有项目模拟完毕。在对操作票模拟操作确认无误后，操作人、监护人、值班负责人分别在操作票上签名。

7）发布操作命令——当值班负责人接到操作人已做好执行任务的准备报告后，在实际操作时，发布正式操作命令，并在操作票上填入发令时间。

8）高声唱票及逐项勾票——操作人和监护人携带操作工具进入操作现场后，应先核对被操作设备的名称及编号。设备名称及编号应与操作票相同。此外，要核对断路器和隔离开关的实际位置及检验有关辅助设施的状况，如信号灯的指示、表计的指示、继电保护和联锁装置等的状况。经核对完全正确后，操作人要做好必要的安全措施，如戴好绝缘手套等。

监护人按操作顺序及内容逐项高声唱读，由操作人复诵一遍，监护人认为复诵无误后应发出“对，可以操作”的命令，然后操作人方可进行操作，监护人在操作开始时，应记录操作开始时间，并对已执行及检查无误的操作项目在操作票上画“√”，然后再读下一个操作项目，直到完成全部操作项目。这是为了防止误操作及漏项等。

9）检查设备——全部操作完成后，复查操作过的设备。操作人在监护人的监护下检查操作结果，包括表计的指示、联锁装置及各项信号指示是否正常。

10）汇报——操作票上全部项目操作完成后，监护人向值班负责人报告××号操作票已经操作结束及开始、结束时间，经值班负责人认可后，由操作人在操作票上盖“已执行”章。

11）记录入簿——监护人将操作任务及开始、结束时间记入操作记录簿内。操作票应保存三个月。

（2）倒闸操作的原则和注意事项　倒闸操作的中心环节和基本原则是不能带负荷拉、合隔离开关。因此，倒闸操作时，应遵循下列原则。

1）在拉闸时，必须用断路器接通或断开负荷电流及短路电流，绝对禁止用隔离开关接通或断开负荷电流。

2）在合闸时，应先从电源侧进行，在检查断路器确在断开位置后，先合上母线侧隔离开关，后合上负荷侧隔离开关，再合上断路器。

倒闸操作的注意事项如下：

1）操作命令和操作项目必须采用双命名。

2）在操作过程中，操作人应始终处于监护人的视线中，操作中发现疑问时，要立即停止操作，并向上级汇报，在疑问搞清后才可继续操作。

3）操作中执行每一项操作均应严格对照设备名称、编号、位置和拉合方向。

4）操作时，监护人宣读操作项目，操作人复诵，声音洪亮，吐字要清楚，监护人确认无误，发出“对，可以操作”的命令后，操作人方可操作。

5）操作必须按操作的顺序依次进行，不得跳项、漏项，不得擅自更改操作顺序。

6）每项操作结束后，监护人和操作人应共同检查操作质量。例如，操作断路器和隔离开关，应检查是否三相确已合上或断开。

7）当操作中遇有异常或事故时，应立即停止操作，待异常或事故处理结束后，再继续执行。

8）执行一个倒闸操作任务，中途严禁换人。在操作过程中，监护人应自始至终认真监护。

（3）断路器和隔离开关操作动作要领

1）操作断路器的动作要领如下：

① 远距离操作断路器时，不得用力过猛，以防损坏控制开关；也不得返回太快，以防断路器合闸后又分闸。

② 设备停电操作前，对终端线路应先检查负荷是否为零。对于并列运行的线路，在一条线路停电前，应考虑有关整定值的调整，并注意在该条线路拉开后另一条线路是否过负荷。若有疑问则应问清调度后再操作。断路器合闸前必须检查有关继电保护装置是否已按规定投入。

③ 在断路器操作后，应检查有关信号及测量仪表的指示，以判断断路器动作是否正确。但不能仅从信号灯及测量仪表的指示来判断断路器的实际开合位置，而应到现场检查断路器的机械位置指示器来确定实际开合位置，以防在操作隔离开关时，发生带负荷拉、合隔离开关的事故。

④ 操作主变压器断路器停电时，应先拉开负荷侧，后拉开电源侧，复电时顺序相反。

⑤ 若装有母线差动保护，当断路器检修或二次回路工作后，在断路器投入运行前则应先停用母线差动保护再合上断路器，充电正常后才能用母线差动保护（有负荷电流时必须测量母线差动不平衡电流并应为正常）。

⑥ 断路器出现非全相合闸时，首先要恢复其全相运行（一般两相合上一相合不上，应再合一次，若仍合不上，则将合上的两相拉开；若一相合上两相合不上，则将合上的一相拉开），然后再处理其他。

⑦ 断路器出现非全相分闸时，应立即设法将未分闸相拉开。若仍拉不开，则应利用母联或旁路断路器进行倒闸操作，之后通过隔离开关将故障断路器隔离。

⑧ 对储能机构的断路器检修前必须将能量释放，以免检修时引起人员伤亡。检修后的断路器必须放在分开位置上，以免送电时造成带负荷合隔离开关的误操作事故。

⑨ 断路器累计分闸或切断故障电流次数达到规定值时，应停电检修。当断路器跳闸次数只

剩一次时，应停用重合闸，以免故障重合时造成跳闸引起断路器损坏。

2）操作隔离开关的动作要领如下：

① 拉、合隔离开关前必须查明有关断路器和隔离开关的实际位置，隔离开关操作后应查明实际开合位置。

② 在手动合隔离开关时，开始要缓慢，当刀片接近刀嘴时，必须迅速合闸，在快要合到底时，不能用力过猛，以防合过头而损坏绝缘子。在合闸时，若发生弧光或确认已误合，则应将隔离开关迅速合上。隔离开关一经操作，不得再行拉开，因为带负荷拉开隔离开关，会使弧光扩大，造成弧光短路事故。误合闸后，只能先用断路器分断该回路后才允许将误合的隔离开关拉开。

③ 在手动拉开隔离开关时，应按“慢-快-慢”的过程进行。刚开始时应缓慢而谨慎，这是因为需要看清是否确是需拉的隔离开关和触头刚分开时是否有电弧产生。若有电弧产生，则应立即合上，停止操作。但在切断小容量变压器空载电流、一定长度的架空线和电缆线路的充电电流、少量的负荷电流及解环操作时，均有小的电弧产生，此时应迅速将隔离开关断开。操作到最后阶段时也应缓慢，以防用力过猛损坏支持绝缘子。

④ 装有电磁闭锁的隔离开关，当闭锁失灵时，应严格遵守防误装置解锁规定，认真检查设备的实际位置，在得到当班调度员同意后，方可解除闭锁进行操作。

⑤ 电动操作的隔离开关，若遇到电动失灵，则应查明原因，核对与该隔离开关有闭锁关系的所有断路器、隔离开关、接地开关的实际位置，正确无误后才可拉开隔离开关操作电源而进行手动操作。

⑥ 隔离开关操动机构的定位销操作后一定要销牢，以免滑脱发生事故。

⑦ 操作隔离开关后，必须检查隔离开关的开合位置。因为有时可能由于操动机构有问题，经操作后会发生隔离开关没有合好或没有拉开的现象。

（4）变配电所的典型倒闸操作票填写　某变配电所的一次电气主接线图如图4-40所示。

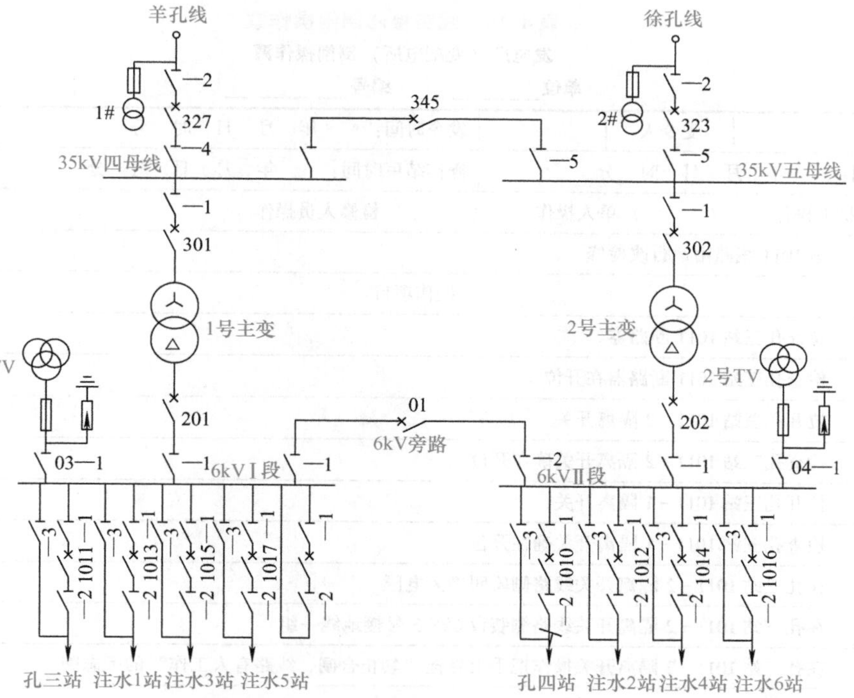

图4-40　变配电所的一次电气主接线图

1）断路器、线路检修倒闸操作票分别见表4-17和表4-18。

表 4-17　断路器检修倒闸操作票

发电厂（变配电所）倒闸操作票

单位　　　　编号

发令人	受令人	发令时间：　年　月　日　时　分
操作开始时间：　年　月　日　时　分		操作结束时间：　年　月　日　时　分
（　）监护下操作　（　）单人操作　（　）检修人员操作		
操作任务：孔三站 1011 断路器由运行改检修		
顺序	操作项目	√
1	拉开孔三站 1011 断路器	
2	检查孔三站 1011 断路器确在开位	
3	拉开孔三站 1011 断路器合闸保险	
4	拉开孔三站 1011 -2 隔离开关	
5	检查孔三站 1011 -2 隔离开关确在开位	
6	拉开孔三站 1011 -1 隔离开关	
7	检查孔三站 1011 -1 隔离开关确在开位	
8	在孔三站 1011 断路器与 1011 -2 隔离开关之间验明确无电压	
9	在孔三站 1011 断路器与 1011 -2 隔离开关之间装设 6kV 1 号接地线一组	
10	在孔三站 1011 断路器与 1011 -1 隔离开关之间验明确无电压	
11	在孔三站 1011 断路器与 1011 -1 隔离开关之间装设 6kV 2 号接地线一组	
12	拉开孔三站 1011 断路器控制熔断器	
备注：		
操作人：　监护人：　值班负责人（值班长）：		

表 4-18　线路检修倒闸操作票

发电厂（变配电所）倒闸操作票

单位＿＿＿＿＿＿　编号＿＿＿＿＿＿

发令人	受令人	发令时间：　年　月　日　时　分
操作开始时间：　年　月　日　时　分		操作结束时间：　年　月　日　时　分
（　）监护下操作　（　）单人操作　（　）检修人员操作		
操作任务：孔三站 1011 线路由运行改检修		
顺序	操作项目	√
1	拉开孔三站 1011 断路器	
2	检查孔三站 1011 断路器在开位	
3	拉开孔三站 1011 -2 隔离开关	
4	检查孔三站 1011 -2 隔离开关确在开位	
5	拉开孔三站 1011 -1 隔离开关	
6	检查孔三站 1011 -1 隔离开关确在开位	
7	在孔三站 1011 -2 隔离开关线路侧验明确无电压	
8	在孔三站 1011 -2 隔离开关线路侧装设 6kV 3 号接地线一组	
9	在孔三站 1011 -2 隔离开关操作把手上悬挂“禁止合闸，线路有人工作”的标志牌	
备注：		
操作人：　监护人：　值班负责人（值班长）：		

对上述操作票的填写进行以下说明。

① 操作票中的操作任务可由调度布置的操作任务或工作票的“操作任务”一栏确定。若检修断路器1011，则值班人员的任务是对断路器1011停电，并采取措施保证检修人员的安全。因此，操作票中的“操作任务”一栏应写明：“孔三站1011断路器由运行改检修”。若是线路检修，则应写明：“孔三站1011线路由运行改检修”。上述断路器、线路检修的操作任务和目的均不同，主要区别在所装设的接地线位置不同。

② 根据倒闸操作的技术原则，两张操作票的操作项目中第1项均是“拉开孔三站1011断路器”（若该线路装有自动装置，则应提前考虑是否退出相应的自动装置，并填写在拉开断路器项目之前），然后要确保断路器确已拉开。检查的目的是防止拉隔离开关时，断路器实际并没有断开而造成带负荷拉隔离开关的误操作。另外，在“孔三站1011断路器由运行改检修”操作任务中的第3项为“拉开孔三站1011断路器合闸熔断器”，是因为该断路器为电磁操动机构，取下合闸熔断器，就相当于切断了断路器自动合闸的电源通路，可防止在拉隔离开关的操作过程中断路器因某种意外而误合闸。

③ 拉开隔离开关是按“断路器、非母线（负荷）侧隔离开关、母线（电源）侧隔离开关”的顺序操作的，送电时则相反。断路器1011两侧均装有隔离开关，根据DL 408－1991《电业安全工作规程（发电厂和变电所电气部分）》规定，停电操作时应先拉开断路器，后拉开非母线（负荷）侧隔离开关，再拉开母线（电源）侧隔离开关。这样做的目的是防止停电时可能会出现的两种误操作：一是断路器没有拉开或虽经操作而并未实际拉开，误拉隔离开关；二是断路器虽已拉开，但拉隔离开关时走错间隔，拉错停电设备，造成带负荷拉隔离开关。

④ 操作票的前面几项是设备由运行状态改为冷备用状态，主要是围绕着严防带负荷拉隔离开关及在误操作情况下尽量缩小事故范围的原则。要将设备改为检修状态需要布置安全措施，即后面的几项内容。

⑤“拉开孔三站1011断路器控制熔断器”即拉开该断路器的操作熔断器，它安装在控制盘的背后。拉开操作熔断器后就切断了断路器的直流操作电源，即使断路器的跳闸回路和合闸回路电源全部切断，可防止在检修断路器期间，断路器意外跳闸、合闸而发生设备损坏或人身事故。

⑥ 在被检修设备两侧装设临时接地线是保证检修人员安全的措施之一。当装设接地线后，若有感应电压或因意外情况突然来电，则电流经三相短路接地，可使上一级断路器跳闸，保证检修人员在工作区域内的安全。其装设的原则是对于可能送电到停电设备的各方面或停电设备可能产生感应电压的都要装设接地线。接地线装设地点必须在操作票中详细写明，以防发生带电挂接地线的误操作事故。同时，为了防止此类事故，还要求在装设接地线前进行验电，以证明挂接地线处确无电压。

⑦ 所装接地线应给予编号，并在操作票上注明，以防送电前拆除时因错拆或漏拆接线而发生带接地线合闸事故（在执行多个操作任务时，注意接地线编号不要重复填写）。

⑧ 如果一个操作任务的操作项目较多，在一张操作票填不完时，则应在第一张操作票的最后一行填写“接××号倒闸操作票”字样。

下面总结填写此类倒闸操作票的五个要点。

① 设备停电检修时，必须把各方面的电源完全断开，禁止在只经断路器断开的电源设备上工作，在被检修设备与带电部分之间应有明显断开点。

② 安排操作项目时，要符合倒闸操作的基本规律和技术原则，各操作项目不允许出现带负荷拉隔离开关的可能性。

③ 装设接地线前必须先在该处验电，并详细填写在操作票上。

④ 要注意一份操作票只能填写一个操作任务，即指根据同一个操作命令且为了相同的操作

目的而进行不间断的倒闸操作过程。

⑤ 单项命令是指变配电所值班员在接受调度的操作命令后所进行的单一性操作，需要命令一项执行一项。在实际操作中，凡不需要与其他单位直接配合即可进行操作的，调度员可采取综合命令的方式，由变配电所自行制定操作步骤来完成。

2）填票前应明确所内设备的运行状态，其 2 号主变压器停电检修倒闸操作票见表 4-19。

表 4-19　2 号主变压器停电检修倒闸操作票

发电厂（变配电所）倒闸操作票

单位＿＿＿＿＿＿＿　编号＿＿＿＿＿＿＿

发令人	受令人	发令时间：　年　月　日　时　分	
操作开始时间：　年　月　日　时　分		操作结束时间：　年　月　日　时　分	
（　）监护下操作　（　）单人操作　（　）检修人员操作			
操作任务：2 号主变压器由运行改检修			
顺序	操作项目		√
1	核对主变负荷		
2	拉开 2 号主变 202 断路器		
3	检查 2 号主变 202 断路器确在开位		
4	拉开 2 号主变 302 断路器		
5	检查 2 号主变 302 断路器确在开位		
6	拉开 2 号主变 202－1 隔离开关		
7	检查 2 号主变 202－1 隔离开关确在开位		
8	拉开 2 号主变 302－1 隔离开关		
9	检查 2 号主变 302－1 隔离开关确在开位		
10	在 2 号主变 302 开关与 302－1 隔离开关之间验明确无电压		
11	在 2 号主变 302 开关与 302－1 隔离开关之间装设 35kV 1 号接地线一组		
12	在 2 号主变 202 开关与 202－1 隔离开关之间验明确无电压		
13	在 2 号主变 202 开关与 202－1 隔离开关之间装设 6kV 2 号接地线一组		
备注：			
操作人：　监护人：　值班负责人（值班长）：			

对上述操作票的填写进行以下说明。

① 对主变压器停电，在一般情况下退出一台变压器前应先考虑负荷的重新分配问题，以保证运行的另一台变压器不会过负荷。所以，操作项目的第 1 项就是检查负荷的分配，这是与线路倒闸操作所不同的地方。其目的是确定 2 号主变压器停电后，1 号主变压器不会过负荷。此项操作可通过主变压器电源侧的电流表指示值来确定。

② 变压器停电时也要依据先停负荷侧、后停电源侧的原则。所以，操作项目的第 2 项是拉开 2 号主变压器负荷侧的 202 断路器，使 2 号变压器先进入空载运行状态；然后拉开 2 号主变压器电源侧的 302 断路器；最后拉开各侧的隔离开关，2 号变压器再退出运行。

③ 该操作票与线路倒闸操作票有差异，例如拉开断路器后，不是接着取下合闸熔断器而是拉开另一个（高压侧）断路器。这是因为变电站的主变压器高低压侧断路器的操作把手一般都装在控制室的主变压器控制屏面上，为减少往返时间、提高操作效率，可以就近分别拉开两个断路器，再拉开相应断路器两侧的隔离开关。

3）变电站往往同时检修多台设备，例如，要在检修2号主变压器的同时检修2号电压互感器，这就需要重新填写一份倒闸操作票，因为这是两个不同的操作任务。从图4-40可以分析出，当2号主变压器停电后，6kVⅡ段母线仍带电，则2号电压互感器与2号主变压器不属于同一个电气连接部分。2号电压互感器停电检修倒闸操作票见表4-20。

表4-20　2号电压互感器停电检修倒闸操作票

发电厂（变配电所）倒闸操作票

单位＿＿＿＿＿＿　编号＿＿＿＿＿＿

发令人		受令人		发令时间：　年　月　日　时　分
操作开始时间：　年　月　日　时　分				操作结束时间：　年　月　日　时　分
（　　）监护下操作　（　　）单人操作　（　　）检修人员操作				
操作任务：6kVⅡ段母线2号电压互感器由运行改检修				
顺序	操作项目			√
1	拉开6kVⅡ段母线2号电压互感器二次熔断器			
2	拉开6kVⅡ段母线2号电压互感器04－1隔离开关			
3	拉开6kVⅡ段母线2号电压互感器04－1隔离开关之间验明确无电压			
4	拉开6kVⅡ段母线2号电压互感器04－1隔离开关之间装设6kV 4号接地线一组			
备注：				
操作人：　　监护人：　　值班负责人（值班长）：				

对上述操作票的填写进行以下说明。

① 表中操作项目第1项，先拉开2号电压互感器的二次熔断器是为了防止停电时因电压互感器隔离开关的辅助触头未分离出现意外。

② 表中操作项目第2项的04－1是2号电压互感器隔离开关的编号，由于正常运行时电压互感器空载电流很小，因此可以用隔离开关拉合。

③ 根据需要，若有必要取下电压互感器的一次高压熔断器，则也要填写在操作票中。

4）断路器由检修改运行倒闸操作票见表4-21。

表4-21　断路器由检修改运行倒闸操作票

发电厂（变配电所）倒闸操作票

单位＿＿＿＿＿＿　编号＿＿＿＿＿＿

发令人		受令人		发令时间：　年　月　日　时　分
操作开始时间：　年　月　日　时　分				操作结束时间：　年　月　日　时　分
（　　）监护下操作　（　　）单人操作　（　　）检修人员操作				
操作任务：孔三站1011断路器由检修改运行				
顺序	操作项目			√
1	合上孔三站1011断路器控制熔断器			
2	拆除孔三站1011断路器与1011－1隔离开关之间6kV 2号接地线一组			
3	拆除孔三站1011断路器与1011－2隔离开关之间6kV 1号接地线一组			
4	检查孔三站1011断路器确在开位			
5	合上孔三站1011－1隔离开关			
6	合上孔三站1011－2隔离开关			
7	合上孔三站1011断路器合闸熔断器			

（续）

顺序	操作项目	√
8	合上孔三站 1011 断路器	
9	检查孔三站 1011 断路器确在合位	
备注：		
操作人： 监护人：	值班负责人（值班长）：	

对上述操作票的填写进行以下说明。

① 送电操作的第 1 项是停电操作最后一项的相反操作。送电操作的顺序与停电操作顺序相反。对于线路等送电的操作，在填写合隔离开关的操作项目前，应填写“检查 × × 断路器确在断开位置”，以防发生带负荷合隔离开关的误操作，这是送电的操作原则。

② 对于操作项目中的第 1 项“合上孔三站 1011 断路器控制熔断器”，虽与操作本身无关，但能在误操作情况下缩小事故范围，且这一操作必须在合隔离开关前进行。因为若发生误合隔离开关操作，则保护动作也可使断路器跳闸，缩小事故范围。

项目小结

1. 电气主接线也是电气运行人员进行各种操作和事故处理的重要依据。电气主接线图是企业接受电能后进行电能分配、输送的总电路图。它是由变压器、断路器、隔离开关、互感器、母线电缆等电气设备按一定顺序连接，用以表示生产、汇集和分配电能的电路图。按国家规定的图形符号和文字符号绘制的电气主接线图，一般用单线表示三相线路。

2. 变配电所担负着从电力系统受电、变压、配电的任务。配电所担负着从电力系统受电，然后直接配电的任务。

3. 变配电所电气主接线的基本要求：可靠性、灵活性、安全性、经济性。

4. 变配电所是变电站和配电所的统称。变电站的作用是接受电能、变换电压和分配电能，而配电所的作用是接受和分配电能，主要区别在于变电站中有变换电压的电力变压器，而配电所中没有电力变压器。

5. 常用的变配电所电气主接线可分为有母线和无母线两种形式。有母线的电气主接线形式主要有单母线和双母线两种。无母线的电气主接线主要有单元接线、桥形接线和角形接线等。

6. 倒闸操作是变配电所值班人员的一项经常性、复杂而细致的工作，同时又十分重要，稍有疏忽或差错都将造成严重事故，带来难以挽回的损失。

7. 电气安全用具是保证操作者安全地进行电气作业，防止触电、电弧烧伤、高空坠落等必不可少的工具。它包括绝缘安全用具、一般防护安全用具及登高作业安全用具。绝缘安全用具按用途可分为基本绝缘安全用具和辅助安全用具。一般防护安全用具是指本身没有绝缘性能，但可以起到在作业中防止工作人员受到伤害作用的安全用具，它分为人体防护用具和安全技术防护用具。

8. 从事电气工作的人员必须熟悉和掌握触电急救方法。采用正确的方法进行现场急救，如人工呼吸和胸外按压法。

9. 在全部停电或部分停电的电气设备上工作时，必须完成停电、验电、接地、悬挂标志牌和装设遮栏等安全技术措施。

10. 在电气设备上工作，保证安全的组织措施有工作票制度、工作许可制度、工作监护制度以及工作间断、转移和终结制度。

11. 当电气设备由一种状态转换到另一种状态或改变主接线系统的运行方式时，需要进行一系列的操作才能完成，这种操作统称为电气设备的倒闸操作。

12. DL 408—1991《电业安全工作规程（发电厂和变电所电气部分）》规定：用过的操作票要保存三个月。

问题与思考

一、填空题

1. 变配电所是__________和__________的统称。

2. 变电站的作用是__________、__________和__________电能。

3. 配电所的作用是__________和__________电能。

4. 组合式成套变电站的电气设备一般分为__________、__________和__________三个部分。

5. 变配电所电气主接线的基本要求有__________、__________、__________和__________四种。

6. 绝缘安全用具按用途可分为__________和__________。

7. 一般防护安全用具是指本身没有绝缘性能，但可以起到在作业中防止工作人员受到伤害作用的安全用具。它分为__________和__________。

8. 在电气工程中，用__________、__________、__________分别代表L1、L2、L3三个相序。

9. 在全部停电或部分停电的电气设备上工作时，必须完成__________、__________、__________、悬挂标志牌和装设遮栏等安全技术措施。

10. 在电气设备上工作，保证安全的组织措施有__________、__________、__________，以及工作间断、转移和终结制度。

二、判断题

1. 变配电所是变电站和配电所的统称，两者的主要区别在于变电站中没有变换电压的变压器，而配电所中有变压器。（　　）

2. 电气主接线是按国家规定的图形符号和文字符号绘制的，一般用单线表示三相线路。（　　）

3. 内桥形接线适合于供电线路较长、变压器不需要经常切换、没有穿越功率的终端变电站。（　　）

4. 绝缘安全用具按用途可分为一般绝缘安全用具和辅助安全用具。（　　）

5. 在电气设备上工作，保证安全的组织措施有工作票制度、工作许可制度、工作监护制度，以及工作间断、转移和终结制度。（　　）

6. 工作监护制度是保证人身安全和操作正确性的主要组织措施。（　　）

7. 电气设备的倒闸操作是一项重要又复杂的工作。若发生误操作事故，则可能导致设备损坏、危及人身安全及造成大面积停电。（　　）

8. 变配电所电气设备分为运行、热备用、冷备用和检修四种状态。（　　）

三、简答题

1. 变配电所的作用和任务是什么？车间变电站有哪些类型？

2. 变配电所地址选择应遵循哪些原则？地址靠近负荷中心有哪些好处？

3. 变配电所的总体布置应考虑哪些要求？变压器室、高压配电室、低压配电室与值班室相互之间的位置通常是怎么考虑的？

4. 组合式成套变电站主要由哪几部分组成？
5. 对变配电所电气主接线的设计有哪些要求？内桥形接线与外桥形接线各有什么特点？各适用于什么情况？
6. 简述变配电所电气主接线几种形式的优缺点。
7. 常用的绝缘安全用具、一般防护安全用具及登高作业安全用具有哪些？
8. 说明高压绝缘棒和高压验电器的使用方法和使用注意事项。
9. 保证电气作业安全的技术措施有哪些？
10. 保证电气作业安全的组织措施有哪些？
11. 什么情况下填写第一种工作票？什么情况下填写第二种工作票？
12. 简述电气设备四种状态的含义。
13. 变配电所倒闸操作主要包括哪些内容？
14. 什么情况下可以不使用倒闸操作票？
15. 倒闸操作的基本原则是什么？
16. 倒闸操作的步骤有哪些？
17. 操作断路器、隔离开关的基本要求有哪些？
18. 在给电气设备送电前要做哪些工作？
19. 线路停电、送电时的原则是什么？

项目5

供配电线路的运行与维护

项目提要

本项目依托北京燃气集团金雁饭店项目和通州副中心项目的供配电线路，介绍供配电线路的接线方式、结构、敷设和技术要求。本项目是本课程的重点之一，也是从事工厂变配电所运行与维护的基础。

知识目标

（1）了解架空线路和电缆线路的结构、敷设与维护的相关知识。
（2）掌握低压配电线路的敷设与维护的基本知识。

能力目标

（1）能通过查阅供电线路的相关敷设资料完成工厂配电线路的敷设信息的搜集任务。
（2）能进行电力线路的运行与维护。
（3）能根据工厂负荷选择导线和电缆的基本参数。

素质目标

（1）具备电气从业职业道德，勤奋踏实的工作态度和吃苦耐劳的劳动品质，遵守电气安全操作规程和劳动纪律，文明生产。
（2）弘扬劳动精神、奋斗精神、奉献精神、创造精神、勤俭节约精神。
（3）具有较强的专业能力，能用专业术语口头或书面表达工作任务。
（4）具备积极向上的人生态度、自我学习能力和良好的心理承受能力。
（5）树立良好的文明生产、安全操作意识，具备良好的团队合作能力。

职业能力

（1）会三相线路核相。
（2）会运行与维护电力线路。
（3）会测量电缆线路的绝缘电阻。
（4）与工程施工人员配合对工厂内电缆线路进行敷设工作。

任务 供配电线路的接线方式、运行与维护

任务概述

供配电线路运行与维护的基本任务：认真贯彻“安全第一、预防为主”的方针，根据季节

特点做好运行与维护工作，及时发现和消除设备缺陷，预防事故发生，提高配电网的供电可靠性，降低线损和运行维护费用，为用户提供优质电能。

本任务主要是了解供配电线路的结构、接线方式、敷设方法及基本参数的选择，能根据故障现象查找故障点并进行相关处理。熟悉供配电线路的运行管理知识，协助工程人员完成对工厂供配电线路的敷设。

知识准备

供配电线路是电力系统的重要组成部分，担负着输送和分配电能的重要任务。按电压高低分，有低压（1kV 及以下）、高压（1～220kV）、超高压（220kV 及以上）等线路。工厂电力线路按结构形式分，有架空线路、电缆线路和车间（室内）线路。

（1）架空线路　它是利用电杆架空敷设裸导线的户外线路。其特点是投资少、易于架设，维护检修方便，易于发现和排除故障；但它要占用地面位置，有碍交通和观瞻，且易受到环境影响，安全可靠性较差。

（2）电缆线路　它是利用电力电缆敷设的线路。电缆线路与架空线路相比，虽然具有成本高、不便维修、不易发现和排除故障等缺点，但却具有运行可靠、不易受外界影响、不需架设电杆、不占地面、不碍交通和观瞻等优点，特别是在有腐蚀性气体和易燃易爆场所，以及需要防止雷电波沿线路侵入，不宜采用架空线路时，只有敷设电缆线路。因此，在现代化的工厂中，电缆线路得到越来越广泛的应用。

（3）室内线路　它是指车间内外敷设的各类配电线路，包括车间内用裸线（包括母线）和电缆敷设的线路，用绝缘导线沿墙、沿屋架和沿顶棚明敷的线路，用绝缘导线穿管沿墙、沿屋架或埋地敷设的线路，也包括车间之间用绝缘导线敷设的低压线路。

子任务 1　供配电线路的接线方式

1. 高压配电线路的接线方式

高压配电线路的基本接线方式有高压放射式接线、高压树干式接线和高压环形接线等。

（1）高压放射式接线　高压放射式接线如图 5-1 所示。其特点是在企业总变配电所的高压配电母线上引出的每条馈线仅给车间变压器、高压电动机等设备单独供电，各线路之间互不影响，配电线路通常采用电缆。其优点是供电可靠性较高，便于装设自动装置、保护装置，运行简单、切换操作方便。其缺点是高压开关设备用得较多，而且每台高压断路器必须装设一个高压开关柜，使投资加大，在发生故障或检修时，该线路所供电的负荷都要停电。

提高这种放射式线路的供电可靠性，可在各车间变电站高压侧之间或低压侧之间敷设联络线。要进一步提高其供电可靠性，还可采用来自两个电源的两路高压进线，然后经分段母线，由两段母线用双回路对用户交叉供电。

（2）高压树干式接线　高压树干式接线如图 5-2 所示。其特点是从企业总变配电所的高压母线上引出的线路分别配电给沿线多个车间变电站或高压设备。为检修方便，线路通常采用架空线，一般用于对三级负荷供电。其优点是变配电所馈线回路较少、投资小、有色金属消耗量小、采用的高压开关数量少。其缺点是供电可靠性较低，当高压干线发生故障或检修时，接于干线上的所有变电站都要停电，且在实现自动化方面适应性较差。

提高这种树干式线路的供电可靠性，可采用图 5-3a 所示的双干线供电或图 5-3b 所示的两端供电的接线方式。

（3）高压环形接线　高压环形接线如图 5-4 所示。环形接线实质上树干式接线相同，其供电可靠性较高，运行方式灵活，可用于二级、三级负荷供电，在现代化城市电网中应用很广。

环形接线的配电系统的保护装置和整定配合比较复杂，通用开环运行方式，即环形线路中有一处开关在正常运行时是断开的，且对环中连接的变压器数目和容量有一定的限制。

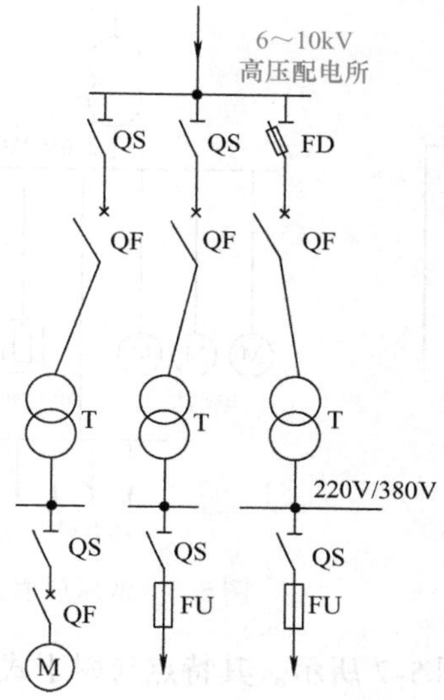

图 5-1　高压放射式接线

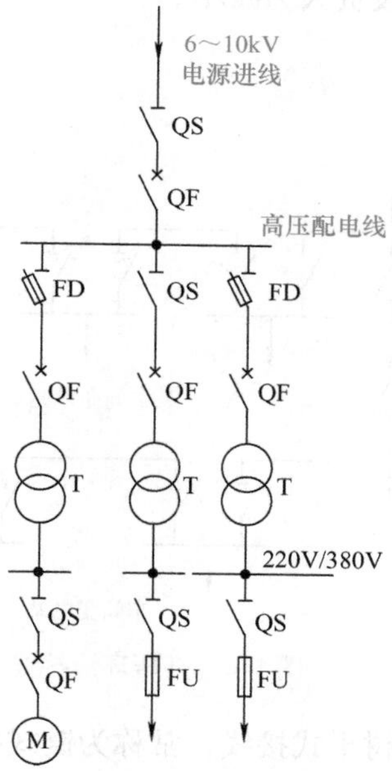

图 5-2　高压树干式接线

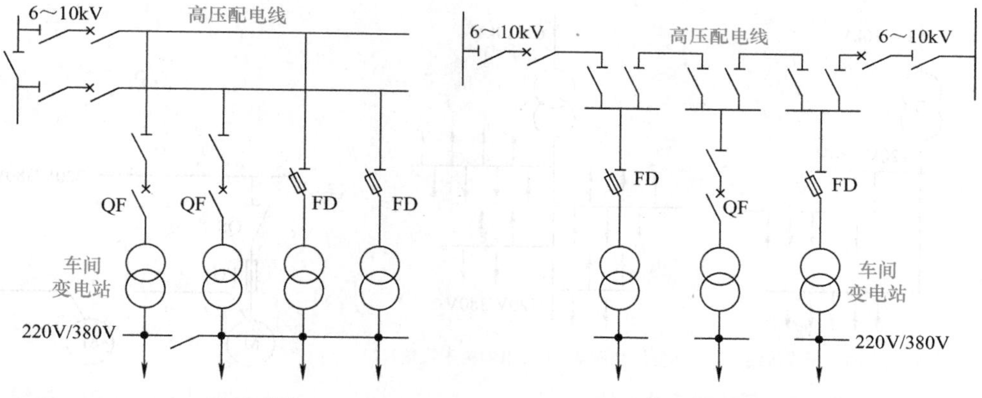

a) 双干线供电　　b) 两端供电

图 5-3　双干线供电与两端供电的接线方式

实际上，工厂的高压配电线路往往是几种接线方式的组合，依具体情况而定。对于大中型工厂，其高压配电系统多优先选用放射式接线，因为放射式接线的供电可靠性较高，且便于运行管理。但放射式接线采用的高压开关设备较多，投资较大，因此对于供电可靠性要求不高的辅助生产区和生活住宅区，则多采用比较经济的树干式或环形接线。

2. 低压配电线路的接线方式

低压配电线路的基本接线方式有低压放射式接线、低压树干式接线和低压环形接线等。

（1）低压放射式接线　低压放射式接线如图 5-5 所示，多对容量较大或对供电可靠性要求较高的设备供电。

（2）低压树干式接线　低压母线放射式配电的树干式接线，如图 5-6a 所示。在机械加工车间、工具车间和机修车间中应用比较普遍，而且多采用成套的封闭型母线，灵活方便，也比较安全，适于供电给容量较小且分布较均匀的用电设备，如机床、小型加热炉等。低压变压器-干线组的树干式接线，如图5-6b所示，省去了变电站低压侧整套低压配电装置，从而使变电站的结构大为简化，投资大为减小。

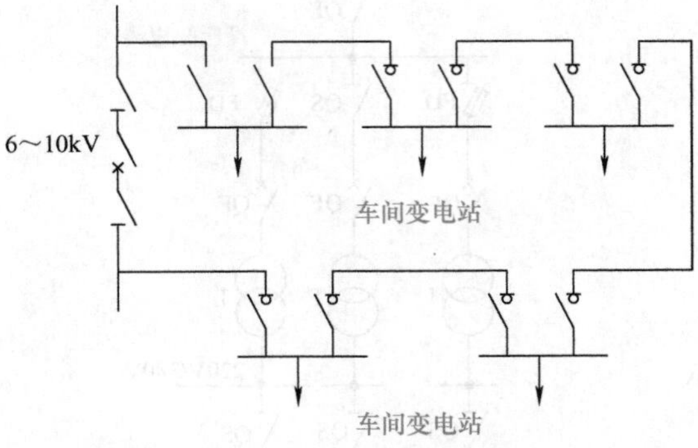

图5-4　高压环形接线

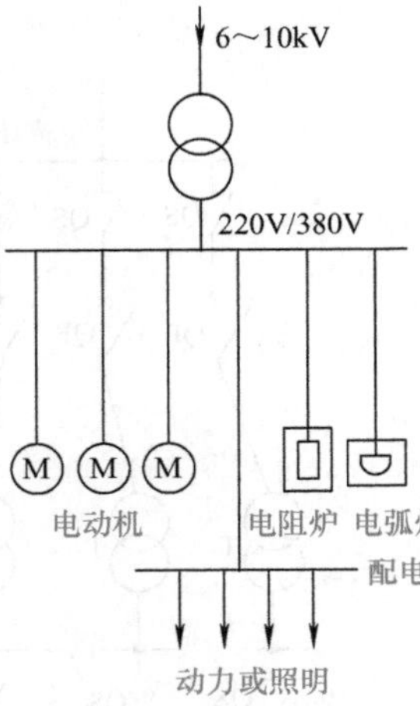

图5-5　低压放射式接线

一种变形的树干式接线，常称为链式接线，如图5-7所示。其特点与树干式基本相同，适用于用电设备彼此间相距很近而容量均较小的次要设备。链式相连的设备每一回路一般不超过5台（配电箱不超过3台），且容量不宜超过10kW。

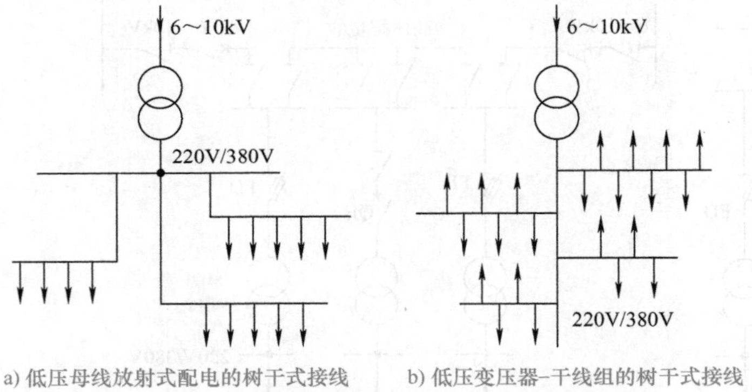

图5-6　低压树干式接线

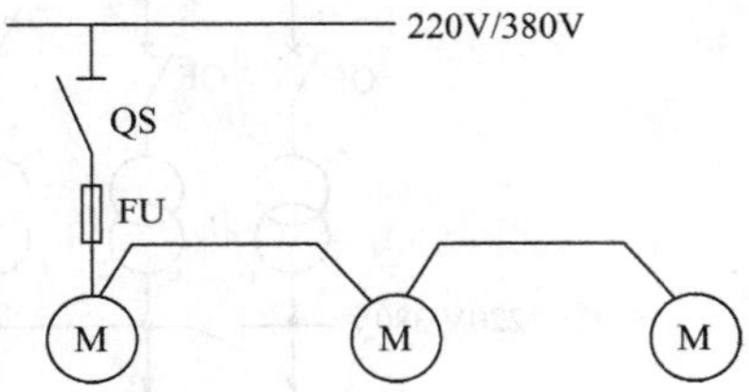

图5-7　链式接线

（3）低压环形接线　低压环形接线如图5-8所示。工厂内各车间变电所站低压侧通过低压联络线连接起，构成环形接线。其特点是供电可靠性较高，任意一段线路发生故障或检修时，都不会造成供电中断，或只短时停电，一旦切换电源的操作完成，即能恢复供电，同时可使电能损耗和电压损耗减少。但是，其保护装置及其整定配合比较复杂，如果其保护的整定配合不当，则容易发生误动作，反而扩大故障停电范围。因此，低压环形接线也多采用开环方式运行。

一般来说，工厂低压配电系统也常采用几种接线方式的组合，依具体情况而定。不过在正常环境的车间或建筑内，若大部分用电设备不是很大且无特殊要求，则宜采用树干式接线。这一方面是由于树干式接线较放射式接线经济，另一方面是由于我国各工厂的供配电技术人员对采用树干式接线积累了相当成熟的运行经验。

子任务2　导线和电缆形式的选择

10kV及以下的架空线路，一般采用铝绞线。35kV及以上的架空线路及35kV以下线路在档

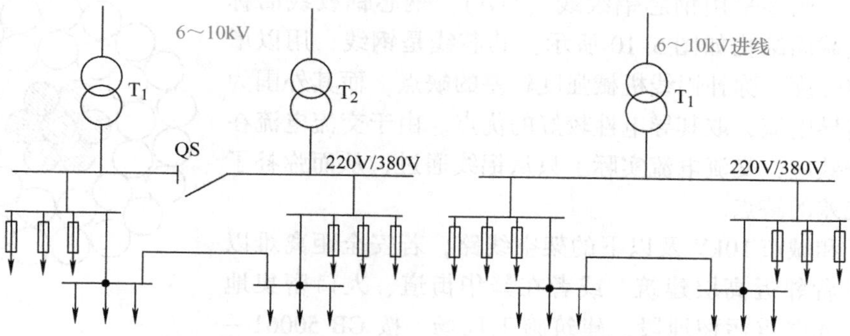

a) 两台变压器供电的环形接线　　b) 一台变压器供电的环形接线

图 5-8　低压环形接线

距较大、电杆较高时，则宜采用钢芯铝绞线。沿海地区及有腐蚀性介质的场所，宜采用铜绞线或绝缘导线。

对于敷设在城市繁华街区、高层建筑群及旅游区和绿化区的 10kV 及以下的架空线路，以及架空线路与建筑物间的距离不能满足安全要求的地段及建筑施工现场，宜采用绝缘导线。

电缆线路在一般环境和场所可采用铝芯电缆，尤其重要场所及有剧烈振动、强烈腐蚀和有爆炸危险场所，宜采用铜芯电缆。在低压 TN 系统中，应采用三相四芯或五芯电缆。埋地敷设的电缆应采用有外护层的铠装电缆。在可能发生移位的土壤中埋地敷设的电缆，应采用钢丝铠装电缆。敷设在电缆沟、桥架和水泥排管中的电缆，一般采用裸铠装电缆或塑料护套电缆，宜优先选用交联电缆。凡两端有较大高度差的电缆线路，不能采用油浸纸绝缘电缆。

子任务 3　架空线路的敷设与维护

架空线路由导线、电杆、绝缘子和线路金具等组成，其结构如图 5-9 所示。为了防雷，在 110kV 及以上架空线路上还装设有避雷线（又称架空地线），以保护全部线路。35kV 线路在靠近变配电所 1 ~2km 的范围内装设避雷线，作为变配电所的防雷措施。10kV 及以下的配电线路，除了雷电活动强烈的地区，一般不需要装设避雷线。

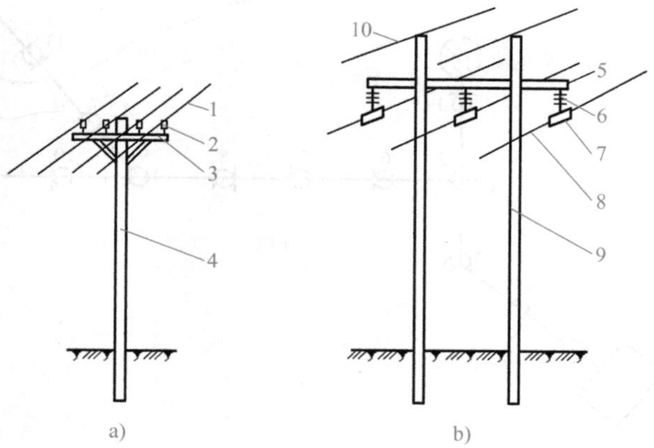

图 5-9　架空线路的结构

1—低压导线　2—针式绝缘子　3、5—横担　4—低压电杆　6—高压悬式绝缘子串　7—线夹　8—高压导线　9—高压电杆　10—避雷线

1. 架空线路的导线

导线是架空线路的主体，承担输送电能的功能。它架设在电杆上面，必须具有良好的导电性和一定的机械强度与耐腐蚀性。导线材质有铜、铝和钢。铜导线的导电性最好，机械强度也相当高。铝导线的机械强度较差，但导电性较好，且具有质轻、价廉的优点。钢导线的机械强度很高，且价廉，但其导电性差，电能损耗大，易锈蚀，因此钢导线在架空线路中一般只作为避雷线使用，且使用镀锌钢绞线。

架空线路的导线，除变压器台的引线和接户线采用绝缘导线外，一般采用裸导线。裸导线按结构，可分为单股线和多股绞线。工厂供配电系统中一般采用多股绞线。绞线又分为铜绞线、铝绞线和钢芯铝绞线。架空线路上一般采用铝绞线（LJ）。在机械强度要求较高和 35kV 及以上的架空线路上，则多采用钢芯铝绞线（LGJ）。钢芯铝绞线简称钢芯铝线，其截面结构如图 5-10 所示，其芯线是钢线，用以增强导线的抗拉强度，弥补铝线机械强度较差的缺点，而其外围为铝线，用以传导电流，取其导电性较好的优点。由于交流电流在导线中的趋肤效应，交流电流实际上只从铝线通过，从而弥补了钢线导电性能差的缺点。

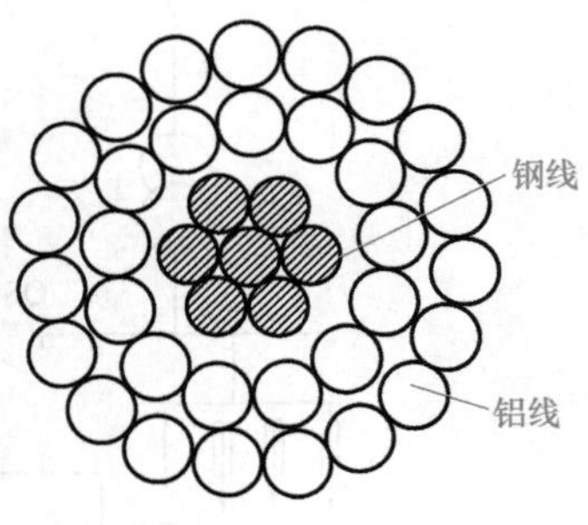

图 5-10　钢芯铝绞线

对于工厂和城市 10kV 及以下的架空线路，若安全距离难以满足要求，或者邻近高层建筑，或者在繁华街道、人口密集地区，或者在空气严重污秽地段、建筑施工现场，按 GB 50061—2010《66kV 及以下架空电力线路设计规范》规定，则可采用绝缘导线。

2. 电杆、横担和拉线

（1）电杆　电杆是支持导线的支柱，应具有足够的机械强度和经久耐用、价廉、便于搬运及安装的特点。电杆按其采用的材料，分为木杆、水泥杆和铁塔。对工厂来说，水泥杆应用最为普遍。电杆按其在架空线路中的功能和地位分，有直线杆、分段杆、转角杆、终端杆、跨越杆和分支杆等类型。上述各种杆型在低压架空线路上的应用，如图 5-11 所示。

（2）横担　横担安装在电杆的上部，用来安装绝缘子以架设导线。常用横担有木横担、铁横担和瓷横担。工厂电力架空线路普遍采用铁横担和瓷横担。瓷横担具有良好的电气绝缘性能，兼有横担和绝缘子的双重功能，能节约大量的木材和钢材，有效地利用电杆高度，降低线路造价。它结构简单，安装方便，但比较脆，安装和使用中必须注意。高压电杆上安装的瓷横担如图 5-12 所示。

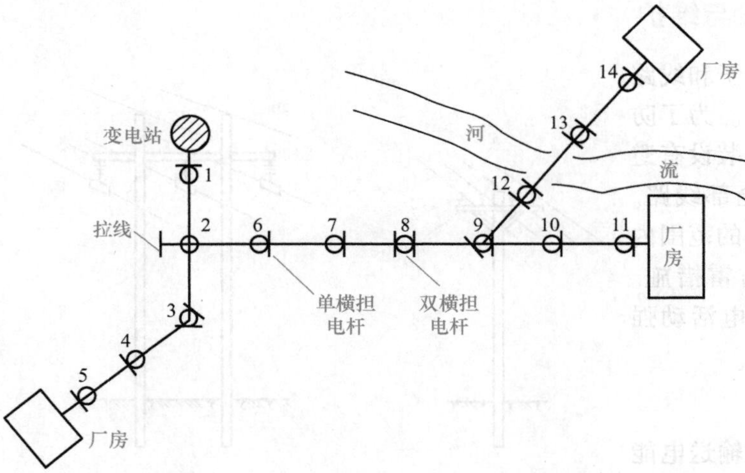

图 5-11　各种杆型在低压架空线路上的应用

1、5、11、14—终端杆　2、9—分支杆　3—转角杆

4、6、7、10—直线杆（中间杆）　8—分段杆（耐张杆）　12、13—跨越杆

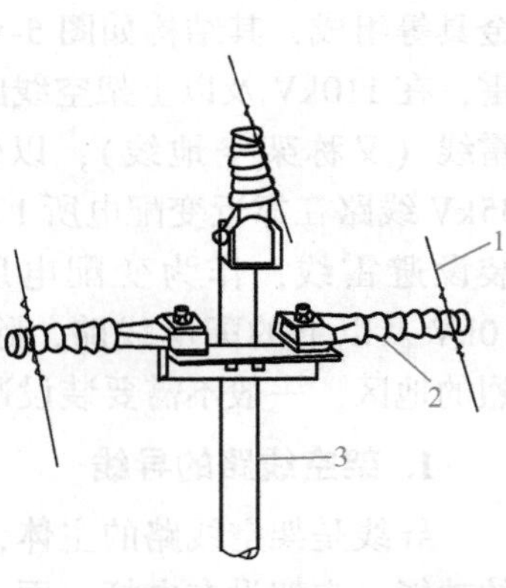

图 5-12　高压电杆上安装的瓷横担

1—高压导线　2—瓷横担　3—电杆

（3）拉线　拉线是为了平衡电杆各方面的作用力并抵抗风压，防止电杆倾倒。例如，终端杆、转角杆、分段杆等往往都装有拉线。拉线的结构如图 5-13 所示。

3. 架空线路的绝缘子和金具

绝缘子用来将导线固定在电杆上，并使导线与电杆绝缘。绝缘子既要求具有一定的电气绝缘强度，又要求具有足够的机械强度。绝缘子按电压高低分，有高压绝缘子和低压绝缘子两大类。架空线路绝缘子的外形结构如图 5-14 所示。

金具是用来连接导线、安装横担和绝缘子等的金属附件。图 5-15a、b 所示为用来安装低压针式绝缘子的直脚和弯脚，图 5-15c 所示为用来安装蝴蝶式绝缘子的穿心螺钉，图 5-15d 所示为用来将横担或拉线固定在电杆上的 U 形抱箍，图 5-15e 所示为用来调节拉线松紧的花篮螺钉，图 5-15f 所示为高压悬式绝缘子串的挂环、挂板、线夹等。

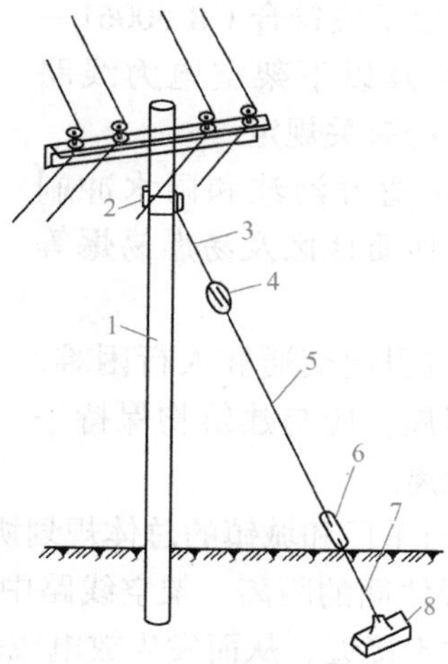

图 5-13 拉线的结构

1—电杆 2—固定拉线的抱箍 3—上把 4—拉线绝缘子 5—腰把 6—花篮螺钉 7—底把 8—拉线底盘

4. 架空线路的敷设

敷设架空线路要严格遵守有关技术规程的规定。在施工过程中，要特别注意安全，防止发生事故。

（1）导线在电杆上的排列方式 导线在电杆上的排列方式有水平排列和三角形排列两种。对于三相四线制低压架空线路的导线，一般采用水平排列，如图 5-16a 所示。由于中性线（N 线或 PEN 线）电位在三相对称时为零，而且其截面也较小（一般不得小于相线截面积的 50%），机械强度较差，所以中性线一般架设在靠近电杆的位置。

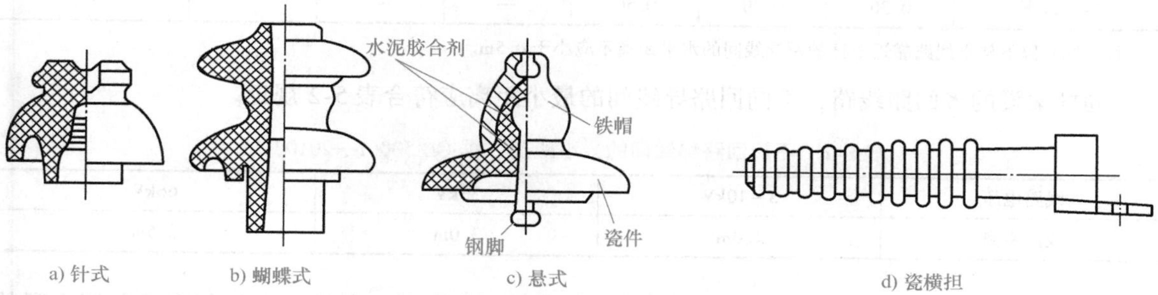

图 5-14 架空线路绝缘子的外形结构

三相三线制架空线路的导线可采用三角形排列，如图 5-16b、c 所示；也可采用水平排列，如图 5-16f 所示。对于多回路导线同杆架设的情况，可采用三角形和水平混合排列，如图 5-16d 所示；也可全部垂直排列，如图 5-16e 所示。电压不同的线路同杆架设时，电压较高的线路应架设在上面，电压较低的线路则架设在下面。

（2）架空线路的敷设 敷设架空线路要严格遵守有关规程的规定。其敷设路径的选择应符合下列要求。

1）路径要短，转角要少，尽量减少与其他设施交叉。

2）当与其他架空电力线路或弱电线路交叉时，其间的间距及交叉点

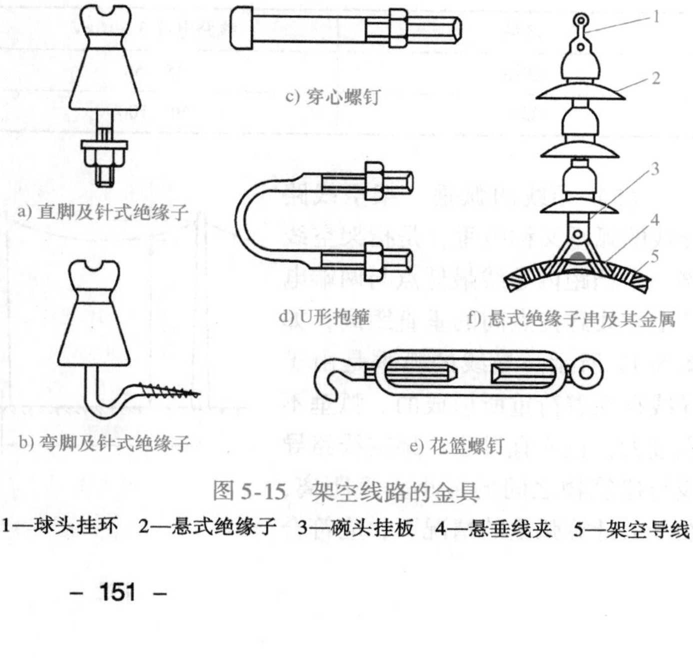

图 5-15 架空线路的金具

1—球头挂环 2—悬式绝缘子 3—碗头挂板 4—悬垂线夹 5—架空导线

或交叉角的要求应符合 GB 50061—2010《66kV 及以下架空电力线路设计规范》的有关规定。

3）尽量避开河洼和雨水冲刷地带、不良地质地区及易燃易爆等危险场所。

4）不应引起交通和人行困难，不宜跨越房屋，应与建筑物保持一定的安全距离。

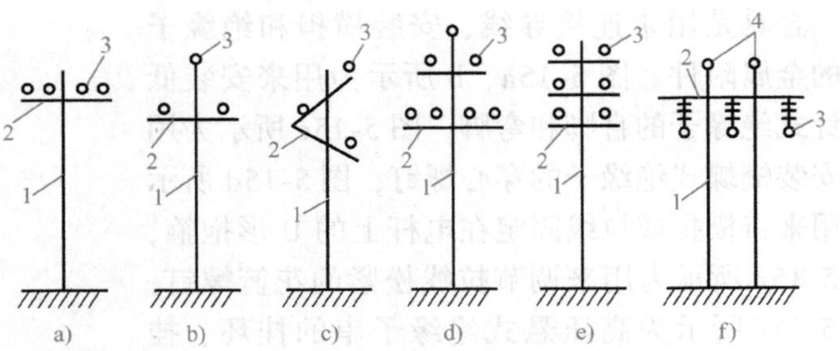

图 5-16 导线在电杆上的排列方式

1—电杆 2—横担 3—导线 4—避雷线

5）应与工厂和城镇的总体规划协调配合，并适当考虑今后的发展。

（3）导线间的距离 架空线路中导线间的距离应适当。如果线间距离小，则导线在档距中间可能会过于接近，从而发生放电或跳闸。根据运行经验，10kV 及以下架空线路采用裸导线时的最小线间距离见表 5-1。如果采用绝缘导线，则线间距离可结合当地运行经验确定。

表 5-1 10kV 及以下架空线路采用裸导线时的最小线间距离（据 GB 50061—2010）

线路电压	档距/m						
	40 及以下	50	60	70	80	90	100
	最小线间距离/m						
3～10kV	0.60	0.65	0.70	0.75	0.85	0.90	1.00
3kV 以下	0.30	0.40	0.50	—	—	—	—

注：3kV 以下架空线路靠近电杆的两导线间的水平距离不应小于 0.5m。

同杆架设的多回路线路，不同回路导线间的最小距离应符合表 5-2 规定。

表 5-2 不同回路导线间的最小距离（据 GB 50061—2010）

线路电压	3～10kV	35kV	66kV
线间距离	1.0m	3.0m	3.5m

（4）架空线路的档距 架空线路的档距又称跨距，是指同一条线路上相邻两根电杆之间的水平距离，如图 5-17 所示。10kV 及以下架空线路的档距见表 5-3。

表 5-3 10kV 及以下架空线路的档距（据 GB 50061—2010） （单位：m）

区域	线路电压 3～10kV	线路电压 3kV 以下
城镇	45～50	40～50
郊区	50～100	40～60

（5）导线的弧垂 架空线路导线的弧垂又称弛垂，是指架空线路一个档距内导线最低点与两端电杆上导线悬挂点间的垂直距离，如图 5-17 所示。导线的弧垂是由于导线存在着荷重所形成的。弧垂不宜过大，也不宜过小。架空线路导线与建筑物之间的最小垂直距离，在最大计算弧垂的情况下，应符合

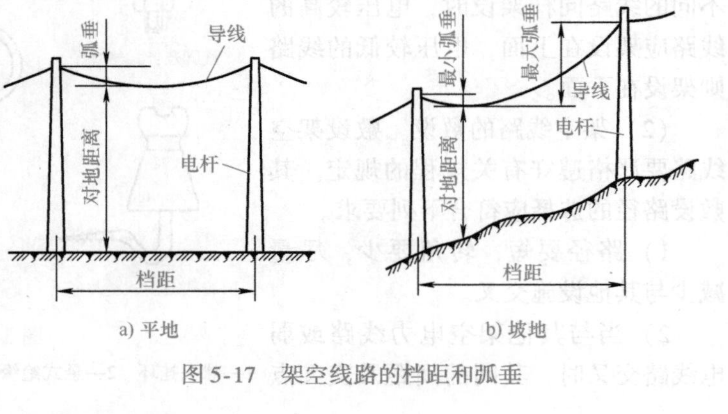

图 5-17 架空线路的档距和弧垂

表5-4的要求。

表5-4　架空线路导线与建筑物之间的最小垂直距离（据GB 50061—2010）

线路电压	3kV及以下	3~10kV	35kV	66kV
最小垂直距离	3.0m	3.0m	4.0m	5.0m

架空线路在最大计算风偏的情况下，边导线与建筑物之间的最小水平距离，应符合表5-5的要求。

表5-5　架空线路导线与建筑物之间的最小水平距离（据GB 50061—2010）

线路电压	3kV及以下	3~10kV	35kV	66kV
最小水平距离	1.0m	1.5m	3.0m	4.0m

5. 架空线路的运行与维护

（1）一般要求　对厂区架空线路，一般要求每月进行一次巡视检查，如遇大风、大雨及发生故障等特殊情况时，应临时增加巡视次数。

（2）巡视项目

1）电杆有无倾斜、变形、腐朽、损坏及基础下沉等现象，如有，应设法修理。

2）沿线路的地面是否堆放有易燃、易爆和强腐蚀性物体，如有，应立即设法挪开。

3）沿线路周围有无危险建筑物，如有，应尽可能保证在雷雨季节和大风季节里，这些建筑物不会对线路造成损坏。

4）线路上有无树枝、风筝等杂物悬挂，如有，应设法消除。

5）拉线和扳桩是否完好，绑扎线是否紧固可靠，如有缺陷，应设法修理或更换。

6）导线的接头是否接触良好，有无过热发红、严重氧化、腐蚀或断脱现象，绝缘子有无破损和放电现象，如有，应设法修理或更换。

7）避雷装置的接地是否良好，接地线有无锈断情况，在雷电季节到来之前应重点检查，以确保防雷安全。

8）其他危及线路安全运行的异常情况。

在巡视中发现的异常情况，应记入专用记录本内，重要情况应及时汇报上级，请示处理。

子任务4　电缆线路的敷设与维护

电缆线路的结构主要由电缆、电缆接头和终端头、电缆支架和电缆夹等组成，具有运行可靠、不易受外界影响、美观等优点。电力电缆的结构示意图如图5-18所示。

1. 电缆和电缆接头

（1）电缆　电缆是一种特殊结构的导线。电力电缆按其缆芯材质分，有铜芯和铝芯两大类；按其采用的绝缘介质分，有油浸纸绝缘电缆和塑料绝缘电缆两大类；按其芯线数量分，有单芯、双芯、三芯和四芯等多种。

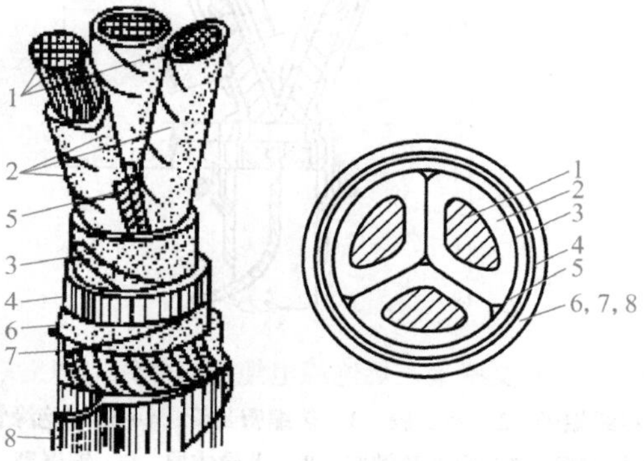

图5-18　电力电缆结构示意图

1—芯线　2—芯线绝缘层　3—统包绝缘层　4—密封护套　5—填充物　6—纸带　7—钢带内衬　8—钢带铠装

图5-19和图5-20所示分别为油浸纸绝缘电缆和交联聚乙烯绝缘电缆的外形结构。

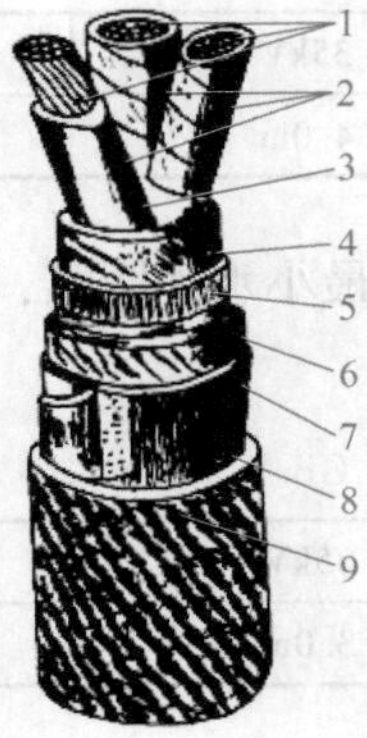

图5-19　油浸纸绝缘电缆的外形结构

1—缆芯（铜芯或铝芯）　2—油浸纸绝缘层　3—麻筋（填料）　4—油浸纸绝缘层　5—铅包　6—涂沥青的纸带（内护层）　7—浸沥青的麻被（内护层）　8—钢铠（外护层）　9—麻被（外护层）

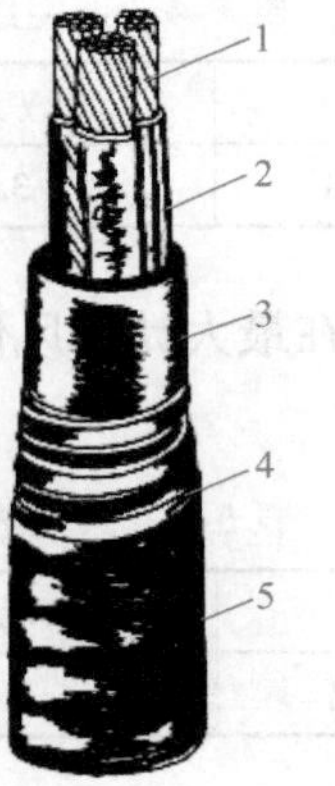

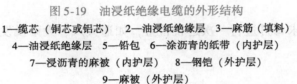

图5-20　交联聚乙烯绝缘电缆的外形结构

1—缆芯（铜芯或铝芯）　2—交联聚乙烯绝缘层　3—聚氯乙烯（PVC）护套（内护层）　4—钢铠或铝铠（外护层）　5—聚氯乙烯外护套（外护层）

（2）电缆接头　运行经验说明，电缆接头是电缆线路中的薄弱环节，电缆的大部分故障都发生在电缆接头处。电缆接头本身的缺陷或安装质量上的问题，往往造成短路故障，引起电缆接头爆炸，破坏电缆的正常运行。因此，电缆接头的制作要求是：制作时密封要好，绝缘耐压强度不应低于电缆本身的耐压强度，要有足够的机械强度，且体积尽可能小，结构简单，安装方便。

图5-21是10kV交联聚乙烯绝缘电缆户内热缩电缆终端头的外形结构。在户内热缩电缆终端头上套入三孔热缩伞裙，然后各相套入单孔热缩伞裙，并分别加热固定，即为户外热缩电缆终端头，如图5-22所示。

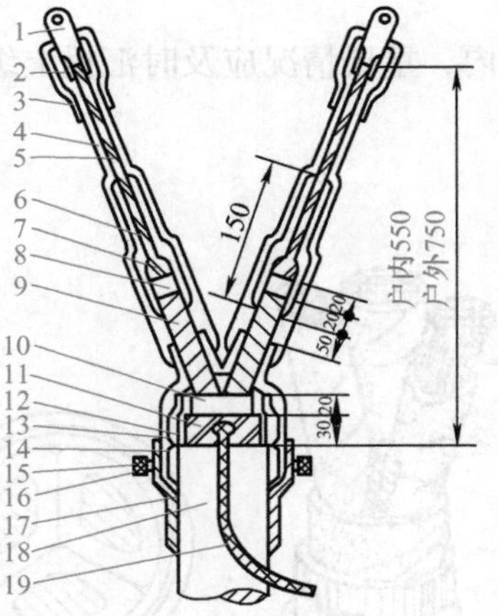

图5-21　10kV交联聚乙烯绝缘电缆户内热缩电缆终端头的外形结构

1—缆芯接线端子　2—密封胶　3—热缩密封管　4—热缩绝缘管　5—缆芯绝缘层　6—应力控制管　7—应力疏散胶　8—半导体层　9—铜屏蔽　10—热缩内护层　11—钢铠　12—填充胶　13—热缩环　14—密封胶　15—热缩三芯手套　16—喉箍　17—热缩密封套　18—PVC外护套　19—接地线

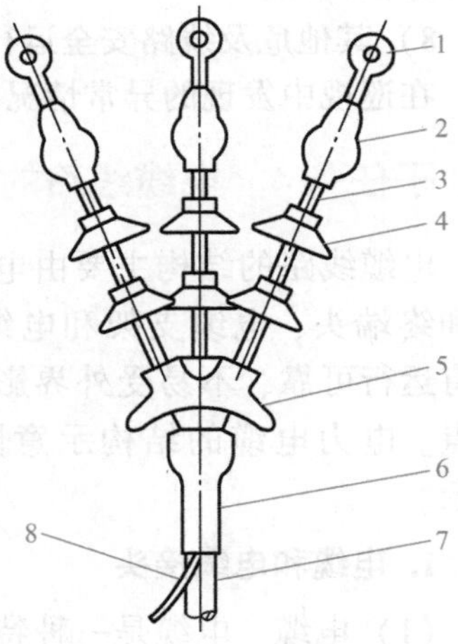

图5-22　户外热缩电缆终端头的外形结构

1—缆芯接线端子　2—热缩密封管　3—热缩绝缘管　4—单孔防雨伞裙　5—三孔防雨伞裙　6—热缩三芯手套　7—PVC外护套　8—接地线

2. 电缆的敷设

（1）电缆的敷设方式　常见的电缆敷设方式有电缆直接埋地敷设，如图5-23所示；电缆沿墙敷设，如图5-24所示；电缆在电缆沟内敷设，如图5-25所示；通过电缆桥架敷设，如图5-26所示；通过电缆排管敷设，如图5-27所示；通过电缆隧道敷设，如图5-28所示。

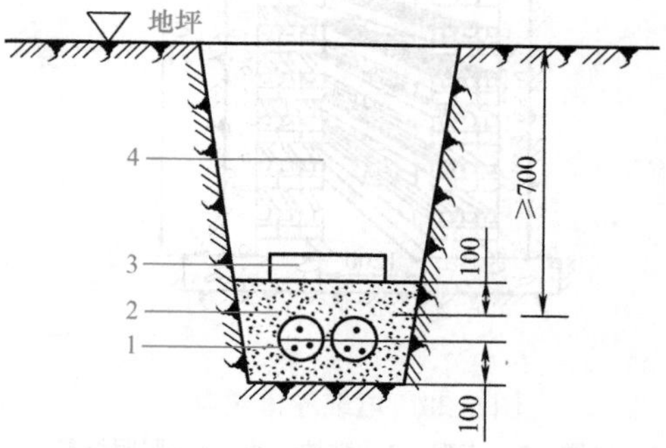

图5-23　电缆直接埋地敷设

1—电力电缆　2—沙　3—保护盖板　4—填土

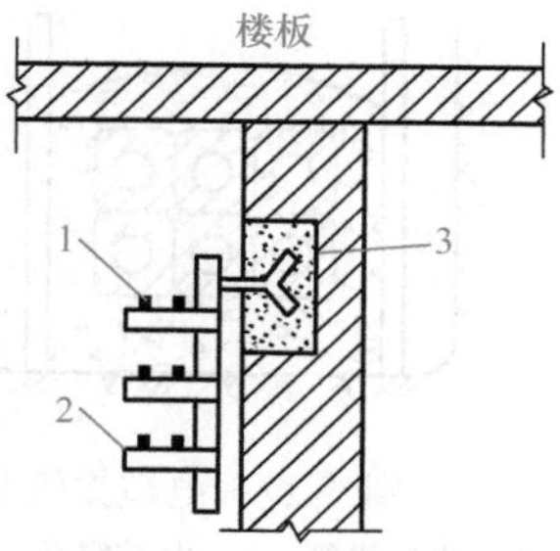

图5-24　电缆沿墙敷设

1—电力电缆　2—电缆支架　3—预埋铁件

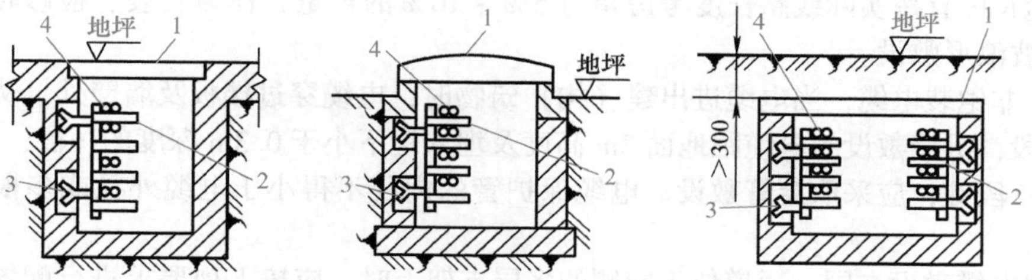

a) 户内电缆沟　b) 户外电缆沟　c) 厂区电缆沟

图5-25　电缆在电缆沟内敷设

1—盖板　2—电缆支架　3—预埋铁件　4—电力电缆

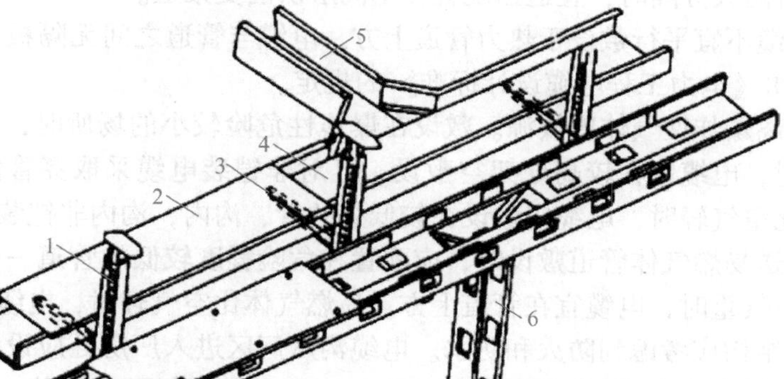

图5-26　电缆桥架敷设

1—支架　2—盖板　3—支臂　4—线槽　5—水平分支线槽　6—垂直分支线槽

（2）电缆敷设路径的选择　选择电缆敷设路径应避免电缆遭受机械性外力、过热及腐蚀等危害。在满足安全要求条件下，电缆线路应较短，要便于运行与维护，应避开将要挖掘施工的地段。

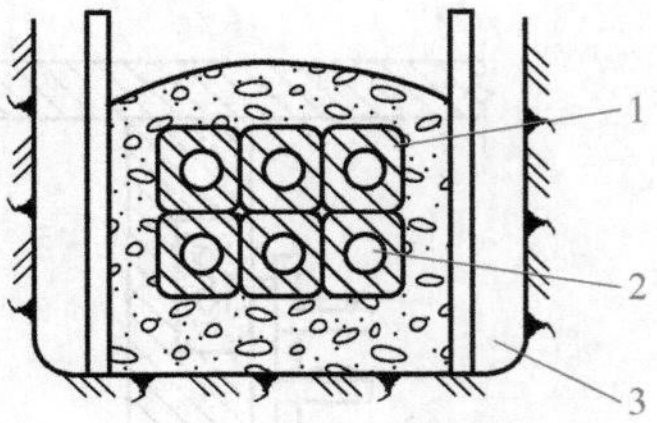

图 5-27　电缆排管敷设

1—水泥排管　2—电缆穿孔　3—电缆沟

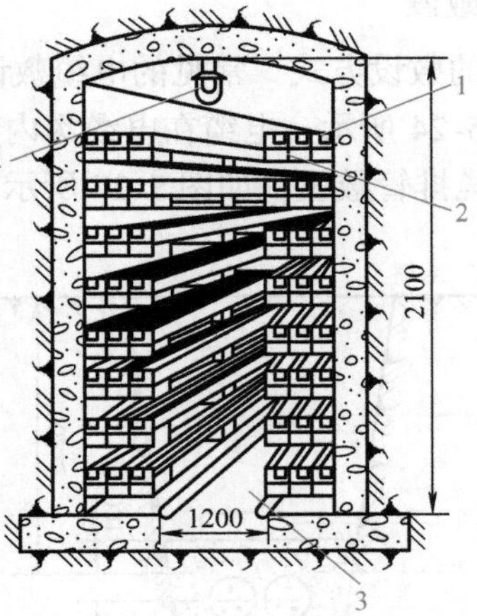

图 5-28　电缆隧道敷设

1—电缆　2—支架　3—维护走廊　4—照明灯具

（3）电缆敷设的一般要求　敷设电缆一定要严格遵守有关技术规范的规定和设计的要求。竣工以后，要按规定程序和要求进行检查和验收，确保线路质量。部分重要的技术要求如下：

1）电缆长度宜按实际线路长度考虑留有 5% ~10% 的裕量，作为安装、检修时的备用；直埋电缆应作波浪形敷设。

2）对于非铠装电缆，当电缆进出建（构）筑物时，电缆穿过楼板及墙壁处，从电缆沟引出至电杆的一段，沿墙敷设的电缆距地面 2m 高度及埋入地下小于 0.3m 深度的一段，电缆与道路、铁路交叉的一段等，应采取穿管敷设。电缆保护管的内径不得小于电缆外径或多根电缆包络外径的 1.5 倍。

3）多根电缆敷设在同一通道位于同侧的多层支架上时，应按下列要求进行配置：电力电缆应按电压等级由高至低的顺序排列，控制、信号电缆和通信电缆应按强电至弱电的顺序排列。支架层数受通道空间限制时，35kV 及以下的相邻电压等级的电力电缆可排列在同一层支架上；1kV 及以下的电力电缆也可与强电控制、信号电缆配置在同一层支架上。同一重要回路的工作电缆与备用电缆实行耐火分隔时，宜适当配置在不同层次的支架上。

4）明敷的电缆不宜平行敷设于热力管道上方。电缆与管道之间无隔板保护时，其间距应符合 GB 50217—2018《电力工程电缆设计标准》的规定。

5）电缆应远离爆炸性气体释放源。敷设在爆炸性危险较小的场所时，应符合下列要求：易爆气体比空气重时，电缆应在较高处架空敷设，且对非铠装电缆采取穿管保护或置于托盘、槽盒内；易爆气体比空气轻时，电缆应敷设在较低处的管、沟内，沟内非铠装电缆应埋沙。

6）电缆沿输送易燃气体管道敷设时，应配置在危险程度较低的管道一侧，且要符合下列规定：易燃气体比空气重时，电缆宜在管道上方；易燃气体比空气轻时，电缆宜在管道下方。

7）电缆沟的结构应考虑到防火和防水。电缆沟从厂区进入厂房处应设置防火隔板。为了顺畅排水，电缆沟的纵向排水坡度不得小于 0.5%，而且不得排向厂房内侧。

8）直埋于非冻土地区的电缆，其外皮至地下构筑物基础的距离不得小于 0.3m，至对面的距离不得小于 0.7m。当位于车行道或耕地的下方时，应适当加深，且不得小于 1m。电缆直埋于冻土地区时，宜埋入冻土层以下。直埋敷设的电缆，严禁位于地下管道的正上方或正下方。在有化学腐蚀的土壤中，电缆不宜直埋敷设。

9）电缆的金属外皮、金属电缆接头外皮及保护管均应可靠地接地。

3. 电缆线路的运行与维护

（1）一般要求　电缆线路大多是敷设在地下的，要做好电缆的运行维护工作，就要全面了解电缆的敷设方式、结构布置、线路走向及电缆头位置等。对电缆线路，一般要求每季进行一次巡视检查，并应经常监视其负荷大小和发热情况，如遇大雨、洪水、地震等特殊情况及发生故障时，应临时增加巡视次数。

（2）巡视项目

1）电缆头及瓷套管有无破损和放电痕迹，对填充有电缆胶（油）的电缆头，还应检查有无溢胶（漏油）现象。

2）对明敷电缆，还须检查电缆外皮有无锈蚀、损伤，沿线支架或挂钩有无脱落，线路上及附近有无堆放易燃易爆及强腐蚀性物体。

3）对暗敷及埋地电缆，应检查沿线的盖板和其他保护物是否完好，有无挖掘痕迹，路线标桩是否完整无缺。

4）电缆沟内有无积水或渗水现象，是否堆有杂物及易燃易爆危险品。

5）线路上各种接地是否良好，有无松脱、断股和腐蚀现象。

6）其他危及电缆安全运行的异常情况。

在巡视中发现的异常情况，应记入专用记录本内，重要情况应及时汇报上级，请示处理。

子任务5 车间配电线路的敷设与维护

车间配电线路包括室内配电线路和室外配电线路。室内（车间内）配电线路主要指从低压开关柜到车间动力配电箱的线路、车间总动力配电箱到各分动力配电箱的线路和配电箱到各用电设备的线路等，大多采用绝缘导线，但配电干线多采用裸导线（母线），少数采用电缆。室外配电线路指沿车间外墙或屋檐敷设的低压配电线路，也包括车间之间的短距离的低压架空线路，一般都采用绝缘导线。

1. 绝缘导线的结构和敷设

绝缘导线按芯线材质分，有铜芯和铝芯两种。重要的、安全可靠性要求较高的线路，如办公楼、实验楼、图书馆、住宅和高温、振动场所及对铝有腐蚀的场所等处的线路，均应采用铜芯绝缘导线，而其他场合一般可采用铝芯绝缘导线。

绝缘导线按绝缘材料分，有橡皮绝缘和塑料绝缘两种。在室内敷设应优先选用塑料绝缘导线。在室外及靠近热源的场合敷设，宜优先选用耐热性较好的橡皮绝缘导线。

绝缘导线的敷设方式分明敷和暗敷两种。明敷是导线直接或穿管子、线槽等敷设于墙壁、顶棚的表面及桁架、支架等处。暗敷是导线穿管子、线槽等敷设于墙壁、顶棚、地坪及楼板等的内部，或者在混凝土板孔内敷设。

绝缘导线的敷设要求应符合有关规程的规定，一般应注意以下技术要求。

1）室内明敷线应做到横平竖直，力求美观、便于检查和维修。导线水平高度距地面不低于2.5m，垂直线路不低于1.8m。若达不到上述要求，则应加保护，防止机械损伤。配电线路应尽可能避开热源，不在发热物体的表面敷设。若无法避开，则应相隔一定距离或采用隔热措施。

2）导线穿越楼板时应套钢管，穿墙时应套瓷保护管，导线与导线互相交叉时应套绝缘管。

3）穿金属管和穿金属线槽的交流线路，应将同一回路的所有相线和中性线（有中性线时）穿于同一管、槽内。如果只穿部分导线，则由于线路电流不平衡而产生的交变磁场作用于金属管、槽，在金属管、槽内产生涡流损耗，对钢管还要产生磁滞损耗，使管、槽发热导致其中绝缘导线过热甚至烧毁。

4）线槽布线和穿管布线的导线，在中间不许接头，接头必须经专门的接线盒。

2. 裸导线的结构和敷设

车间内的配电裸导线大多采用硬母线的结构，其截面形状有圆形、管形和矩形等，其材质有铜、铝和钢。车间中普遍采用 LMY 型硬铝母线，也有少数采用 TMY 型硬铜母线。现代化的生产车间大多采用封闭式母线（通称母线槽）布线，如图 5-29 所示。

1）封闭式母线安全、灵活、美观，但耗用钢材较多，投资较大。

2）封闭式母线水平敷设时，至地面的距离不应小于 2.2m。垂直敷设时，距地面 1.8m 以下部分应采取防止机械损伤措施，但敷设在电气专用房间内（如配电室、电机室等）时除外。

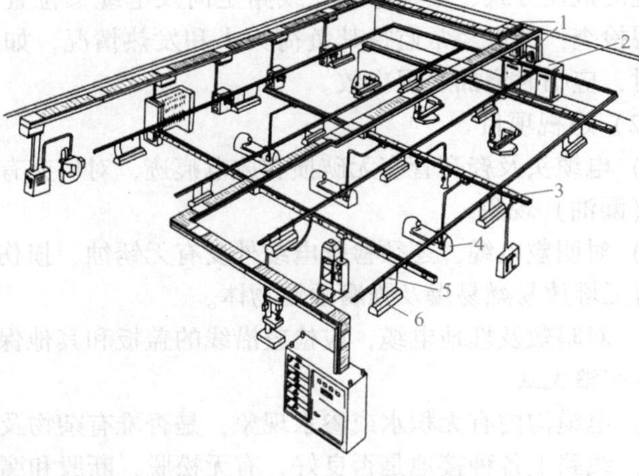

图 5-29　封闭式母线在车间内的应用

1—馈电母线槽　2—配电装置　3—插接式母线槽
4—机床　5—照明母线槽　6—灯具

3）封闭式母线水平敷设的支持点间距不宜大于 2m。垂直敷设时，应在通过楼板处采用专用附件支撑。垂直敷设的封闭式母线，当进线盒及末端悬空时，应采用支架固定。

4）封闭式母线终端无引出、引入线时，端头应封闭。封闭式母线的插接分支点应设在安全及安装维护方便的地方。

为了识别裸导线相序，利于运行、维护和检修，交流三相系统中的裸导线应按表 5-6 所示涂色。裸导线涂色不仅能用来辨别相序及其用途，而且能耐蚀和改善散热条件。

表 5-6　交流三相系统中的裸导线的涂色

导线类别	A 相	B 相	C 相	N 线	PE 线、PEN 线
涂漆颜色	黄色	绿色	红色	淡蓝色	绿-黄双色

3. 车间配电线路的运行与维护

（1）一般要求　要搞好车间配电线路的运行与维护工作，必须全面了解车间配电线路的布线情况、结构形式、导线型号规格及配电箱和开关、保护装置的位置等，并了解车间负荷的要求、大小及车间变电站的有关情况。对车间配电线路，有专门的维护电工时，一般要求每周进行一次巡视检查。

（2）巡视项目

1）检查导线的发热情况。裸母线在正常运行时的最高允许温度一般为 70℃。如果温度过高，将使母线接头处氧化加剧，接触电阻增大，运行情况迅速恶化，最后可能引起接触不良或断线。所以一般要在母线接头处涂以变色漆或示温蜡，以检查其发热情况。

2）检查线路的负荷情况。线路的负荷电流不得超过导线的允许载流量，否则导线要过热。对于绝缘导线，导线过热还可能引起火灾。因此，运行与维护人员要经常注意线路的负荷情况，一般用钳形电流表来测量线路的负荷电流。

3）检查配电箱、分线盒、开关、熔断器、母线槽及接地保护装置等的运行情况，着重检查母线接头有无氧化、过热变色和腐蚀等情况，接线有无松脱、放电和烧毛的现象，螺栓是否紧固。

4）检查线路上和线路周围有无影响线路安全的异常情况。绝对禁止在绝缘导线上悬挂物体，禁止在线路近旁堆放易燃易爆危险品。

5）对敷设在潮湿、有腐蚀性物质的场所的线路和设备，要做定期的绝缘检查，绝缘电阻一般不得低于0.5MΩ。

在巡视中发现的异常情况，应记入专用记录本内，重要情况应及时汇报上级，请示处理。

子任务6 照明供电系统的敷设与维护

工厂的电气照明，按照明地点分，有室内照明和室外照明两大类；按照明方式分，有一般照明和局部照明两大类，多数车间都采用由一般照明和局部照明组成的混合照明；按照明的用途分，有正常照明、应急照明、值班照明、警卫照明和障碍照明等。

1. 照明供电电压的选择

在正常环境中，我国照明用电电压一般为220V；容易触及而又无防止触电措施的固定式或移动式灯具，当其安装高度在2.2m以下时，在特别潮湿、高温和具有导电性灰尘、导电地面等的场所，电压不应超过24V；手提行灯的电压一般采用36V，在特殊情况下（如工作在金属容器或金属平台上时），手提行灯的供电电压不应超过12V；由蓄电池供电时，可根据容量的大小、电源条件、使用要求等因素分别采用220V、36V、24V、12V电压；热力管道、隧道和电缆隧道内的照明电压宜采用36V。

照明供电电压允许偏移，不得高于额定电压的5%。

2. 照明供电方式的选择

我国照明一般采用220/380V三相四线制中性点直接接地的交流电网供电。照明的供电方式与照明工作场所的重要程度、负荷等级等因素有关。

（1）正常照明场所的供电方式

1）一般采用动力与照明负荷共用变压器供电，二次电压为220V/380V。

2）当车间的动力线路采用变压器-干线组式供电，而对外又无电压联络线路时，照明电源宜接在变压器低压侧总开关之前；当对外有联络线时，照明电源宜接在变压器低压侧总开关之后；当车间变电站低压侧采用放射式供电时，照明电源一般接在低压配电屏的照明专用线上。

3）动力与照明合用一条供电线路可用于公共建筑，在多数情况下，可用于电力负荷比较稳定的生产厂房、辅助建筑及远离变电站的建筑物，但应在电源进线处将动力、照明线路分开。

（2）重要照明场所的供电方式　重要照明场所主要是指需要设置应急照明的场所。应急照明电源应区别于正常照明的电源。应急照明电源的供电方式可根据不同照明场所的要求，选用独立于正常供电电源的发电机组、蓄电池组、供电系统中有效地独立于正常电源的馈电线路、应急照明灯自带直流逆变器等方式之一。

3. 照明供电系统的组成和接线方式

照明供电系统一般由接户线、进户线、总配电箱、配电干线、分配电箱、支线和用电设备（灯具、插座）组成，如图5-30所示。

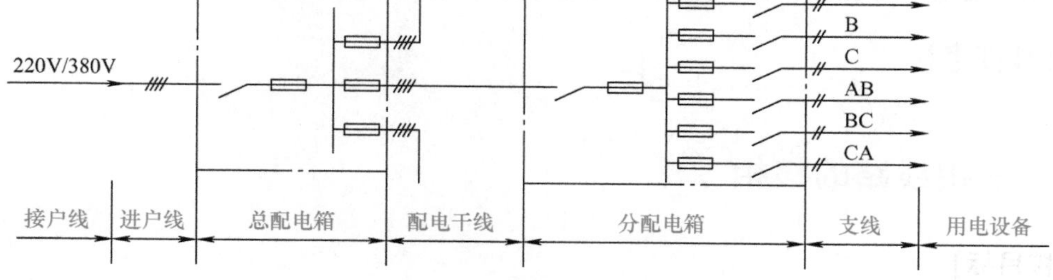

图5-30　照明供电系统

照明供电系统的接线方式有放射式、树干式、混合式和链式等，如图 5-31 所示。通常根据照明负荷对供电可靠性的要求，多采用混合式的接线方式，如图 5-32 所示。

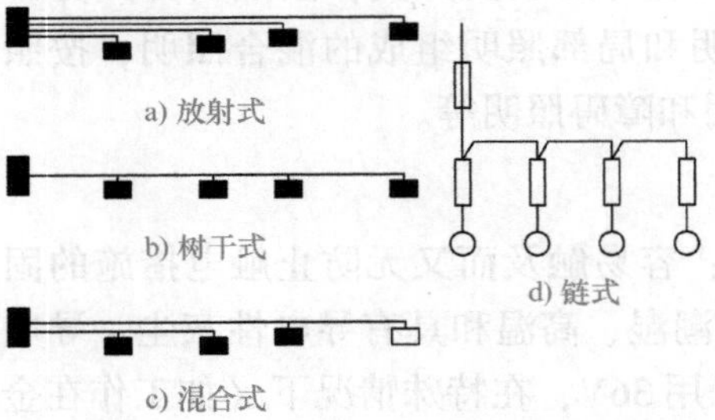

图 5-31　照明供电系统的接线方式

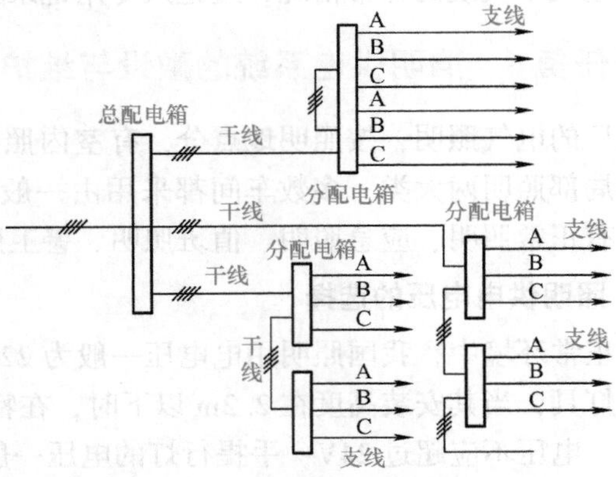

图 5-32　照明供电系统混合式的接线方式

某车间照明供电系统图如图 5-33 所示。

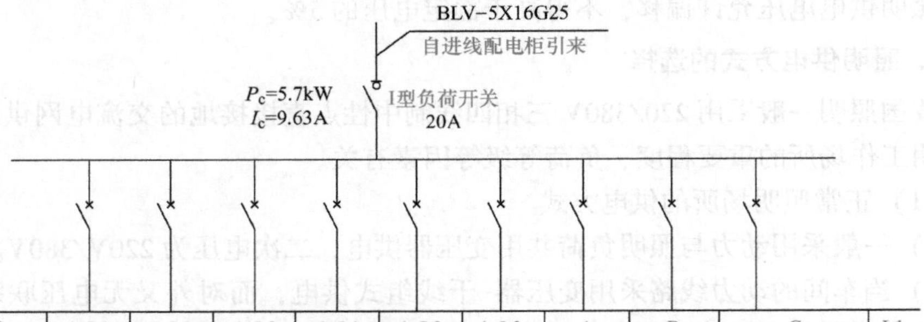

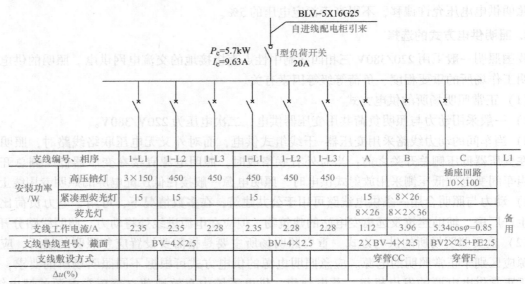

支线编号、相序		1–L1	1–L2	1–L3	1–L1	1–L2	1–L3	A	B	C	L1
安装功率/W	高压钠灯	3×150	450	450	450	450	450			插座回路 10×100	备用
	紧凑型荧光灯	15	15		15			15	8×26		
	荧光灯							8×26	8×2×36		
支线工作电流/A		2.35	2.35	2.28	2.35	2.28	2.28	1.12	3.96	5.34cosφ=0.85	
支线导线型号、截面		BV–4×2.5			BV–4×2.5			2×BV–4×2.5		BV2×2.5+PE2.5	
支线敷设方式								穿管CC		穿管F	
Δu(%)											

注：1. 荧光灯采用电子镇流器取 $\cos\varphi=0.95$。
2. 高压钠灯采用单灯补偿取 $\cos\varphi=0.9$。

图 5-33　某车间照明供电系统图

4. 照明供电系统保护设备

照明供电系统常用的保护设备有照明配电箱、低压断路器和熔断器等。车间照明供电系统常用照明配电箱，配电箱内一般采用熔断器作为保护设备，现在多采用低压断路器作为保护设备。

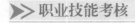

职业技能考核

考核 1　三相线路的核相

【考核目标】

1）会用相序表测定三相线路的相序。

2）会用绝缘电阻表法和指示灯法核对三相线路的相位。

【考核内容】

核相，即测定相序并核对相位。在新安装或改装的线路投入运行前及双回路并列运行前，均需要定相，以免彼此的相序或相位不一致，投入运行时造成短路或环流而损坏设备。

1. 测定相序

电容式指示灯相序表的原理接线图如图5-34a所示。A相电容C的容抗与B、C两相灯泡的电阻相同。此相序表接上待测三相线路电源后，灯亮的相为B相，灯暗的相为C相。

电感式指示灯相序表的原理接线图如图5-34b所示。A相电感L的感抗与B、C两相灯泡的电阻相同。此相序表接上待测三相线路电源后，灯亮的相为C相，灯暗的相为B相。

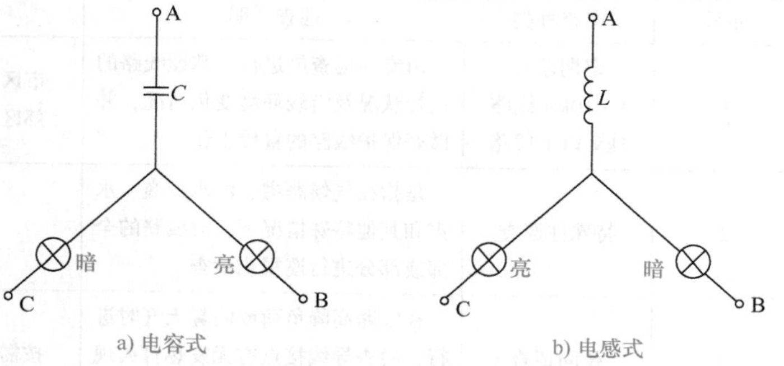

图5-34 指示灯相序表的原理接线图

2. 核对相位

用绝缘电阻表法核对线路两端相位的接线图如图5-35a所示。线路首端接绝缘电阻表，其L端接线路，E端接地，线路末端逐相接地。如果绝缘电阻表指示为0，则说明末端接地的相线与首端测量的相线属同一相。如此三相轮流测量，即可确定首端和末端各自对应的相。

用指示灯法核对线路两端相位的接线图如图5-35b所示。线路首端接指示灯，末端逐相接地。如果指示灯通上电源时灯亮，则说明末端接地的相线与首端接指示灯的相线属同一相。如此三相轮流测量，也可确定线路首端和末端各自对应的相。

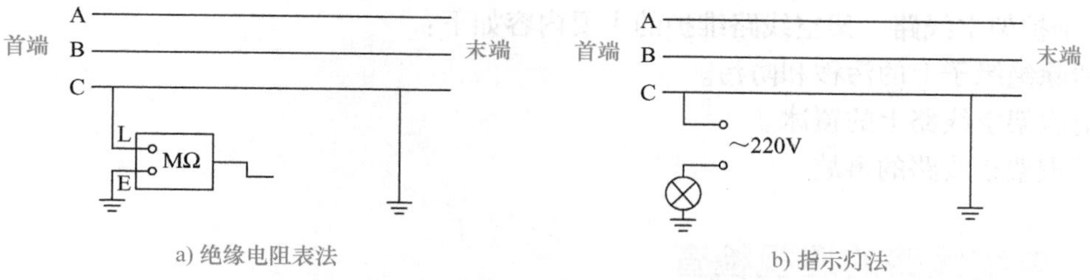

图5-35 核对线路两端相位的接线图

考核2 架空线路的巡视检查与维护

【考核目标】

1）了解架空线路巡查周期与巡查种类。

2）掌握架空线路巡查内容。

3）会对架空线路进行巡视检查与维护。

【考核内容】

1. 考核前的准备

1）工器具的选择、检查：要求能满足工作需要，质量符合要求。

2）着装、穿戴：工作服、绝缘鞋、安全帽、安全带。

2. 考核内容

为了掌握架空线路的运行状况，及时发现缺陷和威胁线路安全运行的隐患，必须按期进行架空线路的巡视检查。

（1）架空线路巡查种类与巡查周期　架空线路巡查种类与巡查周期见表5-7。

表5-7　架空线路巡查种类与巡查周期

序号	巡查种类	巡查说明	巡查周期	备注
1	定期巡查 1～10kV线路 1kV以下线路	由专职巡查员进行，掌握线路的运行状况及沿线环境变化情况，并做好保护线路的宣传工作	市区：一般每月一次 郊区及农村：每季至少一次	
2	特殊性巡查	是指在气候恶劣、河水泛滥、水灾和其他特殊情况下，对线路的全部或部分进行巡视或检查		
3	夜间巡查	在线路高峰负荷或阴雾天气时进行，检查导线接点有无发热打火现象，绝缘子表面有无闪络等	按需要定	
4	故障性巡查	查明线路发生故障的地点和原因		
5	监察性巡查	由部门领导或专责技术人员进行，目的是了解线路及设备状况，并检查、知道巡视员的工作	由配电系统调度或配电主管生产领导决定一般线路抽查巡视	

（2）架空线路巡查内容　架空线路巡查内容主要有杆塔巡查，导线、架空地线巡查，绝缘子巡查，横担及金具巡查，防雷设施巡查，接地装置巡查，拉线、顶（撑）杆、接线柱巡查，接户线巡查，沿线巡查等。

在巡查检查中发现异常情况，应记入专用的记录簿内，重要情况应及时汇报上级，并请示处理。

（3）维护架空线路　架空线路维护的主要内容如下：

1）清除绝缘子上的污秽和防污。

2）清除架空线路上的覆冰。

3）处理架空线路的事故。

考核3　电缆线路的巡视检查

【考核目标】

1）了解电缆线路的巡查周期。

2）掌握电缆线路巡查的主要内容。

3）会对电缆线路进行巡视检查与维护。

【考核内容】

1. 考核前的准备

1）工器具的选择、检查：要求能满足工作需要，质量符合要求。

2）着装、穿戴：工作服、绝缘鞋、安全帽、安全带。

2. 考核内容

（1）电缆线路及电缆线段的巡查周期

1）敷设在土中、隧道中及沿桥梁架设的电缆，每3个月至少巡查一次。根据季节及基建工程的特点，应增加巡查次数。

2）电缆竖井内的电缆，每半年至少巡查一次。

3）水底电缆线路，根据现场具体需要确定。

4）发电厂、变配电所的电缆沟、隧道、电缆井、电缆架及电缆线段等，每3个月至少巡查一次。

对于挖掘暴露的电缆，按工程情况酌情加强巡查。

（2）电缆终端头的巡查周期　电缆终端头根据现场运行情况每1~3年停电检查一次。

污秽地区的电缆终端头的巡查与清扫周期，可根据当地的污秽程度决定。装有油位指示的电缆终端头，每年夏、冬季节各检查一次。

（3）电缆线路巡查的主要内容　巡查电缆线路上是否堆置矿渣、建筑材料、笨重物体、酸碱性物或砌堆石灰坑等。对于敷设在地下的每一条电缆线路，应查看路面是否正常，有无挖掘痕迹及路线标桩是否完整无缺等。对于户外与架空线路连接的电缆和终端头，应检查其是否完整，引出线的接点有无发热现象，电缆铅包有无龟裂漏油，靠近地面的一段电缆是否被车辆撞碰等。对于通过桥梁的电缆，应检查桥梁两端电缆是否拖拉过紧，保护管或槽有无脱开或锈烂现象。

在巡视检查中发现异常情况，应记入专用的记录簿内，重要情况应及时汇报上级，并请示处理。

考核4　车间配电线路的运行、维护与巡视检查

【考核目标】

1）了解车间配电线路运行与维护的一般要求。

2）会对车间配电线路进行巡视检查。

【考核内容】

1. 考核前的准备

1）工器具的选择、检查：要求能满足工作需要，质量符合要求。

2）着装、穿戴：工作服、绝缘鞋、安全帽、安全带。

2. 考核内容

（1）车间配电线路运行与维护的一般要求　当车间配电线路有专门维护电工时，一般要求每周进行一次巡视检查。维护电工必须全面了解车间配电线路的布线情况、结构形式、导线型号规格及配电箱和开关、保护装置的位置等，并了解车间负荷的要求、大小及车间变电站的有关情况。

（2）车间配电线路巡视检查项目车间配电线路的巡查检查项目如下。

1）检查导线的发热情况，裸母线在正常运行时的最高允许温度一般为70℃，可观察母线接头处的变色漆或示温蜡片是否变色，以检查其发热情况。

2）检查线路的负荷情况，除了可从配电屏上的电流表指示了解外，还可用钳形电流表来测量线路的负荷电流。

3）检查配电箱、分线盒、开关、熔断器、母线槽及接地保护装置的运行情况，着重检查接线有无松脱及瓷绝缘子有无放电、破损等现象，并检查螺栓是否紧固。

4）检查线路上和线路周围有无影响线路安全的异常情况。绝对禁止在带电的绝缘导线上悬挂物体，禁止在线路近旁堆放易燃易爆物品。

5）对于敷设在潮湿、有腐蚀性物质等场所的线路和设备，要定期进行绝缘检查，绝缘电阻（相间和相对地）一般不得小于0.5MΩ。

在巡视检查中发现异常情况，应记入专用的记录簿内，重要情况应及时汇报上级，并请示处理。

考核5　测量10kV电缆线路的绝缘电阻

【考核目标】

1）掌握绝缘电阻表的检查和正确使用方法。

2）会用绝缘电阻表测量电缆的绝缘电阻。

【考核内容】

1. 考核前的准备

1）工器具的选择、检查：选择合适的绝缘电阻表（2500V）及相应的工具，要求能满足工作需要，质量符合要求。

2）着装、穿戴：工作服、绝缘鞋、安全帽、安全带。

2. 考核内容

（1）测量操作过程

1）对绝缘电阻表进行校表试验。

2）打开电缆接头，并将电缆放电。

3）绝缘电阻表的L端接电缆芯线，E端接接线柱，G端接于电缆屏蔽纸上，其接线方式如图5-36所示。

4）检查所接线路是否正确，若正确，则以均匀转速（120r/min）摇摇柄，待表盘上的指针停稳后，指针指示值就是被测电缆电阻。

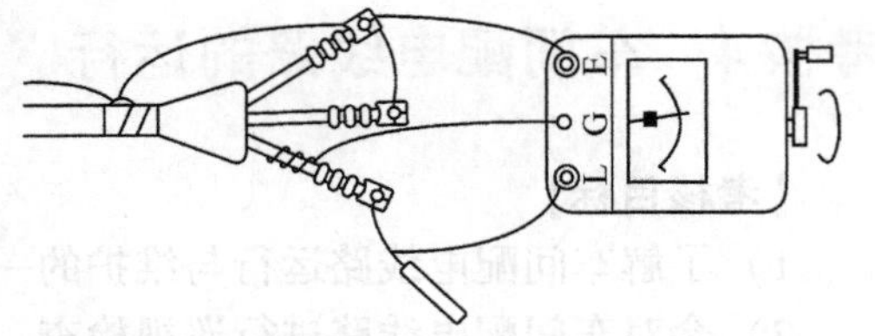

图5-36　测量电缆线路的绝缘电阻的接线方式

5）将电缆放电。

6）将电缆绝缘电阻与以前测量值进行对比，符合规程要求时，将电缆接头按原来各相连接方式重新连接好。

7）拆下绝缘电阻表的引线，收好工器具。

（2）测量时的安全与技术措施

1）测量前，必须切断电缆的电源，并挂好标志牌；电缆相间及对地充分放电，使电缆处于安全不带电的状态。

2）接线柱引线应选用绝缘良好的多股导线，且不允许绞合在一起，也不得与地面接触。

3）测量电缆的电容较大时，应有一定的充电时间，电容越大，充电时间越长。

项目小结

1. 电力线路按其结构形式可分为架空线路、电缆线路和车间线路。架空线路的特点是成本低、投资小、架设比较容易、易于发现和排除故障、维护检修方便，但架空线路占用地面位置，有碍交通和观瞻，受环境影响较大，安全可靠性较差。

2. 电缆线路的敷设方式灵活，可直接埋地敷设，可采用电缆沟与隧道敷设，也可架空敷设。电缆线路与架空线路相比，虽然具有成本高、投资大、不易发现和排除故障、维修不便等缺点，但它具有运行可靠、受环境影响小、不占用地面等优点。

3. 车间线路主要是指车间内外敷设的各类配电线路，主要采用绝缘导线，负荷较大时也采用裸母线明敷设的方式。

问题与思考

一、填空题

1. 高压配电线路的基本接线方式有＿＿＿＿＿＿接线、＿＿＿＿＿＿接线和＿＿＿＿＿＿接线等。

2. 架空线路由＿＿＿＿＿＿、＿＿＿＿＿＿、＿＿＿＿＿＿和＿＿＿＿＿＿等组成。

3. 电力电缆按其缆芯材质分，有＿＿＿＿＿＿和＿＿＿＿＿＿两大类。

4. 35kV及以上的架空线路及35kV以下线路在档距较大、电杆较高时，则宜采用＿＿＿＿＿＿型导线。

二、判断题

1. 钢芯铝绞线的抗腐蚀能力比较强。（　）
2. 塑料绝缘导线不易在户外使用。（　）
3. 明敷导线比穿硬塑料管暗敷时的导线允许载流量要大。（　）
4. 一般三相负荷基本平衡的低压线路的中性线截面积不宜小于相线截面积的50%。（　）
5. 对年平均负荷高、传输容量较大的母线，宜按发热条件选择其截面。（　）

三、简答题

1. 试比较放射式接线、树干式接线和环形接线的优缺点。
2. 试比较架空线路和电缆线路的优缺点。
3. 说明架空线路、电缆线路、车间配电线巡查内容。
4. 电缆的敷设方式有几种？
5. 如何选择照明供电电压？
6. 架空线路的日常巡视的内容有哪些？
7. 电缆线路的日常巡视的内容有哪些？
8. 对车间配电线路安全检查的内容有哪些？

项目6

供配电系统继电保护的运行与维护

项目提要

本项目主要依托北京燃气集团中国石油科技创新基地项目和通州副中心项目的供配电继电保护系统，介绍供配电系统过电流保护的基础知识，熔断器保护、低压断路器保护在工厂供配电系统中的应用，常用保护继电器的结构、原理，继电保护装置的接线方式，重点介绍工厂供配电线路和变压器的继电保护。

知识目标

（1）了解继电保护装置的任务、基本要求。

（2）掌握熔断器保护在工厂供配电系统中的应用。

（3）掌握低压断路器保护在工厂供配电系统中的应用。

（4）了解常用保护继电器的结构、原理、作用和符号。

（5）掌握常用保护继电器的接线方法。

（6）掌握继电保护装置的常用接线方式，熟悉各种接线方式的特点及应用。

（7）熟悉工厂供配电线路继电保护的设置要求，掌握定时限过电流保护等保护形式的接线、工作原理。

能力目标

（1）能选择熔断器和低压断路器。

（2）能测试、整定常用保护继电器的参数。

（3）能进行保护继电器的运行与维护。

（4）能进行工厂供配电线路继电保护的运行与维护。

（5）能进行变压器继电保护的运行与维护。

素质目标

（1）具备电气从业职业道德，勤奋踏实的工作态度和吃苦耐劳的劳动品质，遵守电气安全操作规程和劳动纪律，文明生产。

（2）具备较好的沟通能力，能够协调人际关系，适应工作环境。

（3）认识到供电供热事关经济发展全局和社会稳定大局，是关系民生的大事。

（4）具备积极向上的人生态度、自我学习能力和良好的心理承受能力。

（5）树立良好的文明生产、安全操作意识，具备良好的团队合作能力。

职业能力

（1）会选择熔断器和低压断路器。

（2）会测试、调整常用保护继电器的参数。

（3）会保护继电器的接线、运行和维护。

（4）会供配电线路继电保护的故障分析、运行和维护。

（5）会变压器继电保护的故障分析、运行和维护。

任务1　供配电系统继电保护的分析

任务概述

供配电系统中，对一次设备进行监测、控制、调节和保护的电气回路称为二次回路或二次接线系统。供配电系统的二次回路是实现供配电系统安全、经济、稳定运行的重要保障。随着变配电所的自动化水平的提高，二次回路将起到越来越大的作用。

供配电系统中的二次回路是以二次回路接线图形式绘制出来的，它为现场技术工作人员对电气设备的安装、调试、检修、试验、查线等提供了重要的技术资料。

为了保证供配电的可靠性，在供配电系统发生故障时，必须有相应的保护装置将故障部分及时地从系统中切除，以保证非故障部分继续运行，或发出报警信号，以提醒运行人员检查并采取相应的措施。本次任务是在了解继电保护任务及要求的基础上，掌握常用继电器的功能及内部接线和图形符号。

知识准备

子任务1　继电保护的任务和要求

1. 继电保护装置的任务

继电保护用来保护电力系统，使电网设施不受到损害，保护性能比较好，非常适用于对供电可靠性要求较高、操作灵活方便，尤其是自动化程度较高的高压供配电系统。特别是在保护范围内发生短路时，相应的断路器跳闸，迅速切断故障电路，保证系统设备不受损坏。若是在不正常工作状态动作时，一般只发出警告信号，提醒值班人员注意。继电保护结构比较复杂，价格较高。

继电保护装置是按照保护的要求，将各种继电器按一定方式进行连接和组合而成的电气装置，其任务是：

（1）故障时动作于跳闸　供配电系统中出现短路故障时，最靠近短路点的继电保护装置迅速跳闸，切除故障部分，恢复其他无故障部分的正常运行，同时发出信号，以便提醒值班人员检查，及时消除故障。

（2）异常状态发出报警信号　供配电系统出现不正常工作状态时，发出报警信号，提醒值班人员注意并及时处理，以免引起设备故障。

2. 继电保护的要求

（1）选择性　在供配电系统发生故障时，离故障点最近的保护装置动作，切除故障，而系统的其他部分仍正常运行。如图6-1所示，当k－1点发生短路时，应使断路器QF_1动作跳闸，切除电动机，而其他断路器都不跳闸，满足这一要求的动作，称为选择性动作。如果系统发生故障时，靠近故障点的保护装置不动作，而离故障点远的前一级保护装置动作，称为失去选择性动作。

（2）可靠性　可靠性是指保护装置在应该动作时不拒绝动作，在不应该动作时不误动作。

保护装置的可靠性与保护装置的元件质量、接线方案以及安装、整定和运行维护等多种因素有关。

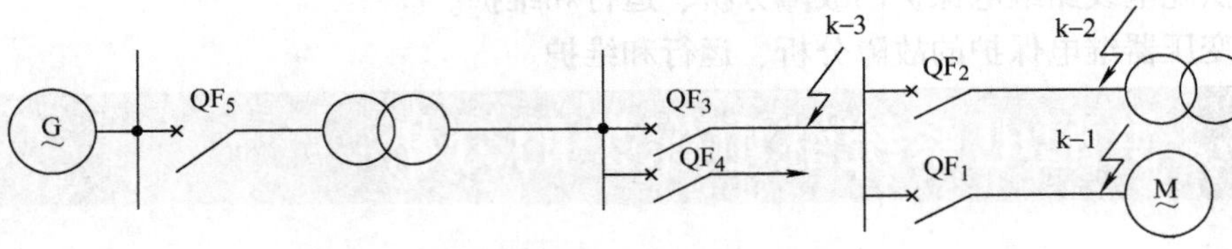

图 6-1　继电保护装置动作选择性示意图

(3) 速动性　当系统发生短路故障时，保护装置应尽快动作，快速切除故障，减少对用电设备的损坏程度，缩小故障影响的范围，提高电力系统运行的稳定性。

(4) 灵敏性　灵敏性是指保护装置在其保护范围内对故障和不正常运行状态的反应能力。如果保护装置对其保护区极轻微的故障都能及时地反应动作，则说明保护装置的灵敏性高。

3. 继电保护的功能和操作电源

(1) 二次回路的功能　二次回路用来反映一次回路的工作状态和控制，调整一次设备。当一次回路发生事故时，能够立即动作，使故障部分退出运行。二次回路按功能分，可分为断路器控制回路、信号回路、保护回路、监测回路和自动化回路，为保证二次回路的用电，还有相应的操作电源回路等。图 6-2 为供配电系统的二次回路功能示意图。

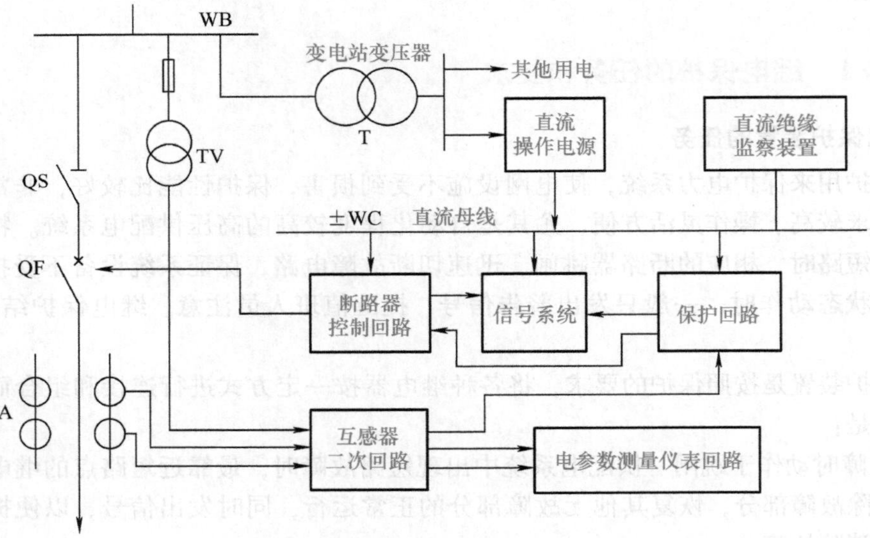

图 6-2　供配电系统的二次回路功能示意图

在图 6-2 中，断路器控制回路的主要功能是对断路器进行通、断操作。当线路发生短路故障时，相应继电保护动作，接通断路器控制回路中的跳闸回路，使断路器跳闸，启动信号回路发出声音和灯光信号。

操作电源向断路器控制回路、继电保护装置、信号回路、监测系统等二次回路提供所需的电能。电压互感器、电流互感器还向监测、电能计量回路提供电流和电压。

(2) 二次回路的操作电源　操作电源主要是向二次回路提供所需的电能。操作电源主要有直流和交流两大类，其中直流操作电源按电源性质可分为由蓄电池组供电的独立直流电源和交流整流电源，主要用于大中型变配电所；交流操作电源包括由变配电所主变压器供电的交流电源和由仪用互感器供电的交流电源，通常用于小型变配电所。

子任务2 常用的继电保护形式分析

常用的继电保护主要有熔断器保护、低压断路器保护和继电器保护等形式。

熔断器保护适用于高低压供配电系统，具有简单经济的优点，但也有灵敏度低、熔体熔断后更换需一定时间、影响供电可靠性的缺点。

低压断路器保护只适用于低压系统，具有灵敏度高、故障消除后可以很快合闸恢复供电的优点，可以使供电可靠性大大提高。

继电器保护适用于供电可靠性要求较高、操作要求灵活、自动化程度较高的高压供电系统。继电器保护装置是能对供配电系统中电气设备发生故障或不正常运行状态做出反应而动作于断路器跳闸或发出信号的一种自动装置，它通常由互感器和一个或多个继电器组成。

1. 熔断器的保护分析

（1）熔断器的选择　选择熔断器时应满足下列条件。

1）熔断器的额定电压应不低于所保护线路的额定电压。

2）熔断器的额定电流应不小于它所安装熔体的额定电流。

3）熔断器的类型应符合其安装场所（户内或户外）及被保护设备对保护的技术要求。

（2）熔断器的配置分析　熔断器在供配电系统中的配置应符合选择性保护的要求，即熔断器要使故障范围缩小到最小限度。此外应考虑经济性，即供配电系统中配置的熔断器数量要尽量少。

熔断器在低压放射式配电系统中配置的合理方案示例如图6-3所示，既能满足选择性保护的要求，又同时使配置数量较少。图6-3中的 FU_5 用来保护电动机及其支线。当 k-5 处短路时，FU_5 熔断；而 FU_1 ~ FU_4 均各有其主要保护对象，当 k-1 ~ k-4 中任一处短路时，对应的熔断器熔断，切除故障线路。

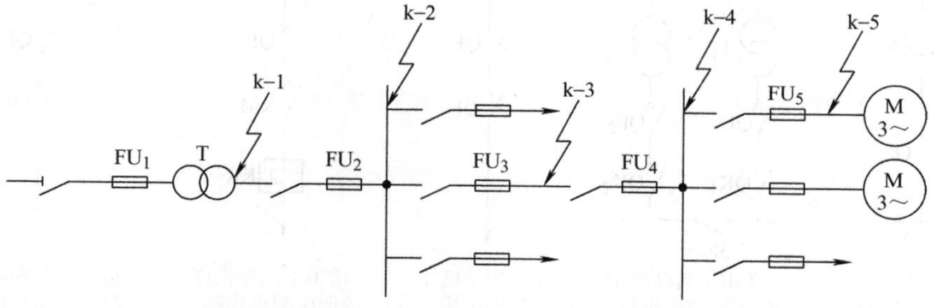

图6-3　熔断器在低压放射式配电系统中配置的合理方案

必须注意：在低压配电系统中的PE线和PEN线上，不允许装设熔断器，以免PE线或PEN线因熔断器熔体熔断而断路时，使所有接PE线或接PEN线的设备外壳带电，危及人身安全。

（3）保护电力线路的熔断器熔体电流的选择　保护电力线路的熔断器熔体电流应满足下列条件。

1）熔体额定电流 I_N 应不小于线路的计算电流 I_{30}，以使熔体在线路正常运行时不会熔断，即 $I_N \geq I_{30}$。

2）熔体额定电流 I_N 还应能躲过线路的尖峰电流 I_{pk}，即在线路出现正常尖峰电流（如电动机的起动电流）时熔体不会熔断，即 $I_N \geq KI_{pk}$，K 为小于1的计算系数。对供电给单台电动机的线路熔断器来说，此系数应根据熔断器的特性和电动机的起动情况决定：起动时间为3s以下（轻载起动），宜取 $K=0.25 \sim 0.35$；起动时间为3~8s（重载起动），宜取 $K=0.35 \sim 0.5$；起动时间超过8s或频繁起动、反接制动，宜取 $K=0.5\sim0.6$。对供电给多台电动机的线路熔断器来说，此系数应视线路上容量最大的一台电动机的起动情况、线路尖峰电流与计算电流的比值及熔断器的特性而定，取 $K=0.5\sim1$；如果线路尖峰电流与计算电流的比值接近于1，则可取 $K=1$。

3）熔断器保护还应与被保护的线路相配合，不至于发生因过负荷和短路引起绝缘导线和电缆过热起燃而熔体不熔断的事故。

（4）保护变压器的熔断器熔体电流的选择　保护变压器的熔断器熔体额定电流 I_N，根据经验应满足下式要求，即

$$I_N=(1.5\sim2.0)I_{1N}$$

式中，I_{1N} 为变压器的额定一次电流。

同时，应考虑熔体电流要能躲过变压器允许的正常过负荷电流，躲过来自变压器低压侧电动机自起动引起的尖峰电流，躲过变压器自身的励磁涌流。

（5）保护电压互感器的熔断器熔体电流的选择　由于电压互感器二次侧的负荷很小，因此保护电压互感器的RN2型等高压熔断器的熔体额定电流一般为0.5A。

2. 低压断路器保护分析

（1）低压断路器的选择　选择低压断路器时应满足下列条件。

1）低压断路器的额定电压应不低于所保护线路的额定电压。

2）低压断路器的额定电流应不小于它所安装脱扣器的额定电流。

（2）低压断路器在低压配电系统中的配置方式　在低压配电系统中，低压断路器通常有下列三种配置方式。

1）单独接低压断路器或低压断路器–刀开关的方式。

① 对于只装一台主变压器的变电站，由于高压侧装有高压隔离开关，因此低压侧可单独装设低压断路器作为主开关，如图6-4a所示。

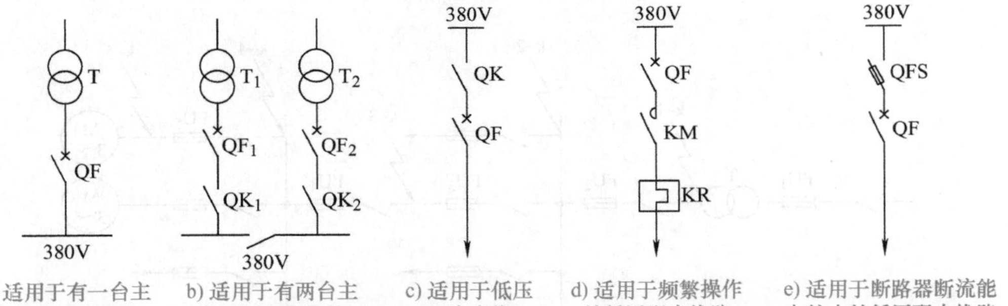

a) 适用于有一台主变压器的变电站　b) 适用于有两台主变压器的变电站　c) 适用于低压配电出线　d) 适用于频繁操作的低压配电线路　e) 适用于断路器断流能力较小的低压配电线路

图6-4　低压断路器在低压配电系统的配置方式

② 对于装有两台主变压器的变电站，当低压侧采用低压断路器作为主开关时，应在低压断路器与低压母线之间加装刀开关，以便在检修变压器或低压断路器时隔离来自低压母线的反馈电源，确保人身安全，如图6-4b所示。

③ 对于低压配电出线上装设的低压断路器，为保证检修低压出线和低压断路器时的安全，应在低压断路器之前（低压母线侧）加装刀开关，以隔离来自低压母线的电源，如图6-4c所示。

2）低压断路器与接触器配合的方式　对于频繁操作的低压配电线路，宜采用如图6-4d所示的低压断路器与接触器配合的接线方式。接触器用于频繁操作控制，利用热继电器作为过负荷保护，而低压断路器主要用于短路保护。

3）低压断路器与熔断器配合的方式　如果低压断路器的断流能力不足以断开电路的短路电

流时，则它可与熔断器或熔断器式刀开关配合使用，如图 6-4e 所示。利用熔断器作短路保护，而低压断路器用于电路的通断控制和负荷保护。

（3）低压断路器过电流脱扣器额定电流的选择和整定

1）过电流脱扣器的额定电流 I_N 应不小于线路的计算电流 I_{30}。

2）瞬时过电流脱扣器的动作电流应能躲过线路的尖峰电流。

3）短延时过电流脱扣器的动作电流应能躲过线路短时间出现的负荷尖峰电流。短延时过电流脱扣器的动作时间通常分为 0.2s、0.4s 和 0.6s 三级，按前后保护装置保护选择性的要求来确定，应使前一级保护的动作时间比后一级保护的动作时间长一个时间级差 0.2s。

4）长延时过电流脱扣器主要用来保护过负荷，因此其动作电流只需要躲过线路的最大负荷电流即计算电流。长延时过电流脱扣器的动作时间，应躲过允许过负荷的持续时间。其动作特性通常是反时限的，即过负荷电流越大，其动作时间越短，一般动作时间为 1～2h。

（4）低压断路器热脱扣器电流的选择和整定

1）热脱扣器的额定电流 I_N 应不小于线路的计算电流 I_{30}。

2）热脱扣器的动作电流取 1.1 倍的计算电流 I_{30} 值。

3）低压断路器的类型应符合其安装场所、保护性能及操作方式的要求，因此应同时选择其操动机构的形式。

子任务3 常用保护继电器分析

1. 常用保护继电器的分类

继电器是一种能够自动动作的电器，当控制它的输入量达到规定值时，其电气输出电路被接通或分断，并且有电路控制的功能。继电器按其用途可分为控制继电器和保护继电器。控制继电器用于自动控制电路中，保护继电器用于继电保护电路中。该任务介绍我国工厂供配电系统中常用的机电型保护继电器。

保护继电器按使其做出反应的数量变化分，有过量、欠量继电器，如过电流继电器、欠电压继电器。

保护继电器按其在保护装置中的功能分，有起动、时间、信号、中间（出口）继电器等。图 6-5 是线路过电流保护的接线框图。当线路上发生短路时，起动用的电流继电器 KI 瞬时动作，使时间继电器 KT 起动，KT 经整定的一定时限（延时）后，接通信号继电器 KS 和中间继电器 KA，KA 就接通断路器 QF 的跳闸回路，使断路器 QF 自动跳闸。

保护继电器按其动作于断路器的方式分，有直接动作式和间接动作式两类。断路器操动机构中的脱扣器实际上就是一种直接动作式继电器，而一般的保护继电器则为间接动作式。保护继电器按其与一次电路联系的方式分，有一次式和二次式两类。一次式继电器的线圈是与一次电路直接相连的，例如低压断路器的过电流脱扣器和失压脱扣器，实际上就是一次式继电器，同时又是直接动作式继电器。二次式继电器的线圈是通过互感器接入一次电路的。高压系统中的保护继电器都是二次式继电器，均接在互感器的二次侧。

2. 电磁式电流继电器

电磁式电流继电器（KI）在继电保护装置中作为起动元件时，属于测量继电器。图 6-6 所示为 DL－10 型电磁式过电流继电器的基本结构，图 6-7 所示为其内部接线图和图形符号。

由图 6-6 可知，当继电器线圈 1 通过电流时，铁心 2 中产生磁通，力图使 Z 形钢舌片 3 向凸出磁极偏转。与此同时，轴 10 上的反作用弹簧 9 又力图阻止钢舌片偏转。当继电器线圈中的电流增大到使钢舌片所受的转矩大于弹簧的反作用力矩时，钢舌片便被吸近铁心，使常开触点闭合，常闭触点断开，这个过程即为继电器动作。

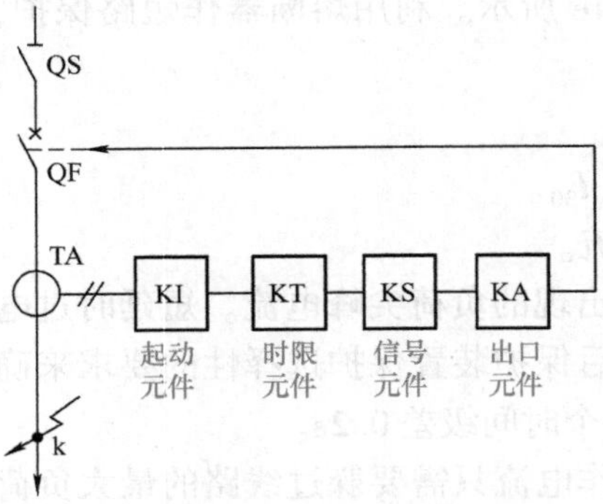

图 6-5　线路过电流保护的接线图

KI—电流继电器　KT—时间继电器

KS—信号继电器　KA—中间继电器

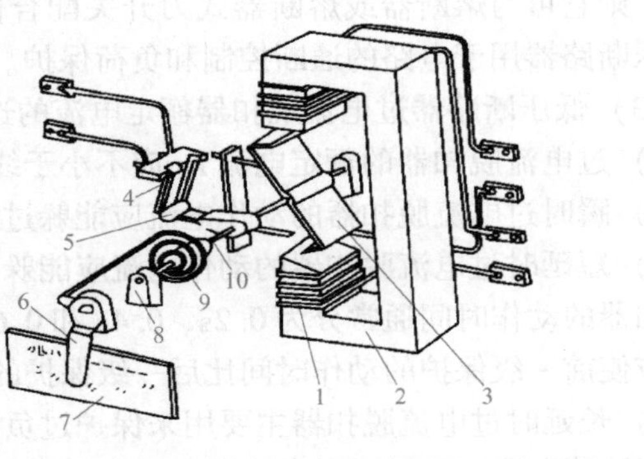

图 6-6　DL－10 型电磁式过电流继电器的基本结构

1—线圈　2—铁心　3—钢舌片　4—静触头　5—动触头　6—起动电流调节螺杆　7—标度盘（铭牌）　8—轴承　9—反作用弹簧　10—轴

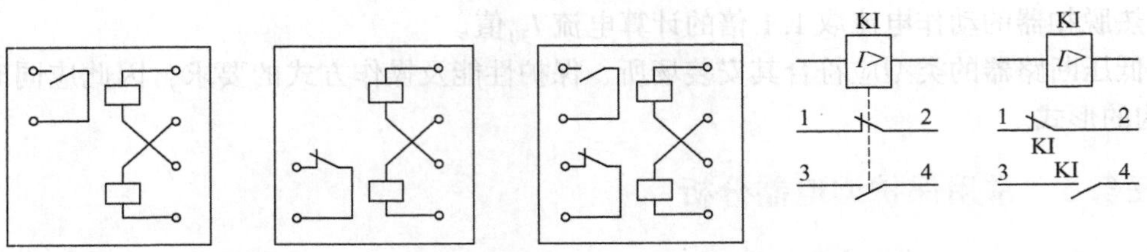

a) DL-11型　b) DL-12型　c) DL-13型　d) 集中表示的图形符号　e) 分开表示的图形符号

图 6-7　DL－10 型电磁式过电流继电器内部接线图和图形符号

KI1－2—常闭（动断）触点　KI3－4—常开（动合）触点

能使过电流继电器刚好动作，并使常开触点闭合的最小电流，称为继电器的动作电流，用 I_{op}表示。过电流继电器动作后，减小通入继电器线圈的电流，使继电器由动作状态返回到起始位置的最大电流，称为继电器的返回电流，用 I_{re}表示，继电器的返回电流与动作电流的比值，称为继电器的返回系数，用 K_{re}表示，即 $K_{re}=I_{re}/I_{op}$。

对于过电流继电器，其返回系数 K_{re}总小于 1，一般为 0.8。当过电流继电器的 K_{re}过小时，还可能使保护装置发生误动作，K_{re}越接近于 1，说明继电器越灵敏。

这种过电流继电器的动作极为迅速，可认为是瞬时动作的，因此它是一种瞬时继电器。

3. 电磁式电压继电器

电磁式电压继电器（KV）的结构、工作原理均与电磁式电流继电器基本相同。不同之处：电压继电器的线圈是电压线圈，其匝数多而线径细；而电流继电器线圈为电流线圈，其匝数少而线径粗。

电磁式电压继电器有过电压和欠电压继电器两大类，其中欠电压继电器在工厂供电系统应用较多。

欠电压继电器的动作电压 U_{op}为其电压线圈上加的使继电器动作的最高电压，而其返回电压 U_{re}为其电压线圈上加的使继电器由动作状态返回到起始位置的最低电压。欠电压继电器的返回系数 $K_{re}=(U_{re}/U_{op})>1$。其值越接近于 1，说明继电器越灵敏，一般为 1.25。

4. 电磁式时间继电器

电磁式时间继电器（KT）在继电保护装置中用来使保护装置获得所要求的延时（时限）。

供配电系统中常用的 DS－110、DS－120 型电磁式时间继电器的基本结构如图 6-8 所示，其内部接线图和图形符号如图 6-9 所示。其中，DS－110 型用于直流，DS－120 型用于交流。

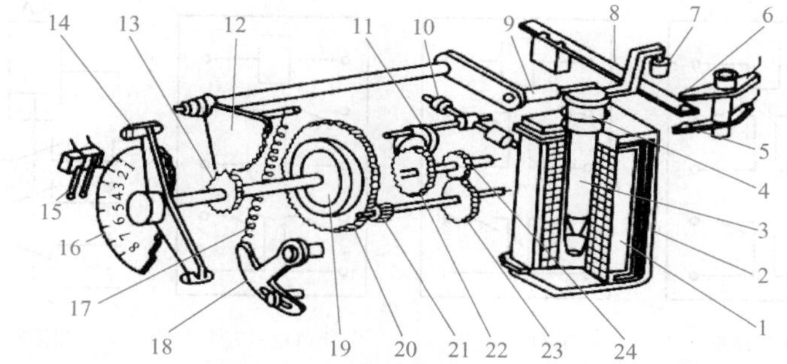

图 6-8　DS－110、DS－120 型电磁式时间继电器的基本结构

1—线圈　2—铁心　3—可动铁心　4—返回弹簧　5、6—瞬时静触头　7—绝缘件　8—瞬时动触头　9—压杆　10—平衡锤　11—摆动卡板　12—扇形齿轮　13—传动齿轮　14—主动触头　15—主静触头　16—标度盘　17—拉引弹簧　18—弹簧拉力调节器　19—摩擦离合器　20—主齿轮　21—小齿轮　22—掣轮　23、24—钟表机构传动齿轮

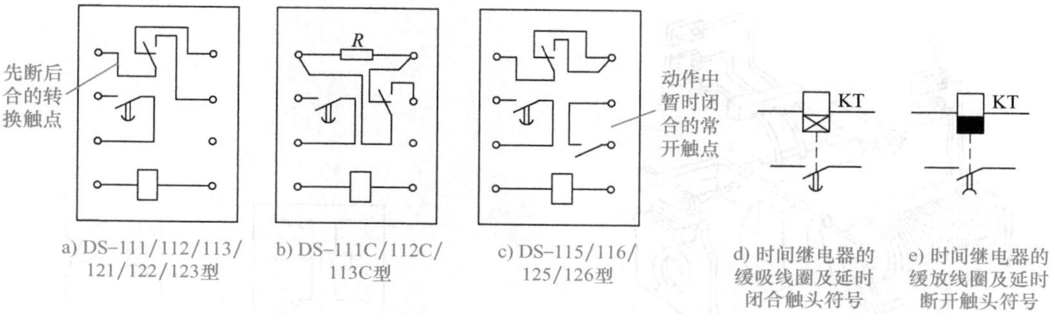

图 6-9　DS－110、DS－120 型电磁式时间继电器内部接线图和图形符号

当时间继电器线圈接上工作电压时，铁心被吸入，使卡住的一套钟表机构被释放，同时切换瞬时触点。在拉引弹簧作用下，经过整定的时限，使延时触点闭合。时间继电器的延时，可借改变主静触头的位置（即它与主动触头的相对位置）来调节。调节的时限范围在标度盘上标出。当时间继电器线圈断电时，继电器在弹簧作用下返回起始位置。

5. 电磁式中间继电器

电磁式中间继电器（KA）在继电保护装置中用作辅助继电器，以弥补主继电器触点数量或触点容量的不足。

供配电系统中常用的 DZ－10 型电磁式中间继电器的基本结构如图 6-10 所示。当线圈 1 通电时，衔铁 4 吸向铁心，使触点动作，常开触点闭合，常闭触点断开。当线圈断电时，衔铁释放，触点返回起始位置。DZ－10 型电磁式中间继电器的内部接线和图形符号如图 6-11 所示。

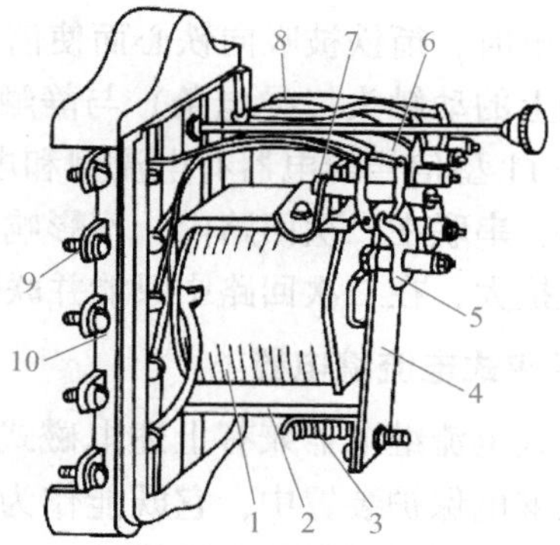

图 6-10　DZ－10 型电磁式中间继电器的基本结构

1—线圈　2—铁心　3—弹簧　4—衔铁　5—动触头　6、7—静触头　8—连接线　9—接线端子　10—底座

6. 电磁式信号继电器

电磁式信号继电器（KS）用于各保护装置回路中，作为保护动作的指示器。信号继电器一般按电磁原理构成，继电器的电磁起动机构采用吸引衔铁式，由直流电源供电。常用的 DX－11 型电磁式信号继电器基本结构如图 6-12 所示，其内部接线和图形符号如图 6-13 所示。

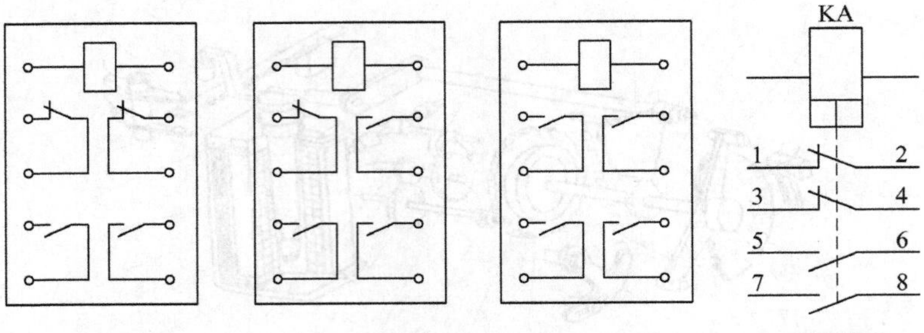

a) DZ-15型　b) DZ-16型　c) DZ-17型　d) 图形符号

图 6-11　DZ－10 型电磁式中间继电器的内部接线和图形符号

电磁式信号继电器在继电保护装置中用来发出保护装置动作的指示信号，一方面有掉牌指示，从外壳的指示窗可观察到红色标志（掉牌前为白色）；另一方面它的触点闭合，接通灯光和音响信号回路，以引起值班人员的注意。

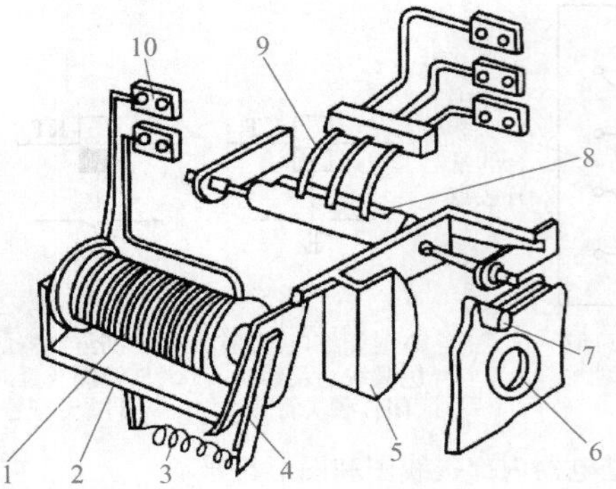

图 6-12　DX－11 型电磁式信号继电器的基本结构

1—线圈　2—电磁铁　3—弹簧　4—衔铁

5—信号牌　6—玻璃窗孔　7—复位旋钮

8—动触头　9—静触头　10—接线端子

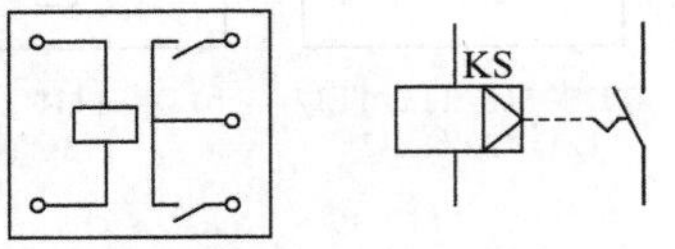

a) 内部接线　b) 图形符号

图 6-13　DX－11 型电磁式信号继电器的内部接线和图形符号

DX－11 型电磁式信号继电器在正常状态即未通电时，其信号牌是被衔铁支持住的。当继电器线圈通电时，衔铁被吸向铁心而使信号牌掉下，显示动作信号，同时带动转轴旋转 90°，使固定在转轴上的动触头（导电条）与静触头接通，从而接通信号回路，同时使信号牌复位。

DX－11 型信号继电器有电流型和电压型两种类型。电流型信号继电器的线圈为电流线圈，阻抗很小，串联在二次回路内，不影响其他二次元件的动作。电压型信号继电器的线圈为电压线圈，阻抗大，在二次回路中只能并联使用。

7. 感应式电流继电器

感应式电流继电器兼有上述电磁式电流继电器、时间继电器、信号继电器、中间继电器的功能。在继电保护装置中，它既能作为起动元件，又能实现延时、给出信号和直接接通分闸回路；它既能实现带时限过电流保护，又能同时实现电流速断保护，从而大大简化继电保护装置。因此，感应式电流继电器在工厂供配电系统中应用广泛。

供配电系统中常用的 GL－10、20 型感应式电流继电器的内部结构，如图 6-14 所示。这种继电器由两组元件构成：一组为感应元件，另一组为电磁元件。感应元件的动作是延时的，主要包括线圈 1、带短路环 3 的铁心 2 及装在可偏转的铝框架 6 上的转动铝盘 4。电磁元件的动作是瞬时的，主要包括线圈 1、铁心 2 和衔铁 15。其中，线圈 1 和铁心 2 是两组元件共用的。

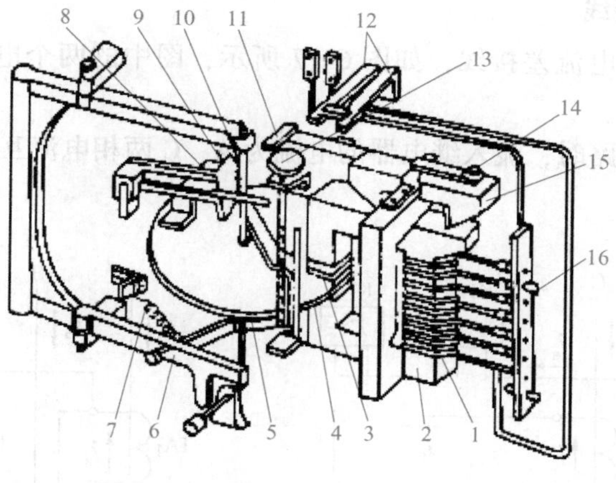

图 6-14　GL－10、20 型感应式电流继电器的内部结构

1—线圈　2—铁心　3—短路环　4—铝盘　5—钢片　6—铝框架　7—调节弹簧
8—制动永磁铁　9—扇形齿轮　10—蜗杆　11—扁杆　12—继电器触点
13—时限调节螺杆　14—速断电流调节螺钉　15—衔铁　16—动作电流调节插销

感应式电流继电器的线圈 1 中有电流 I_{KA} 通过时，铝盘 4 会转动。当感应式电流继电器线圈的电流增大到动作电流 I_{op} 时，感应式电流继电器动作，使触点 12 切换，同时使信号牌掉下，从外壳上的观察孔可看到红色或白色的指示，表示已经动作。感应式电流继电器线圈中的电流越大，铝盘转动越快，动作时间也越短，因而感应式电流继电器具有反时限特性。

GL－11/15/21/25 型感应式电流继电器的内部接线和图形符号，如图 6-15 所示。

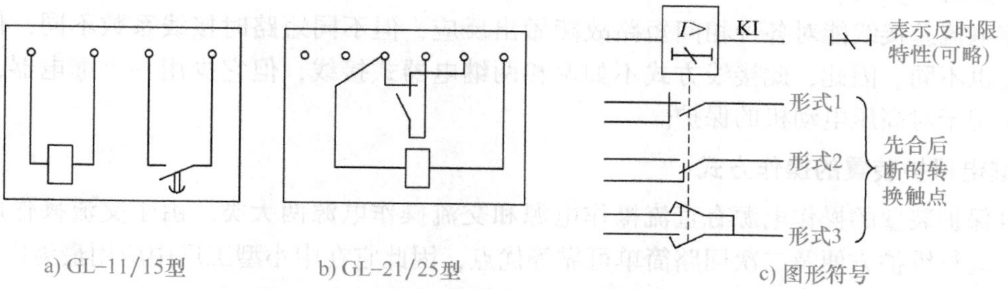

图 6-15　GL－11/15/21/25 型感应式电流继电器的内部接线和图形符号

子任务 4　继电保护装置的接线和操作

在供配电线路的继电保护装置中，起动继电器与电流互感器之间的接线方式，主要有两相两继电器式接线和两相一继电器式接线两种。

1. 两相两继电器式接线

这种接线又称为两相不完全星形联结，如图 6-16 所示。如果一次电路发生三相短路或任意两相短路，那么都至少有一个继电器动作，从而使一次电路中的断路器跳闸。流入继电器的电流 I_{KI} 就是电流互感器的二次电流 I_2。为了表述这种接线方式中继电器电流 I_{KI} 与电流互感器二次电流 I_2 的关系，特引入一个接线系数 K_W，表示为

$$K_W = I_{KI}/I_2$$

两相两继电器式接线在一次电路发生任何形式的相间短路时，$K_W = 1$，即其保护灵敏度都相同。

2. 两相一继电器式接线

这种接线又称为两相电流差接线，如图6-17所示，图中的两个电流互感器接成电流差式，然后与电流继电器相连接。

在正常工作和三相短路时，流入继电器的电流为A、C两相电流互感器二次电流之差，量值上为二次电流的$\sqrt{3}$倍。

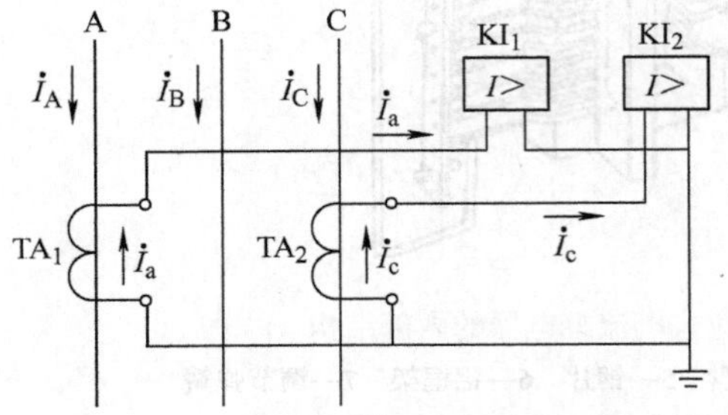

图6-16　两相两继电器式接线

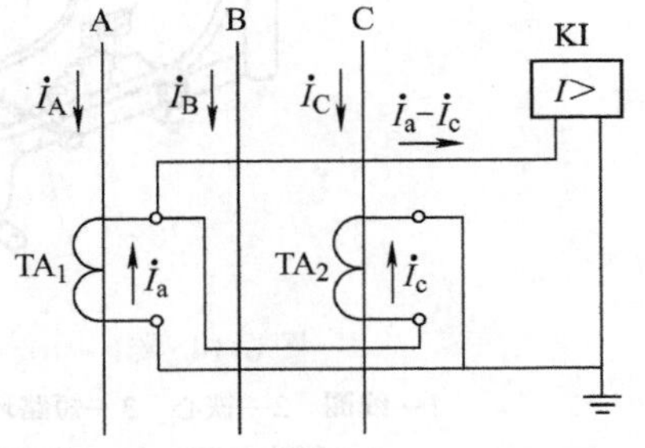

图6-17　两相一继电器式接线

在一次电路的A、C两相间发生短路时，流入继电器的电流为电流互感器二次电流的2倍。

在一次电路的A、B两相或B、C两相间发生短路时，流入继电器的电流只有一相（A相或C相）互感器的二次电流。

由此可见，两相电流差接线的接线系数K_W与一次电路发生短路的形式有关，不同的短路形式，其接线系数不同。三相短路时$K_W=\sqrt{3}$，在A、B两相或B、C两相间短路时$K_W=1$，A、C两相间短路时$K_W=2$。

两相电流差接线能对各种相间短路故障做出反应，但不同短路时接线系数不同，保护装置的灵敏度也不同。因此，此接线方式不如两相两继电器式接线，但它少用一个继电器，简单经济，主要用于对高压电动机的保护。

3. 继电保护装置的操作方式

继电保护装置的操作电源有直流操作电源和交流操作电源两大类。由于交流操作电源具有投资少、运行维护方便及二次回路简单可靠等优点，因此它在中小型工厂中应用最为广泛。

交流操作电源供电的继电保护装置有三种操作方式。

（1）直接动作方式（见图6-18）　利用断路器手动操动机构内的过流脱扣器（跳闸线圈）YR作为过电流继电器（直动式），接成两相两继电器式或两相一继电器式。正常运行时，YR流过的电流远小于YR的动作电流，因此不动作。而在一次电路发生相间短路时，短路电流反映到电流互感器二次侧，流过YR，达到或超过YR的动作电流，从而使断路器QF跳闸。这种操作方式简单经济，但保护灵敏度低，实际上较少应用。

（2）中间电流互感器供电方式　采用中间电流互感器作为操作电源，接线方式较复杂，使用的电器较多，且灵敏度较低，现已被去分流跳闸的交流操作方式所取代。

（3）去分流跳闸的操作方式（见图6-19）　正常运行时，电流继电器KI的常闭触点将跳闸线圈YR短路，YR无电流通过，所以断路器QF不会跳闸。而在一次电路发生短路时，KI动作，其常闭触点断开，使YR的短路分流支路被去掉（即去分流），从而使电流互感器的二次电流全部通过YR，致使断路器QF跳闸，即去分流跳闸。这种方式接线简单，省去了中间电流互感器，提高了保护灵敏度，但要求继电器触点的分断能力足够大才行。现在生产的电流继电器，其触点容量相当大，短时分断电流可达150A，完全能满足去分流跳闸的要求。因此这种去分流跳闸的操作方式现在在工厂供电系统中应用相当广泛。

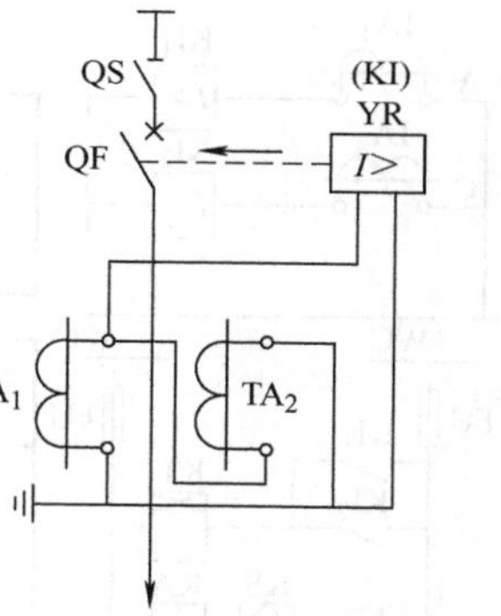

图 6-18　继电保护直接动作方式

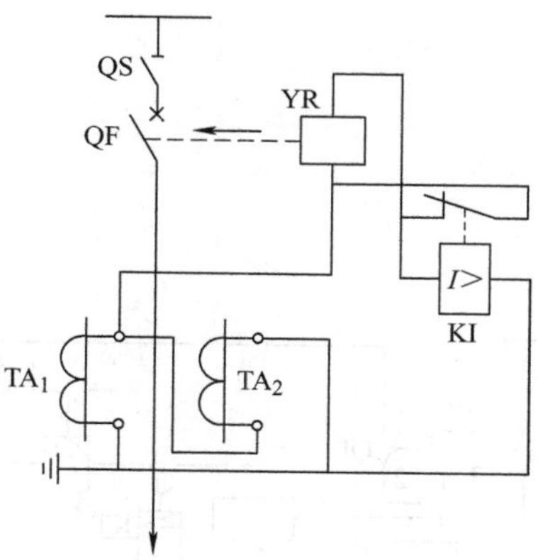

图 6-19　继电保护去分流跳闸的操作方式

任务 2　供配电线路继电保护的调试与维护

任务概述

本次任务以工厂 6 ~ 10kV 线路保护为载体，会分析线路保护的基本原理；能对单端供电线路中的带时限过电流保护、速断保护和单相接地保护进行调试与维护。

知识准备

1. 供配电线路继电保护的设置

供配电线路的供电电压不是很高，供电线路也不是很长，大多数为 6 ~ 10kV，属于小接地电流系统，可设置如下常用的过电流继电保护。

（1）过电流保护　过电流保护按动作时限特性，可分为定时限过电流保护和反时限过电流保护。定时限过电流保护是在线路发生故障时，不管故障电流超过整定值多少，其动作时限总是一定的，与短路电流的大小无关。反时限过电流保护是动作时限与故障电流值成反比，故障电流越大，动作时限越短，故障电流越小，动作时限越长。

（2）电流速断保护　电流速断保护是指过电流时保护装置瞬时动作，即当线路发生相间短路故障时，继电保护装置瞬时作用于高压断路器的机构，使断路器跳闸，切除短路故障。

（3）单相接地保护　当线路发生单相接地短路电流，并不影响三相系统的正常运行，只需要装设绝缘监视装置或零序电流保护。

2. 带时限的过电流保护

在供电系统中发生过载或短路时，主要特征是供电线路上的电流增大，因此必须设置过电流保护装置，对供电线路进行过电流保护。

（1）定时限过电流保护装置的接线和工作原理　定时限过电流保护装置的原理电路图如图 6-20所示。其中，图 6-20a 为集中表示原理的电路图，常称为原理图；图 6-20b 为分开表示的原理电路图，常称为展开图。

定时限过电流保护装置的动作原理：当一次电路发生不同的相间短路时，流过线路的电流剧增，使其中一个或两个电流继电器瞬时动作，其常开触点闭合，使时间继电器 KT 动作；KT 经过整定的时限后，其延时触点闭合，使串联的信号继电器 KS（电流型）和中间继电器 KA 动作；KS 动作后，其信号牌掉下，同时接通信号回路，给出灯光信号和音响信号；KA 动作后，

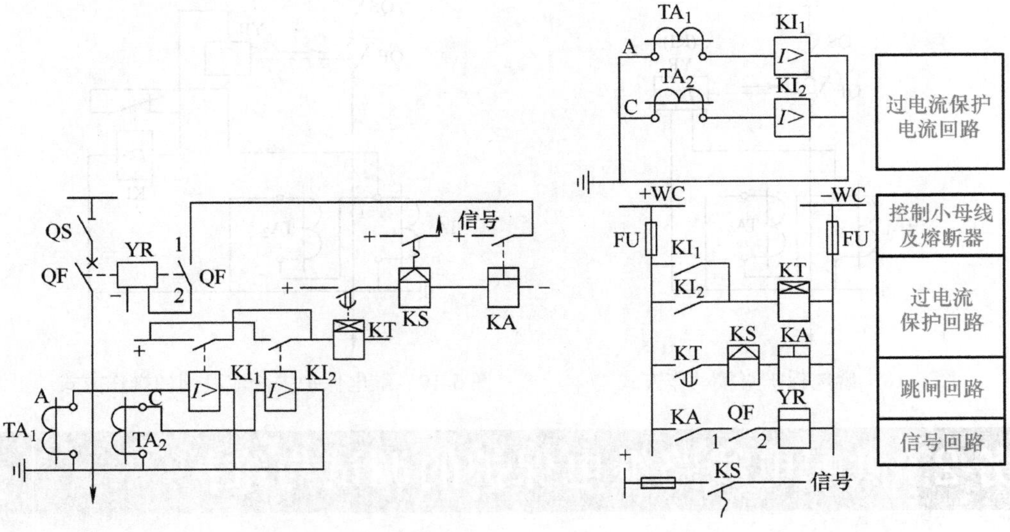

a) 原理图　　b) 展开图

图 6-20　定时限过电流保护装置的原理图和展开图

接通跳闸线圈 YR 回路，使断路器 QF 跳闸，切除短路故障；QF 跳闸后，其辅助触点（JH－2）随之切断跳闸回路，以减轻 KA 触点的工作；在短路故障被切除后，继电保护装置除 KS 外的其他所有继电器均自动返回起始状态，而 KS 可手动复位。

定时限过电流保护装置简单、工作可靠，对单电源供电的辐射型电网可保证有选择性的动作。因此，在辐射型电网中应用较多，一般作为 35kV 及以下线路的主保护。

（2）反时限过电流保护装置的接线和工作原理　两相两继电器式接线的去分流跳闸的反时限过电流保护装置的原理电路图，如图 6-21 所示。它采用 GL 型感应式电流继电器。

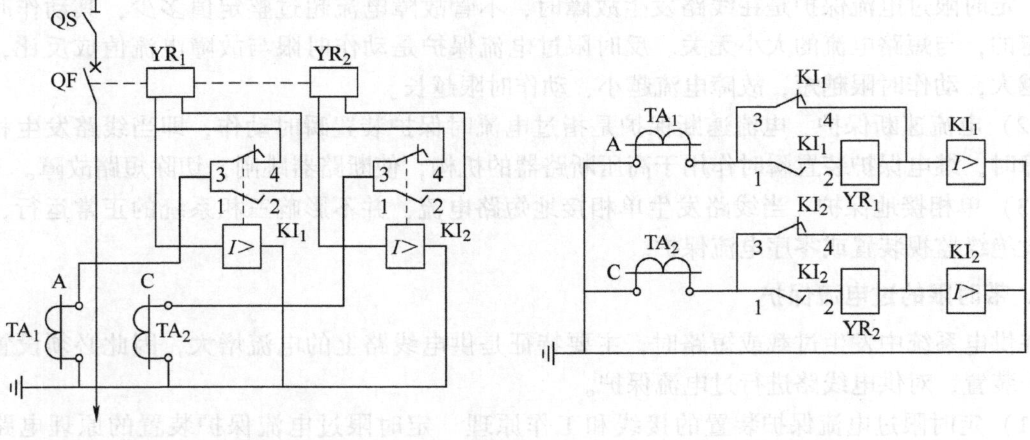

a) 原理图　　b) 展开图

图 6-21　反时限过电流保护装置的原理图和展开图

反时限过电流保护装置的动作原理：当一次电路发生相间短路时，流过线路的电流剧增，电流继电器 KI_1 或 KI_2 至少有一个动作，经过一定的延时后（延时长短与短路电流成反时限关系），其常开触点闭合，紧接着其常闭触点断开；这时断路器因其跳闸线圈 YR 去分流而跳闸，切除短路故障；在 GL 型继电器去分流跳闸的同时，其信号牌掉下，指示保护装置已经动作；在短路故障被切除后，继电器自动返回，其信号牌可利用外壳上的旋钮手动复位。

反时限过电流保护装置的优点是设备少、接线简单；缺点是时限整定时，前后级配合较复杂。它主要用于中小型供配电系统中。

（3）定时限过电流保护与反时限过电流保护的比较

定时限过电流保护的优点：动作时间比较精确，整定简便，而且不论短路电流大小，动作时间都是一定的，不会出现因短路电流小、动作时间长而延长了故障时间的问题。但缺点是所需继电器多，接线复杂，且需直流操作电源，投资较大。此外，靠近电源处的保护装置动作时间较长，这是带时限过电流保护共有的缺点。

反时限过电流保护的优点：继电器数量大为减少，而且可同时实现电流速断保护，加之可采用交流操作，因此简单经济，投资大大降低，故它在中小型工厂供电系统中得到了广泛的应用。缺点是动作时间的整定比较麻烦，而且误差较大，当短路电流较小时，其动作时间可能相当长，延长了故障持续时间。

3. 电流速断保护的接线和工作原理

带时限的过电流保护有一个明显的缺点，就是越靠近电源的线路过电流保护，其动作时间越长，而短路电流则是越靠近电源，其值越大，危害也更加严重。因此，GB 50062—2008 规定：在过电流保护动作时间超过 0.5～0.7s 时，应装设瞬动的电流速断保护装置。

电流速断保护是一种瞬时动作的过电流保护。对采用 GL 型电流继电器的速断保护来说，就相当于在定时限过电流保护中抽去时间继电器，即在起动用的电流继电器之后，直接接信号继电器和中间继电器，最后由中间继电器触点接通断路器的跳闸回路。线路上同时装有定时限过电流保护和电流速断保护的原理图如图 6-22 所示。其中，KI_1、KI_2、KT、KS_1 和 KA 属于定时限过电流保护，而 KI_3、KI_4、KS_2 和 KA 属于电流速断保护，KA 是两种保护共用的。

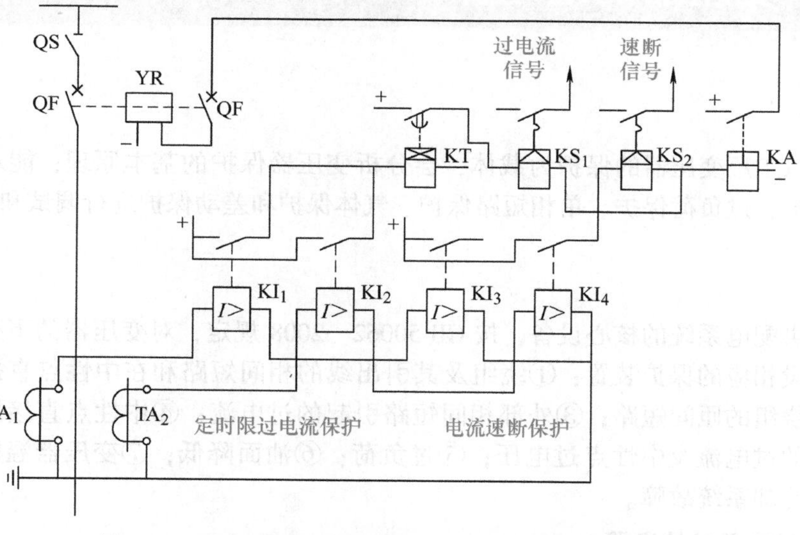

图 6-22　有定时限过电流保护和电流速断保护的原理图

如果采用 GL 型电流继电器，则可利用该继电器的电磁元件来实现电流速断保护，而利用其感应元件来作反时限过电流保护，因此非常简单经济。

为了保证前后两级瞬动的电流速断保护的选择性，电流速断保护的动作电流即速断电流，应按躲过它所保护线路末端的最大短路电流即其三相短路电流来整定。电流速断保护的灵敏度，应按安装处即线路首端在系统最小运行方式下的两相短路电流作为最小短路电流来检验。

由于电流速断保护的动作电流躲过了被保护线路末端的最大短路电流，因此在靠近末端的一段线路上发生的不一定是最大短路电流（如两相短路电流）时，电流速断保护就不能动作，也就是电流速断保护实际上不能保护线路的全长。这种保护装置不能保护的区域，称为“保护死区”。

4. 单相接地的接线和工作原理

在小接地电流的电力系统中，若发生单相接地故障，则必须通过无选择性的绝缘监视装置或有选择性的单相接地保护装置，发出报警信号，以便运行值班人员及时发现和处理。

单相接地保护又称零序电流保护，它利用单相接地所产生的零序电流使保护装置动作，给予信号。当单相接地故障危及人身和设备安全时，则动作于断路器跳闸。

单相接地保护必须通过零序电流互感器（见图 6-23），对电缆线路或由架空线路三个相的电流互感器两端同极性并联构成的零序电流过滤器将一次电路单相接地时产生的零序电流反映到其二次侧的电流继电器中去。电流继电器动作后，接通信号回路，发出接地故障信号，必要时动作于跳闸。由于工厂高压架空线路一般不长，所以通常不装设单相接地保护。

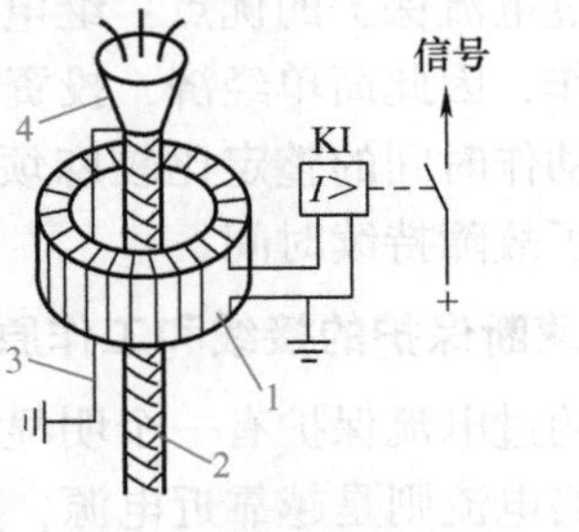

图 6-23　单相接地保护的零序电流互感器接线

1—零序电流互感器（其环形铁心上绕二次绕组，环氧树脂浇注）
2—电缆　3—接地线　4—电缆头　KI—电流继电器（DL 型）

应特别注意，电缆头的接地线必须穿过零序电流互感器的铁心，否则根据小电流接地系统发生单相接地时接地电容电流的分布特点可知，零序电流不穿过零序电流互感器的铁心，保护就不会动作。

任务 3　变压器的继电保护

任务概述

本次任务以工厂变压器的保护为载体，会分析变压器保护的基本原理；能对变压器过电流保护、速断保护、过负荷保护、单相短路保护、气体保护和差动保护进行调试和维护。

知识准备

变压器是供配电系统的核心设备，按 GB 50062—2008 规定，对变压器的下列故障及异常运行方式，应装设相应的保护装置：①绕组及其引出线的相间短路和在中性点直接接地侧的单相接地短路；②绕组的匝间短路；③外部相间短路引起的过电流；④中性点直接接地电网中外部接地短路引起的过电流及中性点过电压；⑤过负荷；⑥油面降低；⑦变压器温度升高，或油箱压力升高，或冷却系统故障。

1. 变压器继电保护的设置

根据变压器故障的种类和不正常运行状态，变压器应装设下列保护。

（1）气体保护　它能对（油浸式）变压器油箱内部故障和油面降低做出反应，瞬时动作于信号或跳闸。

（2）差动保护或电流速断保护　它能对变压器内部故障和引出线的相间短路、接地短路做出反应，瞬时动作于跳闸。

（3）过电流保护　它能对变压器外部短路而引起的过电流做出反应，带时限动作于跳闸，可作为上述保护的后备保护。

（4）过负荷保护　它能对过负荷而引起的过电流做出反应，一般动作于信号。

（5）温度保护　它能对变压器温度升高和油冷却系统的故障做出反应。

2. 变压器的过电流、速断和过负荷保护

（1）变压器的过电流保护　对变压器外部短路引起的过电流进行保护，同时作为变压器发生内部故障时的后备保护，一般变压器都要装设过电流保护。过电流保护一般设在变压器的电源侧，使整个变压器处于保护范围之内。为扩大保护范围，电流互感器应尽量靠近高压断路器安装。当变压器发生内部故障时，或气体（或差动、电流速断）等快速动作的保护拒动时，过电流保护经过整定时限后，动作于变压器各侧的断路器，使其跳闸。

变压器过电流保护的组成和原理（无论是定时限还是反时限），均与电力线路过电流保护相同。

（2）变压器的电流速断保护　当变压器的过电流保护动作时间大于0.5s时，必须装设电流速断保护，其组成、原理也与电力线路的电流速断保护完全相同。

（3）变压器的过负荷保护　变压器过负荷在大多数情况下是三相对称的，因此过负荷保护只需要一相上装一个电流继电器。在过负荷时，电流继电器动作，再经过时间继电器给予一定延时，最后接通信号继电器发出报警信号。

变压器过负荷保护装置的安装要能够对有绕组的过负荷情况做出反应。对于三绕组变压器，过负荷保护应装在所有绕组侧；对于双绕组变压器，过负荷保护应装在电源侧。

电力变压器的定时限过电流保护、电流速断保护和过负荷保护的原理图如图6-24所示。

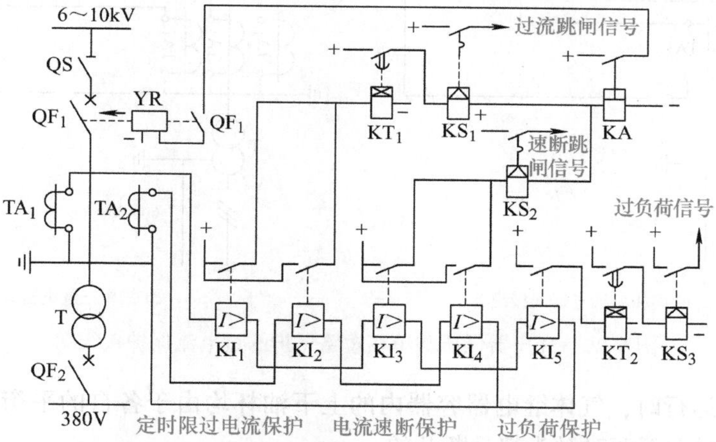

图6-24　变压器的定时限过电流保护、电流速断保护和过负荷保护的原理图

3. 变压器低压侧单相短路保护

变压器低压侧的单相短路保护可采取以下措施。

1）低压侧装设三相均带过电流脱扣器的低压断路器，既可作为低压侧的主开关，使得操作方便，便于自动投入，提高了供电可靠性，又可用来防止低压侧的相间短路和单相短路。

2）低压侧三相装设熔断器保护，既可对低压侧的相间短路进行保护，也可对单相短路进行保护，但由于熔断器熔断后更换熔体时间较长，所以它仅适用于带非重要负荷的小容量变压器。

3）在变压器中性点引出线上装设零序电流保护。保护装置由零序电流互感器和电流继电器组成。当变压器低压侧发生单相接地短路时，零序电流经零序电流互感器使电流继电器动作，断路器跳闸，将故障切除，如图6-25所示。

4）采用两相三继电器式接线或三相三继电器式接线的过电流保护。这两种接线适用于变压器低压侧单相短路保护，过电流保护接线图如图6-26所示。这两种保护接线可使低压侧发生单相短路时的保护灵敏度大大提高。

4. 变压器的气体保护

气体保护的主要元件是气体继电器。它装在油浸式变压器的油箱与储油柜之间的连通管中部，如图6-27所示。为了使油箱内产生的气体能够顺畅地通过气体继电器排往储油柜，变压器安装时应取1%～1.5%的倾斜度；而在制造变压器时，连通管对油箱顶盖也有2%～4%的倾斜度。

（1）气体继电器的结构和工作原理　气体继电器主要有浮筒式和开口杯式两种类型。FJ3-80型开口杯式气体继电器的结构示意图如图6-28所示。开口杯式气体继电器与浮筒式继电器相比，其抗振性较好，误动作的可能性大大减小，可靠性大大提高。

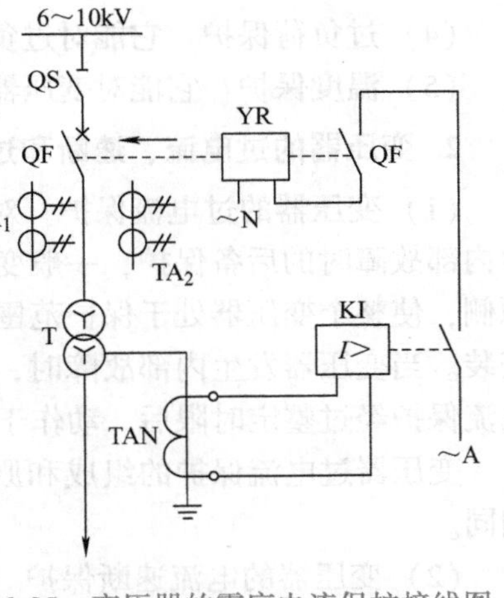

图6-25　变压器的零序电流保护接线图
QF—高压断路器　TAN—零序电流互感器
KI—电流继电器（GL型）　YR—跳闸线圈

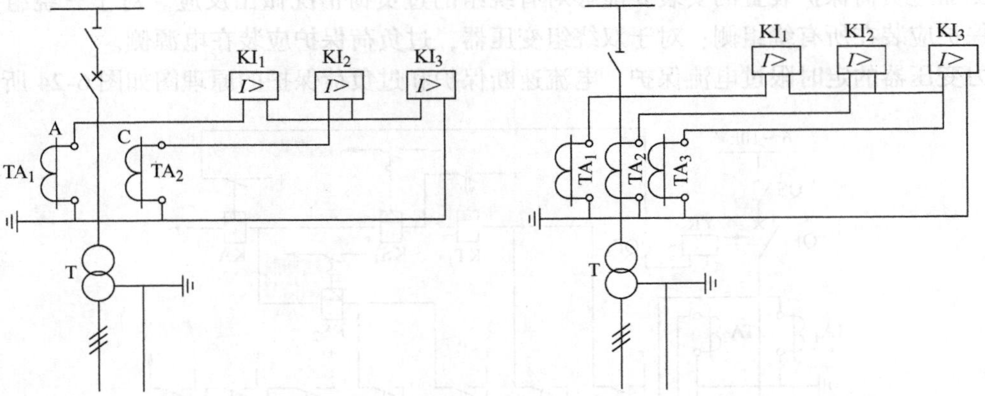

a) 两相三继电器式接线　　b) 三相三继电器式接线

图6-26　变压器低压侧单相短路保护的过电流保护接线图

在变压器正常运行时，气体继电器容器内的上下油杯均由于各自的平衡锤作用而升起，如图6-29a所示，此时上下两对触头都是断开的。

当变压器油箱内部发生轻微故障时（如匝间短路等），由故障产生的少量气体慢慢上升，进入气体继电器容器内并由上而下地排除其中的油，使油面下降，上油杯因其中盛有残余的油而使其力矩大于另一端平衡锤的力矩而降落，如图6-29b所示。这时上触头闭合而接通信号回路，发出声音和灯光信号，这称为轻气体动作。

当变压器油箱内部发生严重故障时（如相间短路、铁心起火等），由于故障产生的气体很多，带动油流迅猛地由变压器油箱通过连通管进入储油柜。大量的油气混合体在经过气体继电器时，冲击挡板，使下油杯下降，如图6-29c所示。这时下触头闭合而接通跳闸回路（通过中间继电器），使断路器跳闸，同时发出声音和灯光信号（通过信号继电器），这称为重气体动作。

如果变压器油箱漏油，则使得气体继电器容器内的油也慢慢流尽，如图6-29d所示。这时气体继电器的上油杯先下降，发出报警信号，接着气体继电器的下油杯下降，使断路器跳闸，同时发出跳闸信号。

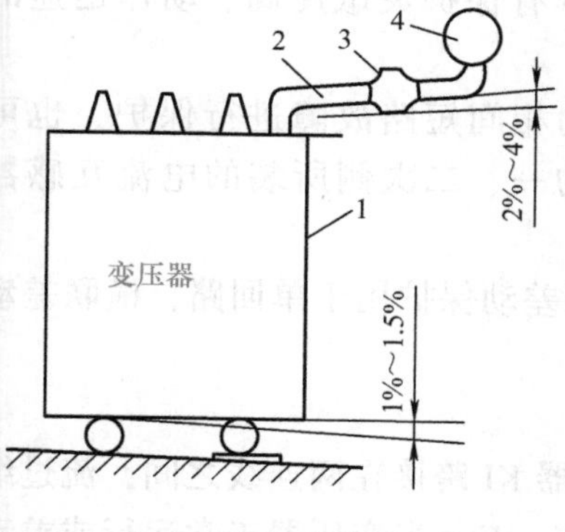

图 6-27　在变压器上安装的气体继电器

1—变压器油箱　2—连通管

3—气体继电器　4—储油柜

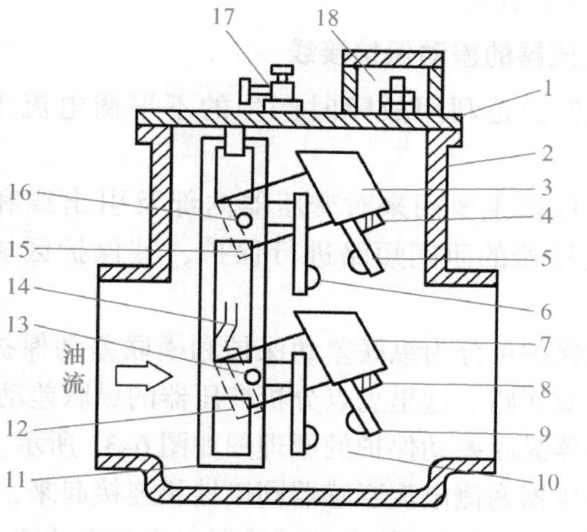

图 6-28　FJ3－80 型开口杯式气体继电器的结构图

1—盖　2—容器　3—上油杯　4—永磁铁　5—上动触头　6—上静触头

7—下油杯　8—永磁铁　9—下动触头　10—下静触头　11—支架

12—下油杯平衡锤　13—下油杯转轴　14—挡板　15—上油杯平衡锤

16—上油杯转轴　17—放气阀　18—接线盒

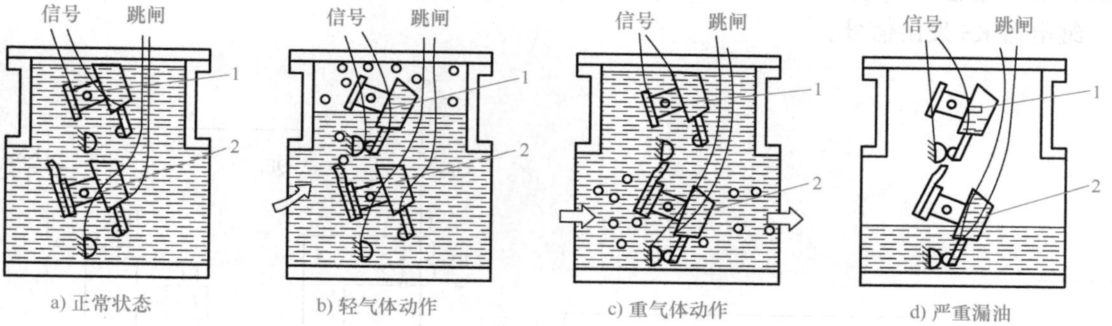

图 6-29　气体继电器的动作说明

1—上油杯　2—下油杯

（2）变压器气体保护的接线　变压器气体保护的原理图如图 6-30 所示。当变压器内部发生轻微故障（轻气体）时，气体继电器 KG 的上触点 KG1－2 闭合，动作于报警信号。当变压器内部发生严重故障（重气体）时，KG 的下触点 KG3－4 闭合，通常是经中间继电器 KA 动作于断路器 QF 的跳闸机构 YR，同时通过信号继电器 KS 发出跳闸信号。但是 KG3－4 闭合，也可以利用切换片 XB 切换触点，使信号继电器 KS 串入限流电阻 R，只动作于报警信号。

由于气体继电器 KG 的下触点 KG3－4 在重气体故障时可能有“抖动”（接触不稳定）的情况，因此为了使跳闸回路稳定地接通，使断路器 QF 能够可靠地跳闸，这里利用中间继电器 KA 的上触点 KA1－2 作为自保持触点。只要 KG3－4 因重气体动作一闭合，就使 KA 动作，并借其上触点 KA1－2 的闭合而保持其动作状态，同时其下触点 KA3－4 也闭合，使断路器 QF 跳闸。断路器 QF 跳闸后，其辅助触点 QF1－2 断开跳闸回路，而另一对辅助触点 QF3－4 则切断中间继电器 KA 的自保持回路，使中间继电器 KA 返回。

气体保护的主要优点是安装接线简单、动作迅速、灵敏度高，以及能对变压器油箱内部各种类型的故障做出反应，同时，它运行稳定，可靠性高。所以，气体保护是变压器的主保护之一。气体保护的缺点是不能对变压器油箱外套管和引出线的故障做出反应，因此还需要与其他保护装置配合使用。

5. 变压器的差动保护接线

差动保护是利用故障时产生的不平衡电流来动作的，具有保护灵敏度高、动作迅速的特点。

差动保护主要用来对变压器内部及引出线和绝缘套管的相间短路故障进行保护，也可用于对变压器的匝间短路进行保护，其保护区域在变压器的一、二次侧所装的电流互感器之间。

差动保护可分为纵联差动保护和横联差动保护两种。纵联差动保护用于单回路，横联差动保护用于双回路。这里重点分析变压器的纵联差动保护。

变压器纵联差动保护的原理图如图 6-31 所示。

将变压器两侧电流互感器同极性相连接起来，使电流继电器 KI 跨接在两连线之间，流过继电器 KI 的电流就是两侧电流互感器二次侧电流之差，即 $I_{KI}=I_1'-I_2'$。当变压器正常运行或差动保护的保护区外的 k－1 点发生短路时，变压器一次侧电流互感器 TA_1 的二次电流 I_1' 与变压器二次侧电流互感器 TA_2 的二次电流 I_2' 相等或接近相等，因此流入电流继电器 KI（或差动继电器 KD）的电流 $I_{KI}=0$，继电器 KI（或 KD）不动作。而当差动保护的保护区内的 k－2 点发生短路时，对于单端供电的变压器来说，$I_2'=0$。因此 $I_{KI}=I_1'$，超过继电器 KI（或 KD）所整定的动作电流，使继电器 KI（或 KD）瞬时动作，然后通过出口继电器 KA 使断路器 QF 跳闸，同时通过信号继电器 KS 发出信号。

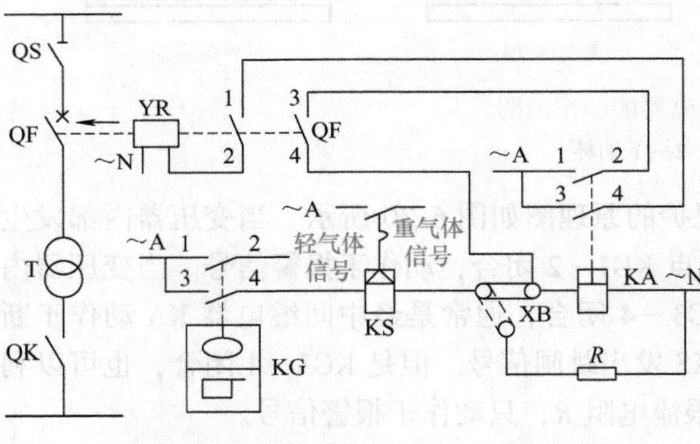

图 6-30　变压器气体保护的原理图

T—油浸式变压器　KG—气体继电器　KS—信号继电器
KM—中间继电器　QF—断路器　YR—跳闸线圈　XB—切换片

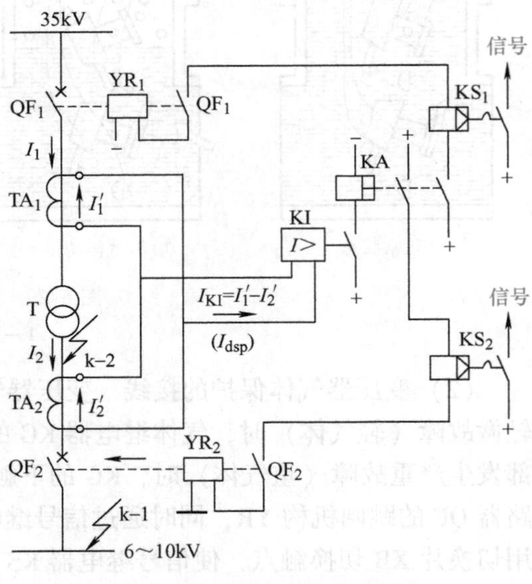

图 6-31　变压器纵联差动保护的原理图

因此，变压器的差动保护的工作原理：当正常工作或变压器外部发生故障时，流入电流继电器的电流为不平衡电流，在适当选择好两侧电流互感器的电流比和接线方式的条件下，该不平衡电流值很小，并小于差动保护的动作电流，所以保护不动作；当在保护范围内发生故障时，流入电流继电器的电流大于差动保护的动作电流，差动保护动作于跳闸。因此，它不需要与相邻元件的保护在整定值和动作时间上进行配合，可以构成无延时的速断保护。

职业技能考核

考核　检查与维护运行中的保护继电器

【考核目标】

1）熟悉变配电所保护继电器的种类。

2）掌握保护继电器检查与维护项目。

【考核内容】

1. 考核前的准备

1）工器具的选择、检查：要求能满足工作需要，质量符合要求。

2）着装、穿戴：工作服、绝缘鞋、安全帽等。

2. 考核内容

保护继电器在运行中的检查与维护项目如下：

1）清扫继电器外壳上的尘土，保持清洁干净。清扫时应避免大的振动，以免引起保护装置的误动。

2）检查继电器的触头是否有烧损、断裂及脱轴现象，各连接线接触是否坚固。

3）继电器外壳不应有破损现象，密封应严密。

4）对长期带电的继电器，应检查线圈有无过热、冒烟及烧焦气味，触头有无抖动和异常现象。

5）检查继电器指示元件是否与运行方式相符合。

6）检查导电部分的螺钉、接线柱及连接导线的部件等，不应有氧化、开焊及接触不良等现象，螺钉及接线柱均应有垫片及弹簧垫。

3. 检查和维护记录

按要求进行检查和维护记录（在运行记录簿上记录检查、维护的时间，检查、维护人员姓名及设备状况等）。

项目小结

1. 保护装置的基本任务是能自动、快速而有选择性地将故障设备或线路从电力系统中切除，使故障或线路免于继续受到破坏，保证其他无故障部分迅速恢复正常运行。保护装置必须满足选择性、速动性、可靠性和灵敏性四项基本要求。

2. 熔断器在供配电系统中作过电流保护，应使其符合选择性保护的要求，使故障范围缩小到最小限度，同时应合理选择熔断器中熔体的额定电流。

3. 低压断路器在低压配电系统中作过电流保护，应正确选择其配置方式，合理选择和整定脱扣器的电流。

4. 保护继电器的形式多样。其中，电流继电器对电流的变化做出反应而动作；电压继电器对电压的变化做出反应而动作；时间继电器用来建立所需要的动作时限；中间继电器用来扩大触点的数量和容量；信号继电器用来发出保护装置动作的指示信号。

5. 继电保护装置常用的接线方式有两相两继电器式接线和两相一继电器式接线。两相两继电器式接线能对各种类型的相间短路做出反应，但不能完全对单相接地短路做出反应，多用在

60kV 及以下的小接地电流系统中。两相一继电器式接线只能用来对线路相间短路进行保护，不能对所有单相接地短路进行保护，且对各种故障做出反应的灵敏程度是不同的，因此主要用在10kV 以下线路中作相间短路保护和电动机保护。

6. 工厂供配电系统中通常设置带时限的过电流保护、电流速断保护作为相间短路的继电保护；设置单相接地保护，当线路发生单相接地短路时，发出报警信号或作用于断路器跳闸。带时限的过电流保护按动作时限特性，可分为定时限过电流保护和反时限过电流保护两种。

7. 变压器应设置气体保护、差动保护或电流速断保护、过电流保护、过负荷保护、温度保护。其中，气体保护、纵联差动保护是变压器的主保护，而过电流保护是变压器的后备保护。气体保护能对油箱内的各种故障做出反应，但不能对套管及引出线的故障做出反应，因此不能单独作为变压器的主保护，而是与纵联差动保护或电流速断保护一起，共同作为主保护。变压器的差动保护能对变压器套管及引出线的故障做出反应。

问题与思考

一、填空题

1. 继电保护装置必须满足________、________、________和________四项基本要求。

2. 低压断路器在低压配电系统中，通常有________、________和________三种配置方式。

3. 电磁式电流继电器的文字符号________。

4. 电磁式电压继电器的文字符号________。

5. 电磁式时间继电器的文字符号________。

6. 电磁式中间继电器的文字符号________。

7. 电磁式信号继电器的文字符号________。

8. 在供配电线路的继电保护装置中，起动继电器与电流互感器之间的接线方式主要有________接线和________接线两种。

9. 供配电线路大多数为 6 ~ 10kV，属于小接地电流系统，可设置________、________和________的过电流继电保护。

10. 带时限的过电流保护，按其动作时间特性分，有________和________两种。

二、判断题

1. 线路的过电流保护可以保护线路的全长，速断保护也是。（ ）

2. 速断保护的死区可以通过带时限的过电流保护来弥补。（ ）

3. 所有变压器都应设置气体保护。（ ）

4. 差动保护是变压器的主保护，所以变压器都应设置差动保护。（ ）

5. 过电流保护为后备保护。（ ）

三、简答题

1. 继电保护装置的任务是什么？

2. 保护装置应满足哪些基本要求？为什么？

3. 如何选择保护线路的熔断器熔体电流？选择熔断器时应考虑哪些条件？

4. 低压配电系统中的低压断路器如何配置？其脱扣器的电流如何选择和整定？选择低压断路器时应考虑哪些条件？

5. 两相两继电器式接线和两相一继电器式接线作为相间短路保护，各有哪些优缺点？

6. 说明定时限过电流保护和反时限过电流保护的优缺点。

7. 为什么要设置电流速断保护？

8. 采用零序电流互感器作单相接地保护时，电缆头的接地线为什么一定要穿过零序电流互感器的铁心后接地？

9. 变压器的哪些故障及异常运行方式应设置保护装置？应设置哪些保护装置？

10. 变压器低压侧的单相短路保护有哪些措施？最常用的单相短路保护措施是哪一种？

11. 变压器在哪些情况下需要装设气体保护？什么情况下轻气体动作，什么情况下重气体动作？

项目7

供配电系统的防雷与接地

项目提要

本项目依托北京燃气集团中国石油科技创新基地项目和通州副中心项目的供配电系统的防雷与接地，介绍供配电系统的过电压、雷电和接地的有关概念，重点介绍常用防雷设备、防雷保护措施和接地装置的装设与运行维护的知识与技能。

知识目标

（1）了解过电压和雷电的基本概念。

（2）熟悉工厂供配电系统常用的防雷设备及防雷保护措施。

（3）熟悉接地的有关概念。

（4）掌握接地装置的装设方法。

能力目标

（1）能进行防雷设备的检查与维护。

（2）能测量电器设备的接地电阻。

（3）能识读接地的装置平面布置图。

素质目标

（1）具备电气从业职业道德，勤奋踏实的工作态度和吃苦耐劳的劳动品质，遵守电气安全操作规程和劳动纪律，文明生产。

（2）认识到能源电力作为国民经济发展的先导产业和基础行业，是推动和实现中国式现代化的动力之源。

（3）具有较强的专业能力，能用专业术语口头或书面表达工作任务。

（4）具备积极向上的人生态度、自我学习能力和良好的心理承受能力。

（5）树立良好的文明生产、安全操作意识，具备良好的团队合作能力。

职业能力

（1）会检查与维护防雷设备。

（2）会使用接地电阻测试仪测量电器设备的接地电阻。

（3）会通过电力系统保护接地装置图进行分析、判断接地故障。

任务1　过电压及雷电概述

任务概述

供配电系统要实现正常运行，首先必须保证其安全性。防雷是电气安全的主要措施。本任务主要学习有关电气安全的基本知识，并熟悉电气安全规程，了解雷电的形成和危害以及供配电系统的接地类型。

知识准备

子任务1　变配电所的防雷

1. 过电压的种类

供电系统正常运行时，因为某种原因导致电压升高危及电气设备绝缘，这种超过正常状态的高电压称为过电压。电力系统的过电压可分为内部过电压和雷电（大气）过电压两大类。

（1）内部过电压　内部过电压是供电系统中开关操作、负荷剧变或故障而引起的，在系统内部出现电磁能量转换、振荡而引起过电压，运行经验证明，内部过电压对电力线路和电气设备绝缘的威胁不是很大。

内部过电压又分操作过电压和谐振过电压等形式。操作过电压是由于系统中的开关操作或负荷剧变而引起的过电压。谐振过电压是由于系统中的电路参数（R、L、C）在不利的组合下发生谐振或由于故障而出现断续性接地电弧而引起的过电压。

（2）雷电过电压　雷电过电压又称大气过电压，也称外部过电压。它是由于电力系统中的线路、设备或建（构）筑物遭受来自大气中的雷击或雷电感应而引起的过电压。雷电过电压的电压幅值可高达1亿V，电流幅值可高达几十万安，因此对供电系统危害极大，必须加以防护。

雷电过电压有以下三种基本形式。

1）直接雷击　直接雷击是指雷电直接击中电气线路、设备或建筑物，其过电压引起的强大的雷电流通过这些物体泄入大地，在物体上产生较高的电压降，从而产生破坏性极强的热效应和机械效应，相伴的还有电磁脉冲和闪络放电。这种雷电过电压称为直击雷。

防止直击雷的措施主要是采取避雷针、避雷带、避雷线、避雷网作为接闪器，把雷电流接收下来，通过接地引下线和接地装置，使雷电流迅速而安全地到达大地，保护建筑物、人身和电气设备的安全。

2）间接雷击。间接雷击是指雷电没有直接击中电力系统中的任何部分，而是由雷电对线路、设备或其他物体的静电感应或电磁感应产生了过电压。这种雷电过电压称为“感应过电压”或“感应雷”。

防止感应雷的措施是将建筑物的金属屋顶、建筑物内的大型金属物品等进行良好的接地处理，使感应电荷能迅速流向大地，防止在缺口处形成高电压和放电火花。

3）雷电波侵入。雷电波侵入是指架空线路或金属管道遭受直接雷击或因附近落雷而引起的过电压波，沿着架空线路或金属管道侵入变配电所或其他建筑物内，又称为闪电电涌侵入。据统计，我国供配电系统中由于雷电波侵入而造成的雷害事故，占整个雷害事故的50%～70%，比例很大，因此对雷电波侵入的防护应给予足够的重视。

防止雷电波侵入的主要措施是对输电线路等能够引起雷电波侵入的设备，在进入建筑物前装设避雷器等保护装置，以便将雷电高电压限制在一定的范围内，保证用电设备不被雷电波冲击击穿。

2. 雷电的形成及危害

(1) 雷电的形成

1) 雷云的形成。雷电是带有电荷的雷云之间或者雷云对大地或物体之间产生激烈放电的一种自然现象。雷电的产生原因较为复杂。在雷雨季节，地面水汽蒸发上升，在高空低温环境下水汽凝结成冰晶，冰晶受到上升气流的冲击而破碎分裂，气流携带一部分带正电的小冰晶上升，形成正雷云，而另一部分较大的带负电的冰晶则下降，形成负雷云。由于高空气流的流动，所以正雷云和负雷云均在天空中飘浮不定。据观测，在地面上产生雷击的雷云多为负雷云。

2) 直击雷的形成。当空中的雷云靠近大地时，雷云与大地之间形成一个很大的雷电场。由于静电感应作用，使地面出现与雷云的电荷极性相反的电荷，如图 7-1a 所示。

当雷云与大地之间在某一方位的电场强度达到 25 ~ 30kV/cm 时，雷云就会开始向这一方位放电，形成一个导电的空气通道，称为雷电先导。在雷电先导下行到离地面 100 ~ 300m 时，形成一个上行的迎雷先导，如图 7-1b 所示。当上、下先导相互接近时，正、负电荷强烈吸引、中和而产生强大的雷电流，并伴有电闪雷鸣。这就是直击雷的主放电阶段。这个时间极短，一般只有 50 ~ 100μs。主放电阶段之后，雷云中的剩余电荷继续沿着主放电通道向大地放电，形成断续的隆隆雷声。这就是直击雷的余晖放电阶段，时间约为 0.03 ~ 0.15s，电流较小，为几百安。

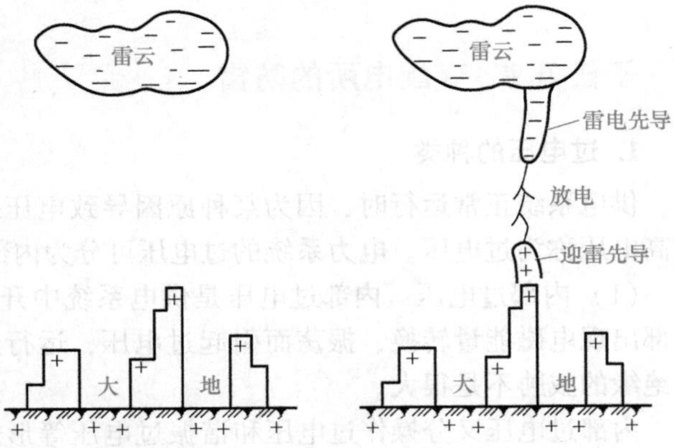

a) 负雷云出现在大地建筑物上方时　b) 负雷云对建筑物顶部尖端放电

图 7-1　雷云对大地放电（直击雷）示意图

雷电先导在主放电阶段前与地面上雷击对象之间的最小空间距离，称为闪击距离，简称击距。雷电的闪击距离与雷电流的幅值和陡度有关。

3) 雷电感应过电压的形成。在架空线路附近出现对地雷击时，极易产生感应过电压。当雷云出现在架空线路上方时，线路上由于静电感应而积聚大量异性的束缚电荷，如图 7-2a 所示。当雷云对地放电或对其他异性雷云中和放电后，线路上的束缚电荷被释放而形成自由电荷，向线路两端泄放，形成很高的感应过电压，如图 7-2b 所示。高压线路上的感应过电压可高达几十万伏，低压线路上的感应过电压也可达几万伏，对供配电系统的危害都很大。

当强大的雷电流沿着导体（如引下线）泄放入地时，由于雷电流具有很大的幅值和陡度，因此在它周围产生强大的电磁场。如果附近有一开口的金属环，如图 7-3 所示，则将在该金属环的开口（间隙）处感生出相当大的电动势而产生火花放电。这对于存放易燃易爆物品的建筑物是十分危险的。为了防止雷电流电磁感应引起的危险过电压，应该用跨接导体或用焊接将开口金属环（包括包装箱上的铁皮箍）连成闭合回路后接地。

(2) 雷电的危害　雷电对电力系统、人身的危害形式主要有以下五种。

1) 热效应。雷电在放电时，强大的雷电流产生的热量足以引起电气设备、导线和绝缘材料的烧毁，甚至引起火灾和爆炸。

2) 机械效应。强大的雷电流所产生的电动力可摧毁塔杆、建筑物等设施，人畜也不能幸免。另外，雷电流通过电气设备产生的电动力也可使电气设备变形、损坏。

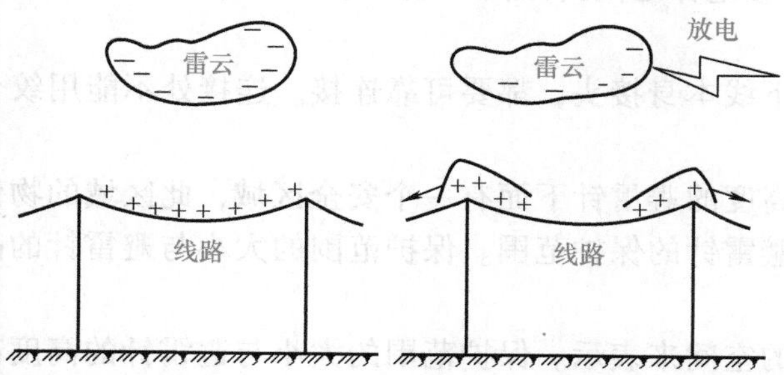

a) 雷云在线路上方时　　b) 雷云对地放电后

图 7-2　架空线路上的感应过电压

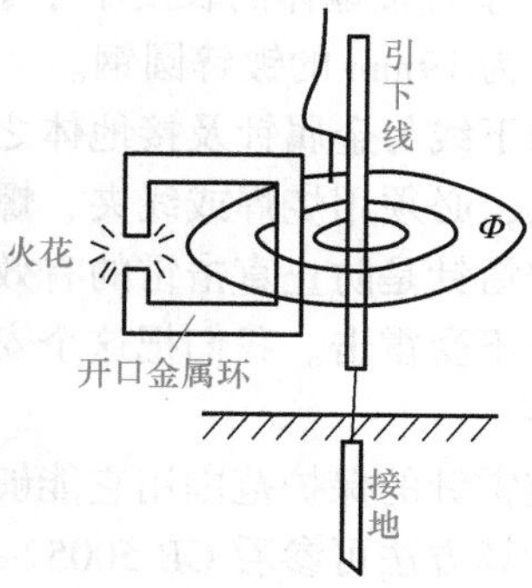

图 7-3　开口金属环上的电磁感应过电压

3）电磁效应。由于雷电流的变化，在它周围空间产生强大的变化磁场，存在于这个变化磁场中的闭合导体，将产生强大的感应电流。由于这一感应电流的热效应，会使导体电阻大的部位发热引发火灾和爆炸，造成设备的损坏和人身伤亡。

4）雷电闪络放电。防雷保护装置、电气设备、线路等受到雷击时，都会产生很高的电位，如果彼此间绝缘距离过小，会产生闪络放电现象，即出现雷电反击。雷电反击时，不但电气设备会被击穿烧坏，也极易引起火灾。

5）跨步电压。当雷电流入大地时，人在落地周围 20m 范围内行走时，两脚间会引起跨步电压，造成人身触电伤亡事故。

子任务 2　供配电系统的防雷设备

防雷设备一般都由接闪器、引下线及接地装置三部分组成。

（1）接闪器　直接承受雷击的部件，称为接闪器。避雷针、避雷线、避雷网、避雷带、避雷器及一般建筑物的金属屋面或混凝土屋面，均可作为接闪器。

（2）引下线　连接接闪器和接地装置的金属导体，称为引下线。引下线一般用圆钢或扁钢制作。

（3）接地装置　接地装置包括接地体和接地线。防雷接地装置与一般电气设备接地装置大体相同，不同的只是所用材料规格比一般接地装置要大。

雷电所形成的高电压和大电流对供配电系统的正常运行和人类的生命财产造成了极大的威胁，所以必须采取措施来防止雷击，其中避雷针和避雷器就是广泛应用的防雷击措施。

1. 避雷针

避雷针的功能实质上是引雷作用，它能对雷电场产生一个附加电场（这个附加电场是由于雷云对避雷针产生静电感应引起的），使雷电场畸变，从而将雷云放电的通道由原来可能向被保护物体发展的方向，吸引到避雷针本身，然后经与避雷针相连的引下线和接地装置将雷电流泄放到大地中去，使被保护物免受直接雷击。所以，避雷针实质是引雷针，它把雷电流引入地下，从而保护了线路、设备及建筑物等。

1）避雷针上的金属针是其最重要的组成部分，是专门用来接受雷云放电的，可采用直径为 10～20mm、长度为 1～2m 的圆钢，或采用直径不小于 25mm 的镀锌金属管。

2）引下线是接闪器与接地体之间的连接线，它将金属针上的雷电流安全引入接地体，并使之尽快地泄入大地。所以，引下线应保证雷电流通过时不会熔化。引下线一般采用直径为 8mm 的圆钢或截面积不小于 $25m^2$ 的镀锌钢绞线。如果避雷针的本体采用铁管或铁塔形式，则可以采用其本体作为引下线，还可以采用钢筋混凝土杆的钢筋作为引下线。

3）接地体是避雷针的地下部分，其作用是将雷电流直接泄入大地。接地体埋设深度不小于

0.6m，垂直接地体的长度不小于2.5m，垂直接地体之间的距离一般不小于5m，接地体一般采用直径为19mm的镀锌圆钢。

引下线与金属针及接地体之间，以及引下线本身接头，都要可靠连接。连接处不能用绞合的方法，必须用烧焊或线夹、螺钉连接。

避雷针是防止直击雷的有效措施。一定高度的避雷针下面有一个安全区域，此区域的物体基本上不受雷击。我们把这个安全区域叫作避雷针的保护范围。保护范围的大小与避雷针的高度有关。

避雷针的保护范围用它能够防护直击雷的空间来表示。保护范围的大小与避雷针的高度有关。计算方法可参看GB 50057—2010的规定或有关设计手册。

2. 避雷线

避雷线的原理及作用与避雷针基本相同，它主要用于保护架空线路。避雷线一般采用截面积不小于35mm^{2}的镀锌钢绞线，架设在架空线路的上方，以保护架空线路或其他物体（包括建筑物）免遭直接雷击。由于避雷线既要架空，又要接地，因此又称为架空地线。避雷线的保护范围可按GB 50057—2010的规定或有关设计手册进行计算。

3. 避雷带和避雷网

避雷带（接闪带）和避雷网（接闪网）主要用来保护高层建筑物免遭直击雷和感应雷。

避雷带通常是在平顶房屋顶四周的女儿墙或坡屋顶的屋脊、屋檐上装的金属带，作为接闪器。避雷网通常是利用钢筋混凝土结构中的钢筋网进行雷电防护的。

避雷带和避雷网宜采用圆钢或扁钢，优先采用圆钢。圆钢直径应不小于8mm；扁钢截面积应不小于48mm^2，其厚度应不小于4mm。当烟囱上采用避雷环时，其圆钢直径应不小于12mm；扁钢截面积应不小于100mm^2，其厚度应不小于4mm。

避雷带一般沿屋顶屋脊装设，用预埋角钢作支柱，高出屋脊或屋檐100~150mm，支柱间距1000~1500mm。

以上接闪器均应经引下线与接地装置连接。引下线宜采用圆钢或扁钢，优先采用圆钢，其尺寸要求与避雷带（网）相同。引下线应沿建筑物外墙明敷，并经最短的路径接地，建筑艺术要求较高者可暗敷，但其圆钢直径应不小于10mm，扁钢截面积应不小于80mm^2。

4. 避雷器

避雷器用来防止雷电过电压波沿线路侵入变配电所或其他建筑物内，从而使被保护设备的绝缘免受过电压的破坏，或防止雷电电磁脉冲对电子信息系统的电磁干扰。

避雷器应与被保护设备并联，且安装在被保护设备的电源侧，其一端与被保护设备相连，另一端接地，如图7-4所示。

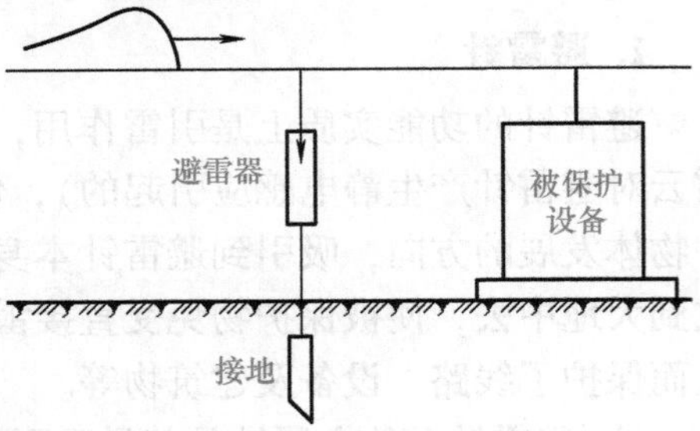

图7-4　避雷器的示意图

避雷器的工作原理：在供配电系统正常工作的时候，避雷器并不导电，当线路上出现危及设备绝缘的雷电过电压时，避雷器的火花间隙就被击穿，或由高阻抗变为低阻抗，使雷电过电压通过接地引下线对大地放电，从而保护了设备的绝缘或消除了雷电电磁干扰；当过电压消失后，避雷器能自动恢复原来的状态，从而保护设备的安全。

避雷器有阀式避雷器、管式避雷器、保护间隙、金属氧化物避雷器等类型。

（1）阀式避雷器　阀式避雷器又称为阀型避雷器，是保护发电、变电设备最主要的元件，也是决定高压电气设备绝缘水平的基础。阀式避雷器分为普通阀式避雷器和磁吹阀式避雷器两大类。普通阀式避雷器有 FS 型和 FZ 型两种，磁吹阀式避雷器有 FCD 型和 FCZ 型两种。

阀式避雷器型号中的型号表示和含义如图 7-5 所示。

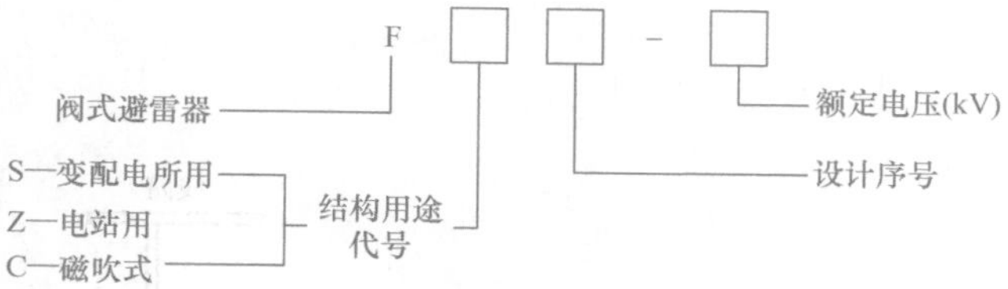

图 7-5　阀式避雷器的型号表示和含义

阀式避雷器在正常的工频电压作用下，火花间隙不被击穿，但在雷电波过电压下，避雷器的火花间隙被击穿，碳化硅电阻的电阻值随之变得很小，雷电波巨大的雷电流顺利地通过电阻流入大地中，电阻阀片对尾随雷电流而来的工频电压却呈现了很大的电阻，从而工频电流被火花间隙阻断，线路恢复正常运行。由此可见，电阻阀片和火花间隙的绝好配合，使避雷器很像一个阀门，对雷电流阀门打开，对工频电流阀门则关闭，故称之为阀式避雷器。

FS 型阀式避雷器的结构如图 7-6 所示。此系列避雷器阀片直径较小，通流容量较低，一般用作保护变配电设备和线路。FZ 型阀式避雷器如图 7-7 所示，此系列避雷器阀片直径较大，且火花间隙并联了具有非线性的碳化硅电阻，通流容量较大，一般用于保护 35kV 及其以上大中型工厂中总降压变电站的电气设备。

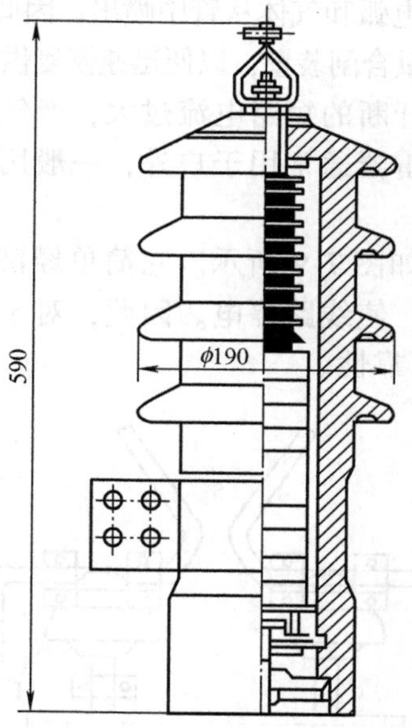

图 7-6　FS－10 型阀式避雷器

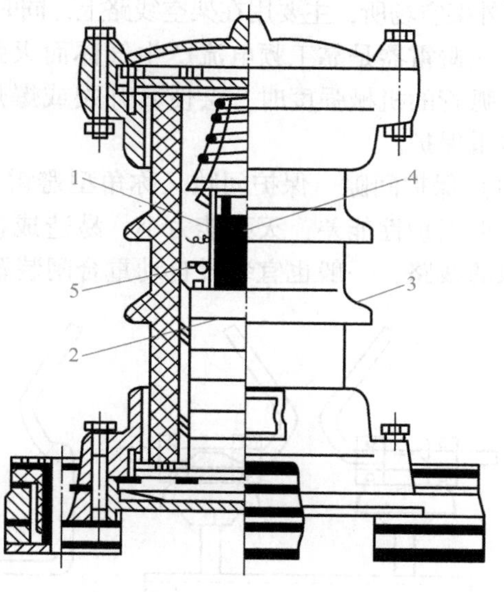

图 7-7　FZ－10 型阀式避雷器

1—火花间隙　2—阀片　3—瓷套

4—云母片　5—分路电阻

磁吹阀式避雷器（FCD 型）内部附有磁吹装置来加速火花间隙中电弧熄灭，专门用来保护重要或绝缘较为薄弱的设备，如高压电动机等。

FS 型阀式避雷器主要用于中小型变配电所，FZ 型则用于发电厂和大型变配电所。

（2）管式避雷器　管式避雷器由产气管、内部间隙和外部间隙三个部分组成，如图 7-8 所示。产气管由纤维、有机玻璃或塑料制成。内部间隙装在产气管内，一个电极为棒形，另一个电极为环形。

当线路遭到雷击或雷电感应时，雷电过电压使管式避雷器的内部间隙和外部间隙击穿，强大的雷电流通过接地装置入地。由于避雷器放电时内阻接近于零，所以其残压极小，但工频续

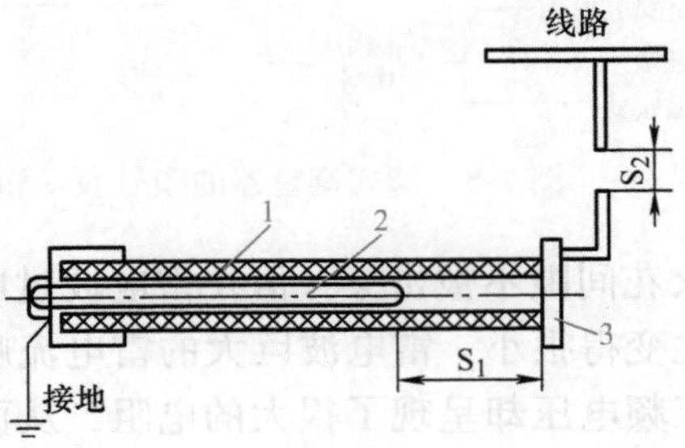

a) 结构

b) 实物图

图 7-8　管式避雷器的结构和实物图

1—产气管　2—内部棒形电极　3—环形电极　S_1—内部间隙　S_2—外部间隙

流极大。雷电流和工频续流使产气管、内部间隙发生强烈的电弧，使管内壁材料燃烧产生大量灭弧气体，由管口喷出，强烈吹弧，使电弧迅速熄灭，全部灭弧时间最多为 0.01s（半个周期）。这时外部间隙的空气迅速恢复绝缘，使避雷器与系统隔离，恢复系统的正常运行。

管式避雷器具有简单经济、残压很小的优点，但它动作时有电弧和气体从管中喷出，因此它只能用在室外架空场所，主要用在架空线路上，同时宜装设一次自动重合闸装置，以便迅速恢复供电。

管式避雷器是靠工频电流产生气体而灭弧的，因此如果开断的短路电流过大，产气过多而超出灭弧管的机械强度时，会使其开裂或爆炸，因此管式避雷器通常用于户外，一般用于架空线上防雷保护。

（3）保护间隙　保护间隙又称角型避雷器，其外形结构如图 7-9 所示。它简单经济，维护方便，但保护性能差，灭弧能力小，易造成接地或短路故障，使线路停电。因此，对于装有保护间隙的线路，一般也宜装设自动重合闸装置，以提高供电可靠性。

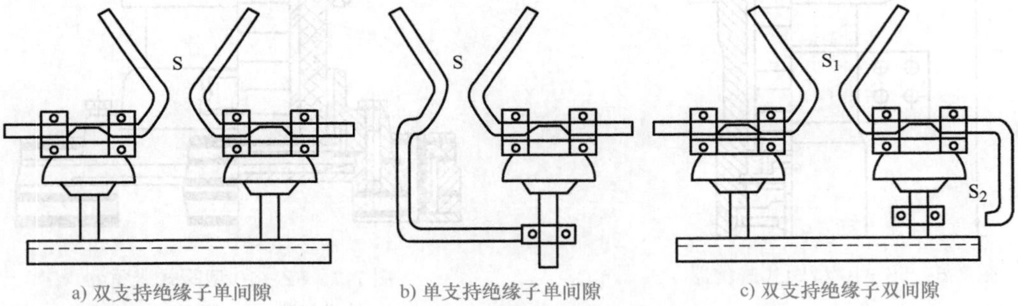

图 7-9　保护间隙的外形结构

S—保护间隙　S_1—主间隙　S_2—辅助间隙

保护间隙的安装是一个电极接线路，另一个电极接地。但为了防止间隙被外物（如鼠、鸟、树枝等）偶然短接而造成接地或短路故障，可设有辅助间隙的保护间隙或在其公共接地引下线中间串接一个辅助间隙，如图 7-10 所示。这样即使主间隙被外物短接，也不致造成接地或短路，以保证运行的安全。

保护间隙的间隙最小值见表 7-1。

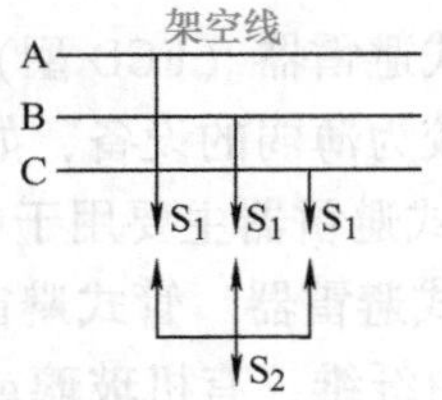

图 7-10　三相线路上保护间隙的连接示意图

S_1—主间隙　S_2—辅助间隙

表 7-1　保护间隙的间隙最小值

额定电压/kV	3	6	10	35
主间隙最小值/mm	8	15	25	210
辅助间隙最小值/mm	5	10	15	20

保护间隙一般安装在高压熔断器内侧，即靠近变压器和用电装置一侧，出现过电压时，熔断器先熔断，减少线路跳闸次数，缩小停电范围。

保护间隙只用于室外不重要的架空线路上。

（4）金属氧化物避雷器　金属氧化物避雷器也称压敏避雷器，是 20 世纪 70 年代开始出现的一种新型的避雷器，如图 7-11 所示。与传统的碳化硅阀式避雷器相比，金属氧化物避雷器没有火花间隙，且用氧化锌（ZnO）代替碳化硅（SiC），在结构上采用压敏电阻制成的阀片叠装而成。该阀片具有优异的非线性伏安特性：工频电压下，它呈现极大的电阻，有效地抑制工频电流；而在雷电波过电压下，它又呈现极小的电阻，能很好地泄放雷电流。

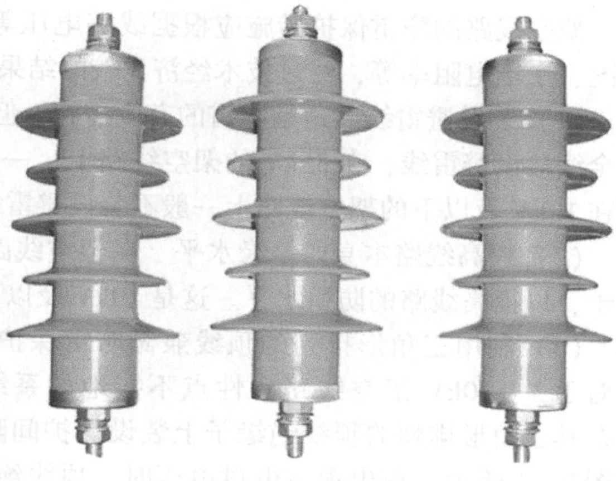

图 7-11　金属氧化物避雷器

硅橡胶金属氧化物避雷器是当前高新技术应用的代表性产品，具有良好的电气绝缘、防潮、抗老化性能，同时还具有使用寿命长、试验周期长、运行维护费用低、体积小、重量轻等优点，是当前使用较多的避雷器之一。

各种类型避雷器的应用范围见表 7-2。

表 7-2　各种类型避雷器的应用范围

型号	类型	应用范围
FS	配电用普通阀型	10kV 及以下的配电系统、电缆终端盒
FZ	电站用普通阀型	3～220kV 发电厂、变电站的配电装置
FCZ	电站用磁吹阀型	330kV 及以上配电装置 220kV 及以下需要限制操作过电压的配电装置 降低绝缘的配电装置 布置场所特别狭窄或高烈度地震区 某些变压器的中性点
FCX	线路型磁吹阀型	330kV 及以上配电装置的出线上
FCD	旋转电动机用磁吹阀型	发电机、调相机等（户内安装）
Y 系列	金属氧化物（氧化锌）阀型	同 FCZ、FCX 与 FCD 型磁吹阀型避雷器的应用范围 并联电容器组、串列电容器组 高压电缆 变压器和电抗器的中性点 全封闭组合电器 频繁切换的电动机

除以上介绍的避雷器外，还有电源系列、计算机系列、程控电话系列、广播电视系列、天线系列等，常用于弱电系统中。

子任务3　供配电系统的防雷保护

1. 架空线路的防雷保护

架空线路的防雷保护措施应根据线路电压等级、负荷性质、系统运行方式和当地雷电活动情况、土壤电阻率等，经过技术经济比较的结果采取合理的保护措施。

（1）装设避雷线　这是防雷的有效措施，但造价高。因此，只在66kV及以上的架空线路上才全线装设避雷线；在35kV的架空线路上，一般只在进出变配电所的一段线路上装设避雷线；而在10kV及以下的架空线路上一般不装设避雷线。

（2）提高线路本身的绝缘水平　在架空线路上，可采用木横担、瓷横担或高一级电压的绝缘子，以提高线路的防雷水平。这是10kV及以下架空线路防雷的基本措施之一。

（3）利用三角形排列的顶线兼做防雷保护线　对于3～10kV架空线路中性点不接地的系统，可在其三角形排列的顶线绝缘子上装设保护间隙，如图7-12所示。在出现雷电过电压时，顶线绝缘子上的保护间隙被击穿，通过其接地引下线对地泄放雷电流，从而保护了下边两根导线。由于线路为中性点不接地系统，一般也不会引起线路断路器的跳闸。

（4）装设自动重合闸装置　线路上因雷击放电造成线路电弧短路时，会引起线路断路器跳闸，但断路器跳闸后电弧会自行熄灭。如果线路上装设一次自动重合闸，则使断路器经0.5s自动重合闸，电弧通常不会复燃，从而能恢复供电，这对一般用户不会有什么影响。

（5）个别绝缘薄弱地点加装避雷器　对于架空线路中个别绝缘薄弱地点，如跨越杆、转角杆、分支杆、带拉线杆及木杆线路中个别金属杆等处，可装设管式避雷器或保护间隙。

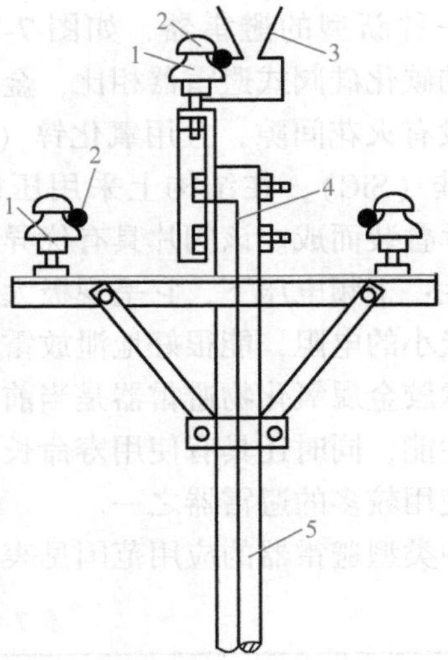

图7-12　顶线绝缘子上装设保护间隙
1—绝缘子　2—架空导线
3—保护间隙　4—接地引下线　5—电杆

2. 变配电所的防雷保护

变配电所的防雷保护主要指直击雷防护和线路过电压防护。运行经验证明，装设避雷针和避雷线对直击雷的防护是有效的，但对沿线路侵入的雷电波所造成的事故则需要装设避雷器加以防护。

（1）直击雷的防护措施　室外变配电装置应装设避雷针来进行直击雷防护。如果变配电所处在附近更高的建筑物上防雷设施的保护范围之内或变配电所本身为车间内型，则可不必再考虑直击雷的防护。

独立避雷针宜设独立的接地装置。当设独立接地装置有困难时，可将避雷针与变配电所的主接地网相连接，但避雷针与主接地网的地下连接点至35kV及以下设备与主接地网的地下连接点之间，沿接地线的长度不得小于15m。

独立避雷针及其引下线与变配电装置在空气中的水平间距不得小于5m。当独立避雷针的接地装置与变配电所的主接地网分开时，它们接地的水平间距不得小于3m。这些规定都是为了防止雷电过电压对变配电装置进行反击闪络。

（2）对雷电波侵入的防护

1）在3～10kV的变电站中，主要保护主变压器，以免雷电冲击波沿高压线路侵入变电站，损坏变电站的这一最关键的设备，为此要求避雷器应尽量靠近主变压器安装。应在每组母线和每条架空线路上安装阀式避雷器，其保护范围如图7-13中点画线框内所示。

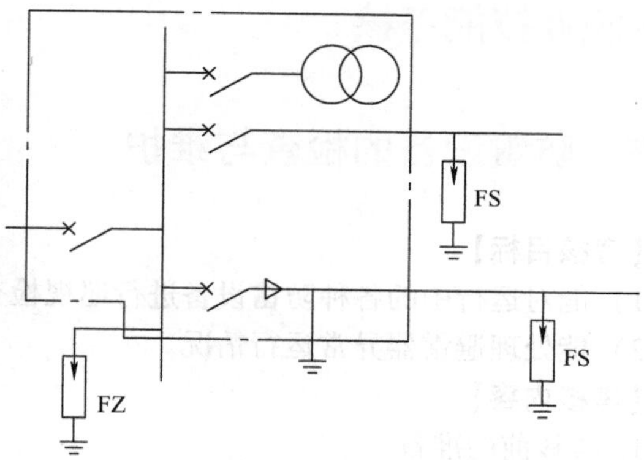

图7-13　3～10kV变电站架空线路的防雷保护

母线上避雷器与变压器的最大电气距离见表7-3。

表7-3　3～10kV变电站中避雷器与变压器的最大电气距离

经常运行的进出线数	1	2	3	4及以上
最大电气距离/m	15	23	27	30

2）有电缆进线线段的架空线路，阀式避雷器应装设在架空线路与连接电缆的终端头附近。阀式避雷器的接地端应和电缆金属外皮相连接。若各架空线路均有电缆进出线段，则避雷器与变压器的电气距离不受限制，避雷器应以最短的接线与变电站的主接地网连接，包括通过电缆金属外皮与主接地网连接，如图7-14所示。

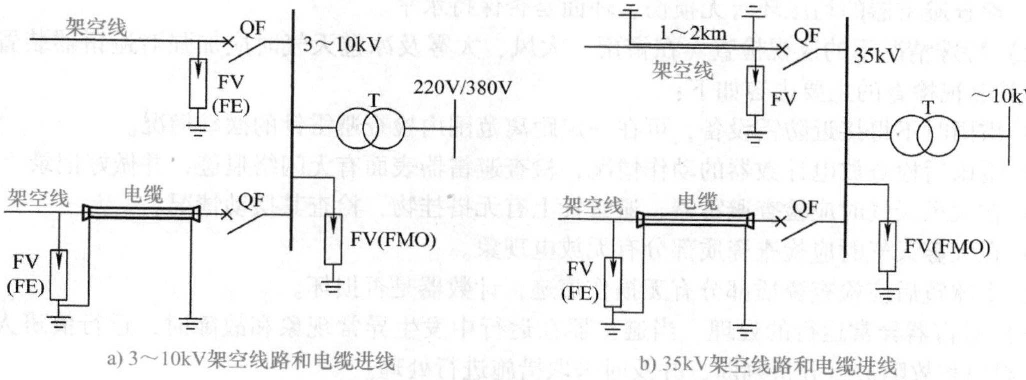

a) 3～10kV架空线路和电缆进线　　b) 35kV架空线路和电缆进线

图7-14　变配电所对雷电波侵入的保护
FV—阀式避雷器　FE—管式避雷器　FMO—金属氧化物避雷器

3）当与架空线路连接的3～10kV配电变压器及Yyn0或Dyn0联结的配电变压器设在一类防雷建筑内，并为电缆进线时，均应在高压侧装设阀式避雷器。保护装置宜靠近变压器装设，其接地线应与变压器低压侧中性点（在中性点不接地的电网中，与中性点的击穿熔断器的接地端）及外露可导电部分连接在一起接地。

4）在多雷区及向一类防雷建筑供电的Yyn0或Dyn0联结的配电变压器，除在高压侧按有关规定安装避雷器外，在低压侧也应装设一组避雷器，用来防止雷电波沿低压线路侵入而击穿变压器的绝缘。当变压器低压侧中性点不接地时（如IT系统），其中性点可装设阀式避雷器或金属氧化物避雷器或保护间隙。

职业技能考核

考核　防雷设备的检查与维护

【考核目标】

1）能对运行中的各种防雷设备进行巡视检查与维护。

2）能处理避雷器异常运行情况。

【考核内容】

1. 考核前的准备

1）工器具的选择、检查：要求能满足工作需要，质量符合要求。

2）着装、穿戴：工作服、绝缘鞋、安全帽等。

2. 考核内容

（1）巡视检查避雷器

1）检查避雷器的瓷质部分是否清洁，有无裂纹、破损，有无放电现象和闪络痕迹。

2）检查避雷器内部有无响声。

3）检查放电计数器是否完好，内部是否受潮，上下连接线是否完好无损，计数器是否动作，每月抄录一次计数器动作情况。

4）检查避雷器的引线是否完整，有无松股、断股；检查接头连接是否牢固，且是否有足够的截面；导线应不过紧或过松，不锈蚀，无烧伤痕迹。

5）检查避雷器底座是否牢固，有无锈烂，接地是否完好，安装是否偏斜。

6）检查避雷器的均压环有无损伤，环面是否保持水平。

（2）特殊情况下的巡视检查　在雷雨、大风、大雾及冰雹天气时应加强对避雷器装置巡视检查，其巡视检查的主要内容如下：

1）雷雨时不得接近防雷设备，可在一定距离范围内检查避雷针的摆动情况。

2）雷雨后检查放电计数器的动作情况，检查避雷器表面有无闪络痕迹，并做好记录。

3）在大风天气时应检查避雷器、避雷针上有无搭挂物，检查其摆动情况。

4）在大雾天气时应检查瓷质部分有无放电现象。

5）下冰雹后应检查瓷质部分有无损伤痕迹，计数器是否损坏。

（3）避雷器异常运行的处理　当避雷器在运行中发生异常现象和故障时，运行值班人员应对异常现象和故障进行分析判断，并及时采取措施进行处理。

1）避雷器瓷套有裂缝。若天气正常，则应按调度规程规定向有关部门申请停电，将故障相避雷器退出运行，更换合格的避雷器。若当时没有备品更换，又在短时间内不至于威胁安全运行，则可在瓷套裂缝深处涂漆或环氧树脂以防受潮，然后再安排换上合格的避雷器。

若在雷雨中发现避雷器瓷套有裂缝，则应尽可能不使避雷器退出运行，待雷雨过后再行处理。若发现避雷器瓷套有裂缝而造成闪络，但没有引起系统接地，则在可能的条件下应停用故障相的避雷器。

2）避雷器内部有异常响声或套管有炸裂现象并引起系统接地故障。运行值班人员应避免靠近，可用断路器或人工接地转移方法断开故障避雷器。

3）避雷器运行中发生爆炸。若爆炸没有造成系统永久性接地，则可在雷雨过后拉开故障相的隔离开关，将避雷器停用，并更换避雷器。若爆炸后引起系统永久性接地，则禁止用拉开隔离开关的方法来停用避雷器。

4）避雷器动作指示器内部烧黑或烧毁，接地引下线连接点上有烧痕或烧断现象。这时可能存在阀电阻片失效、火花间隙灭弧特性变坏等内部缺陷，引起工频续流增大等，应及时对避雷器做电气试验或解体检查，再做其他处理。

任务2　供配电系统的接地装置

任务概述

供配电系统要实现正常运行，首先必须保证其安全性。接地是电气安全的主要措施。本任务首先学习有关电气接地的基本知识，学习电气接地装置的安装接线技术和接地电阻的测量方法，使学生掌握安装操作规程，学会选择接地点和接地线，正确连接接地体和接地线，规范安装接地体和接地带装置。

知识准备

1. 电流对人体的作用及有关概念

（1）人体触电事故类型　当人体接触带电体或人体与带电体之间产生闪络放电，并有一定电流通过人体，导致人体伤亡现象，称为触电。

按触电形式，可分为直接触电和间接触电。直接触电是人体不慎接触带电体或是过分靠近高压设备产生的触电。间接触电是人体触及因绝缘损坏而带电的设备外壳或与之相连接的金属构架产生的触电。

按电流对人体的伤害，可分为电击和电伤。电击主要是电流对人体内部的生理作用，表现为人体的肌肉痉挛、呼吸中枢麻痹、心室颤动、呼吸停止等。电伤主要是电流对人体外部的物理作用，常见的形式有电灼伤、电烙印以及皮肤渗入熔化的等。

（2）人体触电事故原因　人体触电的情况比较复杂，其原因是多方面的。

首先是违反安全工作规程，如在全部停电和部分停电的电气设备上工作，未落实相应的技术措施和组织措施，导致误触带电部分，又如错误操作（带负荷分、合隔离开关等）、使用工具及操作方法不正确等。

其次是运行与维护工作不及时，如架空线路断线导致误触电，电气设备绝缘破损使带电体接触外壳或铁心，从而导致误触电，再如接地装置的接地线不符合标准或接地电阻太大等导致误触电。

第三是设备安装不符合要求，主要表现在进行室内外配电装置的安装时，不遵守国家电力规程有关规定，野蛮施工，偷工减料，采用假冒伪劣产品等，这些均是造成事故的原因。

（3）电流强度对人体的危害程度　触电时人体受害的程度与许多因素有关，如通过人体的电流强度、持续时间、电压的高低、频率的高低、电流通过人体的途径以及人体的健康状况等。诸多因素中最主要的因素是通过人体电流强度的大小。当通过人体的电流越大，人体的生理反应越明显，致命的危险性也就越大。按通过人体的电流对人体的影响，将电流大致分为三种。

1）感觉电流。它是人体有感觉的最小电流。

2）摆脱电流。人体触电后能自主地摆脱电源的最大电流称为摆脱电流。

3）致命电流。在较短的时间内，危及生命的最小电流称为致命电流。一般情况下通过人体的工频电流超过50mA时，心脏就会停跳，发生昏迷，很快致人死亡。

人体触电时，若电压一定，则通过人体的电流由人体的电阻决定。不同类型、不同条件下的人体电阻不尽相同。一般情况下，人体电阻可高达几十千欧，而在最恶劣的情况下（如出汗且有导电粉尘）可能降至1000Ω。而且人体电阻会随着作用于人体的电压升高而急剧下降。

人体触电时能摆脱的最大电流称为安全电流，我国规定安全电流为30mA（工频电流），且通过时间不超过 1s。按安全电流值和人体电阻值，大致可求出其安全电压值。

2. 接地的有关概念

（1）“地”的概念　大地电阻非常低、电容非常大，拥有吸收无限电荷的能力，而且在吸收大量电荷后仍能保持电位不变，因此适合作为电气系统中的参考电位体。

（2）接地的概念

1）接地。将电气设备的某金属部分经接地线连接到接地极，或是直接将电气设备与大地进行良好的电气连接，称为接地。

2）接地线和接地体（极）。埋入地下并与大地直接接触的金属物体称为接地体或接地极。专门为接地而装设的接地体，称为人工接地体。兼作接地体用的直接与大地接触的各种金属构件、金属管道及建筑物的钢筋混凝土基础等，称为自然接地体。连接接地体及设备接地部分的导线称为接地线。若干接地体在大地中互相连接组成接地网。接地线可分为接地干线和接地支线，如图 7-15 所示。按规定，接地干线应采用不少于两根导体，在不同地点与接地网连接。

3）接地电流和对地电压。当电气设备发生接地故障时，电流就通过接地体向大地作半球形向地下流散，这一电流称为接地电流，用 I_E 表示。由于这半球形的球面距离接地体越远，球面越大，其散流电阻越小，相对于接地点的电位来说，其电位越低，所以接地电流电位分布曲线如图 7-16 所示。

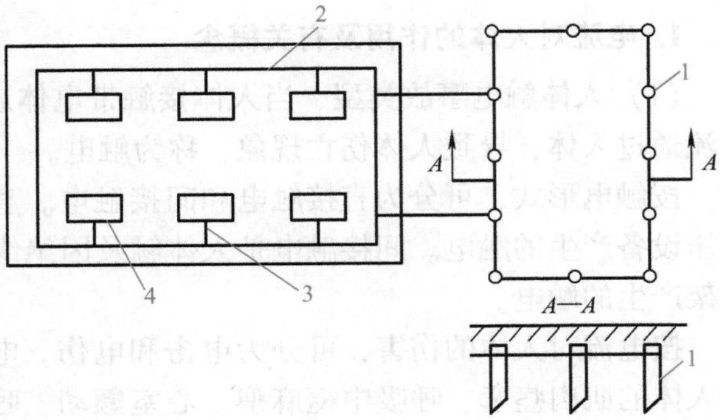

图 7-15　接地网示意图

1—接地体　2—接地干线　3—接地支线　4—电气设备

试验表明，在距离接地故障点约 20m 的地方，散流电阻实际上已接近于零，电位为零的地方称为电气上的“地”或“大地”。

电气设备的接地部分，如接地的外壳和接地体等，与零电位的“地”（“大地”）之间的电位差称为接地部分的对地电压，如图 7-16 中的 U_E。

4）接触电压和跨步电压。接触电压是指人站在发生接地故障的电气设备旁边，手触及设备的外露可导电部分，则人所接触的两点（如手与脚）之间所呈现的电位差称为接触电压 U_g，由接触电压引起的触电称为接触电压触电，如图 7-17 中的 U_{tou}。

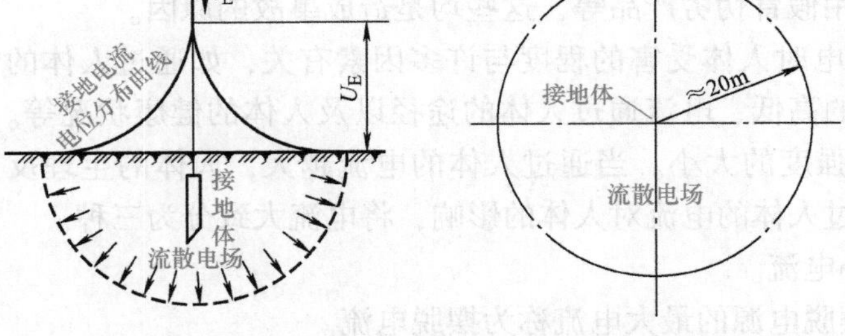

图 7-16　接地电流、接地电压及接地电流电位分布

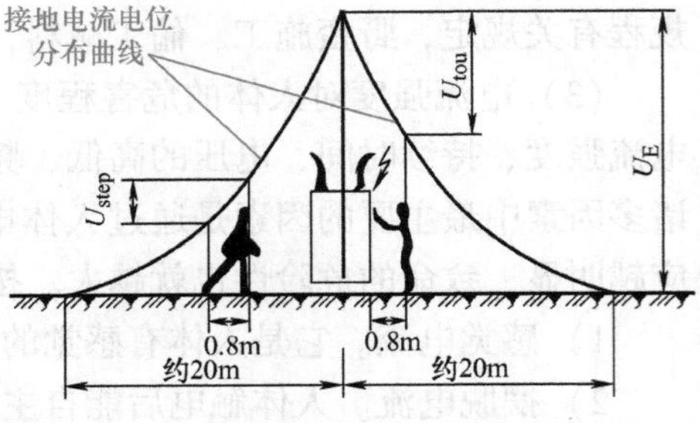

图 7-17　接触电压和跨步电压的示意图

跨步电压是指人在接地故障点附近行走时，两脚之间所出现的电位差，如图 7-17 中的 U_{step}。在带电的断线落地点附近及雷击时防雷装置泄放雷电流的接地体附近行走时，同样也有跨步电压。越靠近接地点及跨步越长，跨步电压越大。离接地故障点达 20m 时，跨步电压为零。

5）接地电阻。接地电阻是接地体的散流电阻与接地线和接地体电阻的总和。工频接地电流流经接地装置所呈现的接地电阻，称为工频接地电阻；雷电流流经接地装置时所呈现的接地电阻，称为冲击接地电阻。

（3）接地的类型 电力系统和电气设备的接地，按其功能分为工作接地、保护接地、重复接地、防雷接地和防静电接地等。

1）工作接地。工作接地是为保证电力系统和设备达到正常工作要求而进行的一种接地，如电源的中性点接地、防雷装置的接地、变压器的中性点接地等。各种工作接地有各自的功能。例如，电源中性点直接接地能在运行中维持三相系统中相线对地电压不变；防雷装置的接地是为了对地泄放雷电流，实现防雷保护的要求。

2）保护接地。保护接地是将电气设备的金属外壳、配电装置的构架、线路的塔杆等正常情况下不带电，但可能因绝缘损坏而带电的所有部分接地。因为这种接地的目的是保护人身安全，故称为保护接地或安全接地。

保护接地的示意图如图7-18所示。若电气设备外壳没有保护接地，则当电气设备的绝缘损坏发生一相碰壳故障时，设备外壳电位将上升为相电压，人接触设备时，故障电流将全部流过人体流入大地中，这是很危险的。若电气设备外壳有保护接地，则发生类似情况时，接地电阻和人体电阻形成并联电路，由于人体电阻远大于接地电阻，流经人体电流较小，避免或减轻了人体触电的危害。

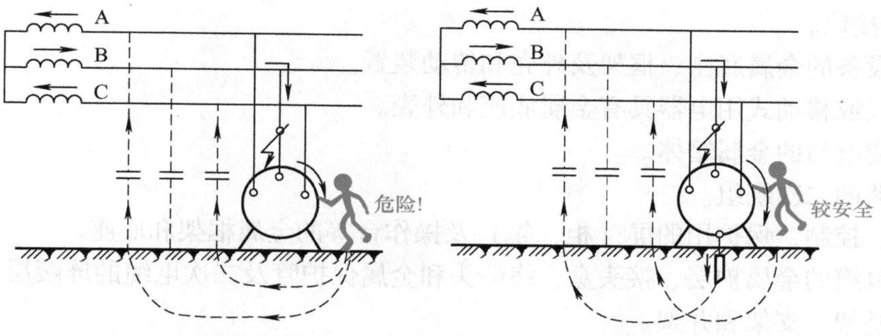

a) 电动机没有保护接地时　　b) 电动机有保护接地时

图7-18 保护接地的示意图

保护接地通常用于中性点不接地的系统中，如TT系统和IT系统中设备外壳的接地。

3）重复接地。在TN系统中，为确保公共PE线或PEN线安全可靠，除在电源中性点进行工作接地外，还应在PE线或PEN线的下列地点进行重复接地：①在架空线路终端及沿线每隔1km处；②在电缆和架空线引入车间和其他建筑物处。

如果不进行重复接地，则在PE线或PEN线断线且有设备发生单相接壳短路时，接在断线后面的所有设备的外壳都将呈现接近于相电压的对地电压，如图7-19a所示，这是很危险的。如果进行了重复接地，则在发生同样故障时，断线后面的设备外壳呈现的对地电压如图7-19b所示，危险程度将大大降低。

4）防雷接地。防雷接地的作用是将接闪器引入的雷电流泄入大地中，将线路上传入的雷电流通过避雷器或放电间隙泄入大地中。此外，防雷接地还能将雷云静电感应产生的静电感应电荷引入大地中以防止产生过电压。

5）屏蔽接地。将电气干扰源引入大地，抑制外来电磁干扰对信息设备的影响，同时减小自身信息设备产生干扰影响其他设备，此类接地称为屏蔽接地。

6）等电位接地。高层建筑中为了减小雷电流造成的电位差，将每层的钢筋网及大型金属物体连接成一体并接地，称为等电位接地。某些重要场所，如医院的治疗室、手术室，为了防止发生触电危险，将所能接触到的金属部分相互连接成等电位体，并予以接地，称为局部等电位接地。

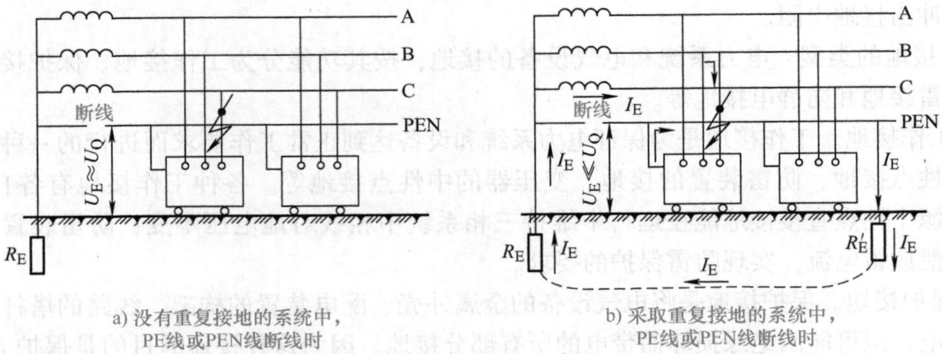

图 7-19　重复接地示意图

7）防静电接地。防静电接地是消除静电危害的最有效和最简单的措施，但仅对消除金属导体上的静电有效。对集成电路制造及装配车间、电子计算机中心操作室等建筑物中非导体上的静电，主要依靠防护材料的设计和安装来解决。

3. 电气设备的接地装置

（1）电气设备应该接地或接零的金属部分　根据 GB 50169—2016 的要求，电气设备的下列金属部分应该接地。

1）电气设备的金属底座、框架及外壳和传动装置。

2）携带式或移动式用电器具有金属底座和外壳。

3）箱式变电站的金属箱体。

4）互感器的二次绕组。

5）配电、控制、保护用的屏（柜、箱）及操作台等的金属框架和底座。

6）电力电缆的金属护层、接头盒、终端头和金属保护管及二次电缆的屏蔽层。

7）电缆桥架、支架和井架。

8）变电站（换流站）构、支架。

9）装有架空地线或电气设备的电力线路杆塔。

10）配有装置的金属遮拦。

11）电热设备的金属外壳。

（2）电气设备可不接地的金属部分　附属于已接地电气装置和生产设施上的下列金属部分可不接地。

1）安装在配电屏、控制屏和配电装置上的电气测量仪表、继电器和其他低压电器等的外壳。

2）额定电压为 220V 及以下的蓄电池室内的金属支架。

3）与机床、机座之间有可靠接触的电动机和电器的外壳。

（3）接地电阻及其要求　接地电阻是接地线和接地体的电阻与接地体的散流电阻的总和。由于接地线和接地体的电阻相对很小，因此接地电阻可认为就是接地体的散流电阻。

接地电阻按其通过电流的性质，可分为工频接地电阻和冲击接地电阻。工频接地电阻是工频接地电流流经接地装置所呈现的接地电阻，用 R_E 表示。冲击接地电阻是雷电流流经接地装置所呈现的接地电阻，用 R_{sh} 表示。

接地电阻的要求值主要根据电力系统中性点的运行方式、电压等级、设备容量，特别是根据允许的接触电压来确定。其要求如下：

1）在电压为 1kV 及以上的大接地短路电流系统中，单相接地就是单相短路，线路电压又很高，所以接地电流很大。因此，当发生接地故障时，在接地装置及其附近所产生的接触电压和跨步电压很高，要将其限制在很小的安全电压下，实际上是不可能的。但对于这样的系统，当发生单相接地短路时，继电保护立即动作，出现接地电压的时间极短，产生危险较小。规程允许接地网对地电压不超过2kV，因此接地电阻规定为

$$R \leqslant \frac{2000}{I_{CK}}$$

式中，R为接地电阻（Ω）；I_{CK}为计算用的接地短路电流（A）。

2）在电压为1kV及以上的小接地短路电流系统中，规程规定：接地电阻在一年内任何季节均不得超过以下数值。

① 高压和低压电气设备共用一套接地装置，则对地电压要求不得超过120V，因此有$R \leqslant 120/I_{CK}$（Ω）。

② 当接地装置仅用于高压电气设备时，要求对地电压不得超过250V，因此有$R \leqslant 250/I_{CK}$（Ω）。

在以上两种情况下，接地电流即使很小，接地电阻也不允许超过10Ω。

3）1kV以下的中性点直接接地的三相四线制系统中，发电机和变压器中性点接地装置的接地电阻不应大于4Ω。容量不超过100kV·A时，接地电阻要求不大于10Ω。

中性线的每一重复接地的接地电阻不应大于10Ω。容量不超过100kV·A且当重复接地点多于三处时，每一重复接地装置的接地电阻可不大于30Ω。

4）1kV以下的中性点不接地系统发生单相接地时，不会产生很大的接地短路电流，将接地电阻规定为不大于40Ω，即发生接地时的对地电压不超过40V，保证小于安全电压50V的安全值。对于小容量的电气设备，由于其接地短路电流更小，所以规定接地电阻不大于10Ω。

4. 电气设备接地装置的装设

接地装置是指接地线和接地体的合称。

（1）一般要求

1）垂直埋设的接地体一般采用热镀锌的角钢、钢管、圆钢等，垂直敷设的接地体长度不应小于2.5m。圆钢直径不应小于19mm，钢管壁厚不应小于3.5mm，角钢壁厚不应小于4mm。

2）水平埋设接地体一般采用热镀锌的扁钢、圆钢等。扁钢截面积不应小于100mm²。变配电所的接地装置应敷设以水平接地体为主的人工接地网。

3）避雷针的接地装置应单独敷设，且与其他电气设备保护接地装置相隔一定的安全距离，一般不少于10m。

（2）人工接地体的选用　对于人工接地体的材料，为避免腐烂，水平接地体应尽量选用圆钢或扁钢，垂直接地体尽量选用角钢、圆钢或钢管。接地装置的导体截面应符合热稳定性、均压和机械强度的要求，具体见表7-4。

表7-4　钢接地体和接地线的最小规格（据GB 50169—2016）

种类和规格		地上	地下
圆钢直径/mm		8	8/10
扁钢	截面积/mm²	48	48
	厚度/mm	4	4
角钢厚度/mm		2.5	4
钢管管壁厚度/mm		2.5	3.5/2.5

注：1. 地下部分的圆钢直径，其分子、分母数据分别对应于架空线路和发电厂、变电站的接地网。

2. 地下部分钢管的壁厚，其分子、分母数据分别对应埋于土壤和埋于室内混凝土地坪中。

3. 电力线路杆塔的接地体引出线截面积不应小于50mm²。

4. 本表格也符合GB 50303—2015《建筑电气工程施工质量验收规范》的规定。

(3) 人工接地体的装设 人工接地体按装设方式可分为水平接地体和垂直接地体，如图7-20所示。最常用的钢管长2.5m，直径50mm。垂直埋设接地体间距大于接地体长度的2倍，水平埋设接地体间距大于5m。接地体与建筑物基础水平距离1.5m。

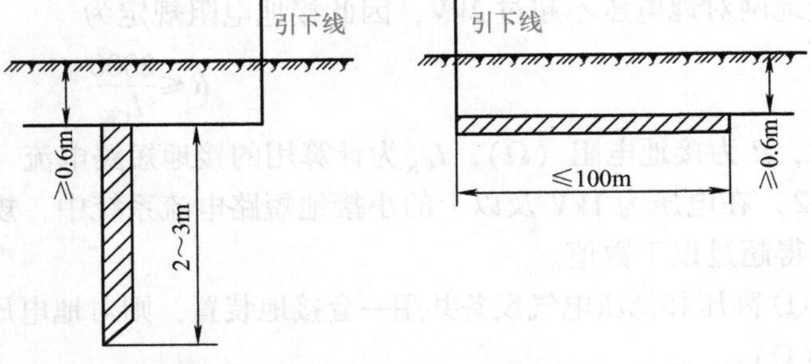

a) 垂直埋设的管形或棒形接地体　b) 水平埋设的带形接地体

图7-20 人工接地体

1) 水平接地体选用圆钢或扁钢水平铺设在坑内，其长度以5～20m为宜。

2) 垂直接地体选用角钢或钢管垂直埋入地下，长度不小于2.5m。

为减小相邻接地体的屏蔽效应，垂直接地体间的距离及水平接地体间的距离一般为5m，当受地方限制时，可适当减小。

为了减少外界温度变化对散流电阻的影响，埋入地下的接地体顶端离地面不宜小于0.6m。

(4) 自然接地体的选用 在设计和装设接地装置时，首先应充分利用自然接地体，如建筑物的钢结构基础、地下管道等以节约投资和钢材。如果实地测量所利用的自然接地体接地电阻已满足要求，而且这些自然接地体又满足短路热稳定性条件时，除变配电所外，一般不必再装设人工接地装置。

可作为自然接地体的有如下几种。

1) 埋设在地下的金属管道，但不包括可燃和有爆炸物质的管道。

2) 金属井管。

3) 与大地有可靠连接的金属结构，如建筑物的钢筋混凝土基础、行车的钢轨等。

4) 水工构筑物及类似构筑物的金属管、桩等。

对变配电所来说，可利用其建筑物的钢筋混凝土基础作为自然接地体。

利用自然接地体时，一定要保证其良好的电气连接。在建、构筑物结构的结合处，除已焊接者外，都要采用跨接焊接，而且跨接线不得小于规定值。

(5) 采用接地电阻测试仪测量接地电阻 如图7-21所示，摇测时，先将测试仪的倍率标尺开关置于较大倍率档；然后慢慢旋转摇柄，同时调整测量标度盘，使指针指零（中线）；接着加快转速达到每分钟约120转，并同时调整测量标度盘，使指针指零（中线）。这时测量标度盘所指示标度值乘以倍率标尺的倍率即为所测接地电阻值。

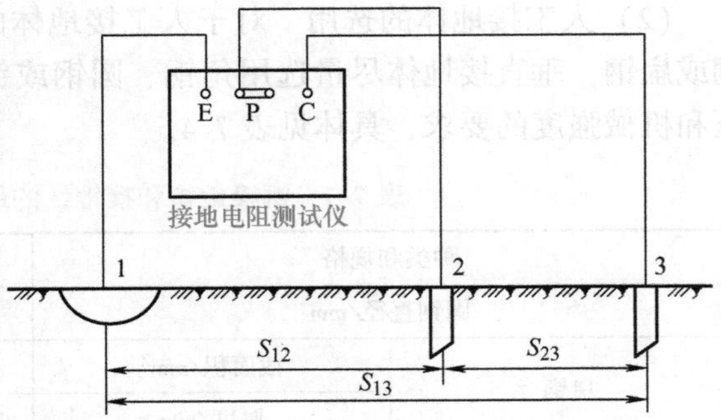

图7-21 采用接地电阻测试仪测量接地电阻

1—被测接地体 2—电压极 3—电流极

(6) 接地线的选用 埋入地下的各接地体必须用接地线将其互相连接构成接地网。接地线必须保证连接牢固，和接地体一样，除应尽量采用自然接地线外，一般选用扁钢或钢管作为人工接地线。其截面积除应满足热稳定性的要求外，同时也应满足机械强度的要求。

职业技能考核

考核　接地装置平面布置图的识读

【考核目标】

会分析变配电所接地装置平面布置图。

【考核内容】

1. 认识接地装置平面布置图

接地装置平面布置图是一种表示接地体和接地线在一个平面上具体布置和安装要求的安装图。

图7-22所示为某高压配电所及其附设2号车间变电站的接地装置平面布置图。

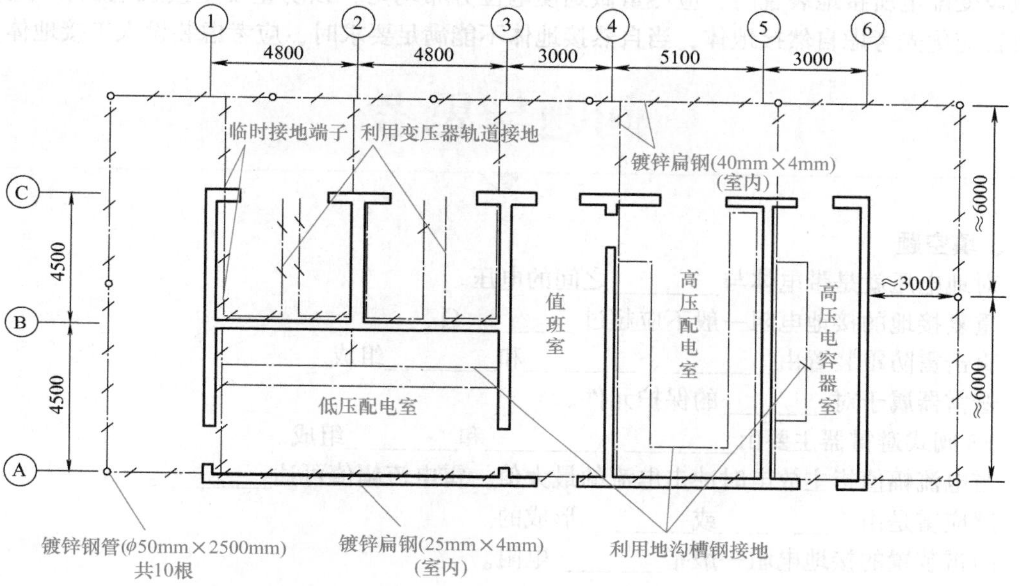

图7-22　变电站的接地装置平面布置图

2. 分析接地装置平面布置图

由图7-22可以看出，距变配电所建筑3m左右，埋设10根棒形垂直接地体（直径为50mm、长为2500mm的钢管或50mm×5mm的角钢）。接地体间距约为5m或稍大。接地体之间用40mm×4mm的扁钢焊接成一个外缘闭合的环形接地网。变压器下面的导轨及放置高压开关柜、高压电容器柜和低压配电屏等的地沟上的槽钢或角钢，均用25mm×4mm的扁钢焊接成网，并与室外的接地网多处相连。

为便于测量接地电阻及移动式设备临时接地的需要，图7-22中在适当的地点安装有临时接地端子。整个变配电所接地系统的接地电阻要求不大于4Ω。

项目小结

1. 在电力系统中，产生危及电气设备绝缘的电压升高称为过电压，按其产生的原因可分为内部过电压和外部过电压（也称大气过电压或雷电过电压）。雷电过电压是雷电通过电力装置、建筑物等放电或感应形成的过电压。雷电过电压又分为直击雷、感应雷和雷电波侵入。内部过电压是由于电力系统本身的开关保护、负荷剧变或发生故障等原因，使电力系统的工作状态突然改变，从而在系统内部出现电磁能量转换、振荡而引起的过电压。过电压对供配电系统、建筑物等将造成很大的危害。

2. 防雷保护设备主要是避雷器，常用的有阀式避雷器、管式避雷器、保护间隙和金属氧化物避雷器等。避雷器与被保护设备并接在一起，当雷电过电压侵入时，避雷器能够自动地放电，限制过电压的幅值，从而保护电气设备；当雷电过电压消失后，又能自动灭弧将工频续流切断。供配电装置和架空线路的防雷保护主要是装设避雷器、避雷线、保护间隙等。变配电所的防雷保护主要是装设避雷器和避雷针。

3. 电力系统和电气设备的接地分为工作接地、保护接地、重复接地、防雷接地、防静电接地等。

4. 接地装置是保证供配电系统安全运行的主要设施之一，它由接地体和接地线组成。在设计和敷设变配电所接地装置时，应尽量做到使电位分布均匀，以防止发生接触电压和跨步电压。接地装置应优先考虑自然接地体，当自然接地体不能满足要求时，应考虑装设人工接地体。

问题与思考

一、填空题

1. 对地电压就是带电体与________之间的电压。
2. 重复接地的接地电阻一般不应超过________Ω。
3. 直击雷防雷装置由________、________和________组成。
4. 避雷器属于对________的保护元件。
5. FS 阀式避雷器主要由________、________和________组成。
6. 雷电流幅值指主放电时冲击电流的最大值，雷电流幅值可达________。
7. 感应雷是由于________或________形成的。
8. 防雷装置的接地电阻一般指________电阻。

二、判断题

1. 地下部分不得应用裸铝导体作为接地体。 ( )
2. 对地电压是带电体与大地零电位之间的电位差。 ( )
3. 独立避雷针的接地装置必须与其他接地装置分开。 ( )
4. 雷电冲击波具有高频特性。 ( )
5. 雷电的特点是电压高、电流大、频率高、时间短，这是冲击波性质。 ( )
6. 直击雷防雷装置由接闪器、引下线和接地装置组成。 ( )
7. 不在雷雨季节使用的临时架空线路，可不装设防雷保护。 ( )
8. 重复接地可以消除保护中性线的断线的危险。 ( )
9. 装设独立避雷针以后就可以避免发生雷击。 ( )
10. 避雷针是防止雷电侵入波的防雷装置。 ( )

三、简答题

1. 什么叫过电压？过电压有哪些类型？雷电过电压又有哪些形式？它们是如何产生的？

2. 什么叫接闪器？其功能是什么？避雷针、避雷线、避雷带和避雷网各主要用在哪些场所？

3. 避雷器的主要功能是什么？阀式避雷器、管式避雷器、保护间隙和金属氧化物避雷器在结构、性能上各有哪些特点？各应用在哪些场合？

4. 架空线路有哪些防雷保护措施？变配电所又有哪些防雷保护措施？
5. 什么叫接地体和接地装置？什么叫人工接地体和自然接地体？
6. 接地有哪些类型？接地的一般要求有哪些？
7. 简述电气装置中的必须接地部分。
8. 电气设备接地电阻如何确定？
9. 为什么要重复接地？重复接地的功能是什么？
10. TN 系统、TT 系统和 IT 系统各自的接地形式有何区别？

参考文献

[1] 沈柏民．供配电技术与技能训练［M］．北京：电子工业出版社，2013.
[2] 张静．工厂供配电技术——项目化教程［M］．北京：化学工业出版社，2013.
[3] 李高建，马飞．工厂供配电技术［M］．北京：中国铁道出版社，2010.
[4] 李小雄．供配电系统运行与维护［M］．2 版．北京：化学工业出版社，2018.
[5] 王志国．供配电系统的运行与维护［M］．北京：北京理工大学出版社，2017.